绿水青山就是金山银山

安吉二十年绿色发展之路

张建国　刘亚迪　刘玉莉◎主编

中国财经出版传媒集团
中国财政经济出版社
·北京·

图书在版编目（CIP）数据
绿水青山就是金山银山 ：安吉二十年绿色发展之路 / 张建国，刘亚迪，刘玉莉主编. -- 北京 ：中国财政经济出版社，2025. 8. -- ISBN 978-7-5223-4163-7
Ⅰ. X321.255.4
中国国家版本馆CIP数据核字第2025VE3448号

责任编辑：张　莹　　责任校对：胡永立
封面设计：陈宇琰　　责任印制：党　辉

绿水青山就是金山银山——安吉二十年绿色发展之路
LYUSHUI QINGSHAN JIUSHI JINSHAN YINSHAN
——ANJI ERSHINIAN LYUSE FAZHAN ZHI LU

中国财政经济出版社 出版
URL：http：//www. cfeph. cn
E－mail：cfeph@ cfeph. cn

社址：北京市海淀区阜成路甲 28 号　邮政编码：100142
营销中心电话：010－88191522　编辑部电话：010－88190957
天猫网店：中国财政经济出版社旗舰店
网址：https：//zgczjjcbs. tmall. com
涿州汇美亿浓印刷有限公司印刷　各地新华书店经销
成品尺寸：170mm×240mm　16 开　20 印张　256 000 字
2025 年 8 月第 1 版　2025 年 8 月河北第 1 次印刷
定价：120.00 元
ISBN 978－7－5223－4163－7
（图书出现印装问题，本社负责调换，电话：010－88190548）
本社质量投诉电话：010－88190744
打击盗版举报热线：010－88191661　QQ：2242791300

《绿水青山就是金山银山——安吉二十年绿色发展之路》

编委会

浙江省高校人文社科重点攻关计划项目

生态治理与绿水青山就是金山银山转化机制研究 （2021GH009）

湖州市安吉县人民政府重大委托项目

安吉践行 “绿水青山就是金山银山” 理念研究 （BZ51002A）

组织编写 湖州师范学院“两山”理念研究院

浙江省习近平新时代中国特色社会主义

思想研究中心湖州师范学院研究基地

图片提供 湖州市委改革办（生态文明办）

安吉县委宣传部

安吉县融媒体中心

序

20年前，余村那一声“关停矿山”的果断决断，如今听来，依然掷地有声。那不仅是一次经济发展路径的深刻转向，更是一次生态文明思想的伟大觉醒。2005年8月15日，时任浙江省委书记的习近平同志在安吉余村首次提出“绿水青山就是金山银山”理念，为中国乃至世界的发展理念注入了东方智慧。在“两山”理念提出20周年的重要时刻，我们怀着无比崇敬与感恩的心情，推出《绿水青山就是金山银山——安吉二十年绿色发展之路》一书，系统总结回顾安吉20年走过的绿色发展之路，这是一张庄严的历史答卷，也是我们面向未来的坚定宣言。

“两山”理念一经提出并付之于实践，就证明了理论的力量是无穷的。20年来，我们始终牢记习近平总书记的殷殷嘱托，把“两山”理念作为引领发展的“总纲领”、推进工作的“总抓手”、干部群众的“总遵循”。从“绿水青山”到“金山银山”，从生态修复到绿色崛起，从“一村之变”到“全域蝶变”，用坚定的步伐和深刻的实践，诠释了“两山”理念的真理力量和实践伟力。这是一条不断探索、不断跨越的发展之路。安吉县从“破茧重生”的艰难起步中走来，在“绿水青山”的守护中培育“金山银山”的果实。从关停高污染企业、推进生态治理，到转型生态产业、推动城乡融合，再到打造数字乡村、激活人才引擎，每一步都不容易，每一步都镌刻着安吉人民在党的领导下，在生态文明建设征途上的奋斗与担当。

余村不仅是“两山”理念的发源地，更是这一理念最早的实验田、试验场。从封山停采到文旅兴村，从生态修复到产业振兴，余村用实践证明：绿水青山不仅能带来金山银山，更能带来可持续发展的希望与力量。余村的“四新四全”经验，成为无数乡村实现绿色转型的可参考样本。“新理念、新路径、新机制、新模式”与“全民参与、全域治理、全过程监督、全方位提升”交织共鸣，形成了一整套可推广、可复制、可持续的实践体系。如今的余村，不仅是中国乡村振兴的一张亮丽名片，更以中国智慧回应了全球生态文明建设的时代命题。

美丽不仅是亮丽的风景，更是一种系统品质。从“点状美”到“全域美”，从“生态岛”到“绿意县”，安吉不断拓展“两山”理念的广度和深度，努力让生态美、生活美、人文美在全域交相辉映。在安吉的探索中，规划引领是基础，生态筑基是关键，城乡融合是方向，制度治理是保障。我们绘制“一张蓝图”，实施“多规合一”，在保持生态优势的基础上推动高质量发展，打通“绿水青山”向“金山银山”的转换路径。在这个过程中，人民群众的获得感、幸福感、安全感不断增强。

“绿水青山”如何真正变成“金山银山”？安吉的实践给出了系统的答案：顶层设计要有高度，机制创新要有锐度，实践路径要有广度，制度保障要有厚度。20 年来，安吉县以绿色为底，着力推动产业融合与跃升。一批生态资源整合型、产业融合型、数字赋能型和创新驱动型项目应运而生，形成了多元支撑的绿色经济体系。安吉竹产业、绿色文旅、康养经济、数字农业等新业态新模式不断涌现，实现了生态价值向经济效益、社会福祉的良性转化。

乡村不仅是安吉的生态根基，更是“两山”理念转化的广阔舞台。在“千万工程”的有力指引下，安吉县把“乡村运营”作为撬动乡村全面振兴的关键抓手，系统布局、片区联动、青年赋能、品牌驱动，使沉寂的村庄重新焕发生机。以人为本、以村为体、以产业为核，安吉乡村呈现出“业旺、景美、人和”的新气象。村企共建、生态引领、品牌建设三种典型模式，为更多乡村走向现代化提供了安吉解法。

时代在变，治理也要升级。安吉县紧扣数字化发展机遇，推动“两山”理念与数字治理深度融合。通过“数字乡村一张图”、云平台服务、智能管理系统的建设应用，安吉县实现了生态监测、政务服务、产业发展、民生保障等多领域的智能化治理，大幅提升了县域治理的效能和水平。数字赋能，不只是工具革新，更是思维变革，它使安吉的县域治理更精准、服务更高效、决策更科学，为“两山”理念提供了更现代、更智慧的支撑。

人是最活跃、最根本的生产力。安吉县坚持把人才作为“两山”理念转化的第一资源，持续构建青年人才“引得进、留得住、用得好”的生态系统。“5+模式”“全球合伙人计划”“深蓝计划”“音乐乡村”……一系列创新举措，吸引了一大批有情怀、有本领、有理想的青年回归乡村、扎根乡村、建设乡村。年轻人带来了新理念、新业态、新技术，更带来了新风貌、新文化、新希望。

发展离不开体制机制的支撑。安吉县始终坚持制度创新驱动，在资源整合、土地改革、利益联结等方面不断探索，为生态价值转化打下坚实基础。两山合作社、两退出三保障、两入股三收益等制度安排，打破了绿色发展的体制障碍，推动了生态资源的市场化配置和公平高效的利益分享，也为全国提供了可借鉴的制度经验。

发展要回归人民，生态要造福群众。安吉县牢牢把握“生态优先、绿色共富”的总方向，推动生态优势向共富成果转化。从绿色公共福利到绿色产业动能，从共享服务体系到“共富工坊”“未来乡村”等新样板，安吉县不断拓展共同富裕的路径宽度，绘制出一幅幅宜居、宜业、宜游的绿色画卷。

今天的“两山”理念，已从安吉走向中国，从中国走向世界。“绿水青山就是金山银山”理念是习近平生态文明思想的核心内容，也是习近平治国理政思想的重要组成部分，还是中华文明献给人类文明的宝贵思想财富。起源于安吉县的践行“两山”理念的治理实践，让越来越多的国家、组织和人民，从“两山”理念中读懂了中国、理解了东方，也看到了人类命运共同体的绿色希望。

回望20年，“两山”理念在安吉这片土地上，从种子变成参天大树，从愿景变为现实图景。从“一村之变”到“一县之治”，安吉用实践证明：生态文明不是空谈理想，而是可以落地生根、开花结果的现实路径。

未来已来，路在脚下。我们将深刻领会并践行“两山”理念，倍加珍视这20年来全县人民共同走过的绿色之路，继续以“两山”理念为引领，接续奋斗、久久为功，谱写更加壮丽的绿色发展新篇章，为中国式现代化的生态文明建设作出更多“安吉贡献”。

让“两山”之光，从余村出发，照亮世界的更多角落！

中共安吉县委书记　杨卫东

2025年6月

目录

第一章　破茧之路：安吉二十年发展成就 …… 1

第一节　安吉县经济发展 …… 2

一、经济综合实力明显增强 …… 2

二、第一产业持续发展 …… 5

三、第二产业稳步提升 …… 7

四、第三产业增速明显 …… 10

第二节　安吉县生态环境治理 …… 12

一、能源消耗量 …… 12

二、废物排放量 …… 14

三、生态保护建设 …… 16

第三节　安吉县社会发展 …… 20

一、政治建设与社会治理 …… 20

二、科技发展与创新 …… 25

三、民生保障与公共服务 …… 27

四、文化发展与文化服务 …… 31

第二章　余村之光：理念引领时代发展 …… 35

第一节　诞生于余村的“两山”理念及20年的实践 …… 36

一、“绿水青山就是金山银山”理念的提出 …………… 36
二、“两山”理念蕴含的哲学思维 …………………… 39
三、践行“两山”理念的余村实践 …………………… 40
第二节 “两山”理念践行的余村经验与启示 ………… 46
一、“两山”理念践行的余村经验：四新四全 ……… 46
二、践行“两山”理念的余村启示 …………………… 53
第三节 余村践行“两山”理念的实践意义 …………… 56
一、余村为中国乡村践行“两山”理念提供了成功典范 …………………………………………………… 56
二、对中西部地区或经济欠发达地区的借鉴 ………… 58
三、余村为世界乡村建设提供了中国方案 …………… 60

第三章 全域美丽：美丽中国的安吉单元 ……………… 61
第一节 安吉全域美丽建设的成效 ………………………… 62
一、生态环境质量提升显著 ………………………… 62
二、城乡人居环境展现系统性焕新 ………………… 64
三、民生福祉得到普惠性提升 ……………………… 65
四、治理效能与社会活力协同增强 ………………… 67
第二节 安吉全域美丽发展的核心战略与关键举措 …… 69
一、规划引领，一张蓝图绘到底 …………………… 69
二、生态筑基，环境治理系统推进 ………………… 71
三、城乡融合，风貌品质一体提升 ………………… 74
四、长效治理，机制创新激活力 …………………… 77
第三节 安吉模式的经验启示 ……………………………… 80
一、思想引领是根本前提，坚定践行“两山”理念 ……… 80
二、规划先行是关键保障，科学擘画全域美丽蓝图 ……… 81
三、政府主导与公众参与有机结合 ………………… 82

四、制度创新是持久动力 …… 84

第四章 两山转化：生态价值转化与产业跃迁 …… 86

第一节 “两山”转化的背景 …… 87

一、应运而生的逻辑：从生态危机到绿色觉醒 …… 87

二、“两山”理念的提出：从地方实践到国家战略 …… 88

三、与乡村振兴的深度融合：从生态红利到共同富裕 …… 88

四、安吉“两山”转化的实践成就：从县域试点到全球典范 …… 89

第二节 安吉“两山”转化的做法与成效 …… 90

一、顶层设计：以战略规划引领全局发展 …… 90

二、机制创新：以市场化手段激活生态资源 …… 91

三、实践路径：从生态优势到产业优势的跨越 …… 92

四、保障体系：以制度与人才筑牢发展根基 …… 93

五、最终成效：生态与经济双赢 …… 94

第三节 安吉生态价值转化与产业跃迁的典型模式 …… 95

一、资源整合型：生态资源的规模化运营与价值重构 …… 95

二、产业融合型：全链条延伸与业态创新 …… 99

三、数字赋能型：技术驱动生态价值倍增 …… 104

四、产业跃升型：创新驱动传统产业绿色转型 …… 107

第四节 安吉“两山”转化的经验与启示 …… 111

一、理念引领：以系统思维重塑发展观 …… 111

二、制度创新：构建生态价值转化的底层逻辑 …… 112

三、市场驱动：激活生态要素价值潜能 …… 113

四、科技赋能：构建绿色低碳技术体系 …… 114

五、共享机制：实现生态红利普惠分配 …… 115

第五章　乡村运营：村庄苏醒的破局实验 …………………… 116
第一节　乡村运营的发展背景 …………………… 117
一、“千万工程”推进美丽乡村建设 …………………… 117
二、村庄经营的提出 …………………… 117
三、乡村运营推动乡村全面振兴 …………………… 118
四、安吉县乡村运营取得的成就 …………………… 118
第二节　乡村运营的做法与成效 …………………… 121
一、以系统思维做好顶层设计打造政策优势 …………………… 121
二、以片区组团式运营乡村迭代升级“千万工程” …………………… 122
三、强化利益联结机制推进乡村集成改革 …………………… 123
四、拓宽生态价值转化渠道促进乡村产业振兴 …………………… 125
五、以“青年入乡”带动乡村人才振兴 …………………… 126
第三节　乡村运营的典型模式 …………………… 128
一、村企共建带动乡村运营模式 …………………… 128
二、生态引领驱动乡村运营模式 …………………… 130
三、品牌建设实现乡村运营模式 …………………… 134
第四节　乡村运营的经验启示 …………………… 140
一、践行“两山”理念，科学有效推进乡村运营 …………………… 140
二、坚持以人民为中心，增进乡村运营的获得感 …………………… 141
三、树立系统思维，加强乡村运营统筹规划 …………………… 141
四、强化要素保障，助推乡村运营提档升级 …………………… 142
五、挖掘潜在价值，提升乡村运营品质内涵 …………………… 143
六、注重标准体系建设，规范有序推进乡村运营 …………………… 144
七、抓好人才队伍建设，凝聚众智实施乡村运营 …………………… 145

第六章　数字治理：云端上的乡村治理 …………………… 147
第一节　数字乡村治理的背景 …………………… 148

一、乡村治理的提出与要求…………………………………… 148
二、数字乡村治理的提出与要求……………………………… 151
第二节 数字乡村治理的做法……………………………………… 155
一、安吉县探索“两山”数字化转型新路径 ………………… 155
二、推进县域治理现代化…………………………………… 155
三、健全乡镇治理机制……………………………………… 156
四、推广新时代“余村经验” ……………………………… 156
五、“数字乡村一张图”全面赋能乡村治理 ……………… 157
第三节 数字乡村治理的成效……………………………………… 161
一、提升乡村社会治理能力…………………………………… 161
二、促进乡村产业高效发展…………………………………… 166
三、促进乡村公共服务水平提升……………………………… 169
四、促进乡村生态产品价值高效转换………………………… 171
第四节 数字乡村治理的经验启示………………………………… 172
一、重视数据赋能，提升数字治理实效……………………… 172
二、注重数字基础设施建设…………………………………… 173
三、注重数实融合发展，助力乡村产业振兴………………… 174
四、以现实需求为导向，提高村民获得感…………………… 174

第七章 人才振兴：青年入乡创造乡村未来……………………… 175
第一节 安吉人才振兴的主要成效………………………………… 176
一、青年人才集聚效应显著，乡村活力持续迸发…………… 176
二、未来村落建设加速推进，人居环境与功能品质
整体跃升…………………………………………………… 179
三、赋能区域经济社会高质量发展，共同富裕迈出
坚实步伐…………………………………………………… 182
第二节 安吉人才振兴的具体举措………………………………… 184

一、安吉县“5＋”模式吸引青年人才返乡创业 …………… 184
二、安吉县天荒坪镇余村：“全球合伙人”计划 ………… 186
三、安吉县梅溪镇红庙村：深蓝计划 …………………… 188
四、安吉县孝丰镇夏阳村：露营经济 …………………… 190
五、安吉县上墅乡上墅村：“音乐乡村” ………………… 191
六、安吉县灵峰街道横山坞村：全国集群民宿村落 ……… 192
七、“两山杯”全国大学生乡村振兴创新创意创业大赛 … 193
第三节 安吉人才振兴的经验启示 …………………………… 195
一、“生态优先、绿色发展”，吸引与留住青年 ………… 195
二、“政府主导、市场运作、青年主体”的高效协同机制 …………………………………………………… 196
三、“产村人文社”融合共生，未来村落的可持续发展…… 198
四、迭代创新、精准滴灌的政策撬动人才集聚 ………… 199

第八章 制度破壁：体制机制的创新密码 ……………… 202
第一节 制度建设的发展历程 ……………………………… 203
一、探索突破（2005—2012 年） ……………………… 203
二、深化创新（2013—2019 年） ……………………… 204
三、再起征程（2019 年至今） ………………………… 206
第二节 制度建设的做法与成效 …………………………… 209
一、擦亮“美”的底色：制度筑基守护美丽乡村 ……… 209
二、做好“富”的文章：制度创新引领绿色发展 ……… 214
三、打牢“治”的基础：制度现行探索基层治理体系现代化 …………………………………………………… 217
第三节 制度建设的典型模式 ……………………………… 223
一、“两山合作社”：提升资源价值链 ………………… 223
二、“两退出三保障”：强化土地要素链 ……………… 228

三、"两入股三收益"：完善主体利益链 …………………… 229
第四节　制度建设的经验启示…………………………………… 232
一、聚焦资源利用，全面推动集成改革………………………… 232
二、聚焦强村富民，全面构建利益联结………………………… 233
三、聚焦人才集聚，全面实施青创活县………………………… 235
四、聚焦业态布局，全面引领经济发展新赛道………………… 236

第九章　绿色共富：共同富裕的安吉样板…………………… 238
第一节　绿色共富的背景………………………………………… 239
一、生态治理守护"绿水青山"底色 ………………………… 239
二、绿色发展做足"金山银山"成色 ………………………… 242
三、乡村治理提升"金山银山"亮色 ………………………… 244
第二节　绿色共富的做法与成效………………………………… 245
一、夯实生态家底，保障绿色公共福利………………………… 245
二、壮大绿色产业，激活共同富裕新动能……………………… 248
三、优质服务共享，建设共同富裕美好社会…………………… 251
第三节　绿色共富的典型模式…………………………………… 254
一、打造城乡产村融合"共富工坊" ………………………… 254
二、打造绿色低碳共富的"未来乡村"余村样本 …………… 256
三、深化"安吉游戏"模式，打造共同富裕优质教育
样本……………………………………………………………… 258
四、提升养老服务体系建设，打造"浙里康养"安吉
示范……………………………………………………………… 261
五、锚定综合救助体系，打造民生保障共富样板……………… 263
第四节　绿色共富的经验启示…………………………………… 264
一、优化生态系统服务功能，增进绿色惠民福祉……………… 264
二、绿水青山入市"变现"，生态保护补偿惠益共享 ……… 264

三、深植“生态有价”理念，探索生态资源价值转化路径……265
四、推进强村富民集成改革，促进城乡资源要素优化配置……266
五、完善主体利益链，推进农民利益联结共赢共富……266

第十章　东方答案：生态文明的安吉话语……268
第一节　安吉践行“两山”理念的主要做法……269
一、萌芽探索阶段……269
二、转型发展阶段……269
三、高质量发展阶段……272
第二节　安吉践行“两山”理念的主要成效……281
一、“十一五”时期安吉践行“两山”理念的主要成效……281
二、“十二五”时期安吉践行“两山”理念的主要成效……283
三、“十三五”时期安吉践行“两山”理念的主要成效……285
四、“十四五”以来安吉践行“两山”理念的主要成效……288
第三节　安吉践行“两山”理念的国际传播……292
一、诞生于安吉县的“两山”理念走向世界……292
二、用大众的话语讲好中国、湖州和安吉的故事……293

主要参考文献……295

后记……300

破茧之路：安吉二十年发展成就

20年砥砺奋进，安吉县以“绿水青山就是金山银山”理念为指引，走出了一条从觉醒到蝶变的辉煌之路。安吉县20年的“破茧”历程，是区域经济和社会全面发展的历程。县域经济总量持续壮大，产业结构在优化调整中焕发新活力；面对发展的压力，安吉县以壮士断腕的决心推进治理，实现了从环境代价到生态价值的华丽转身；政治建设与社会治理日臻完善，科技创新动力澎湃，民生保障与公共服务水平大幅提升，文化事业繁荣发展，人民幸福感与获得感显著增强。安吉县以实践书写了一份经济、生态、社会协调共进的精彩答卷，生动诠释了“两山”理念的强大生命力。

第一节 安吉县经济发展

一、经济综合实力明显增强①

（一）“十一五”期间的经济综合实力

国内生产总值 截至2010年底，安吉的国内生产总值由2006年的102.87亿元，增长到197.02亿元，较2006年增长91.52%，年平均增长速度22.88%。生产总值发展指数由2006年的2312.8增长到2010年的3828.4，较2006年增长65.53%。人均国内生产总值由2006年的22632元增长到2010年的43075元。年平均增长5110.75元，较2006年增长90.33%。

财政收入和支出 2006年底，安吉的财政总收入、地方财政收入分别为8.78亿元、4.92亿元；截至2010年底，安吉的财政总收入达到23.51亿元，地方财政收入达到13.93亿元，较2006年分别增长167.77%、183.13%。截至2010年底，安吉财政支出21.93亿元，较2006年底的7.64亿元，增加14.29亿元，增长187.04%。

居民收入 安吉的城镇居民人均可支配收入，由2006年的16443元，增长到2010年的25205元，较2006年增长53.29%，平均每年增

① 资料来源：湖州市统计局，国家统计局湖州调查队．湖州统计年鉴·2006—2024［M］．北京：中国统计出版社，2006—2024；2024年安吉县国民经济和社会发展统计公报［EB/OL］．（2025-04-08）［2025-06-03］．http：//www.anji.gov.cn/art/2025/4/8/art_1229518619_4005575.html.

加 2190.5 元；农村居民人均可支配收入由 2006 年的 8301 元，增长到 2010 年的 12840 元，较 2006 年增长 54.68%，平均每年增加 1134.75 元。

全社会固定资产投资 2006 年底，安吉全社会固定资产投资额为 39.2 亿元；截至 2010 年底，安吉全社会固定资产投资额为 82.65 亿元，较 2006 年底增长 110.84%，增加 43.45 亿元，年平均增速为 27.7%。

（二）“十二五”期间的经济综合实力

国内生产总值 截至 2015 年底，安吉的国内生产总值由 2011 年的 226.35 亿元，增长到 324.17 亿元，较 2011 年增长 43.22%。年平均增速为 10.81%。生产总值发展指数由 2011 年的 4241.9 增长到 2015 年的 6102.7，较 2011 年增长 43.87%。人均国内生产总值由 2011 年的 49347 元增长到 2015 年的 69868 元。年平均增长 5130.25 元，较 2011 年增长 41.59%，相较于“十一五”同期增速有所放缓。

财政收入和支出 2011 年底，安吉的财政总收入、地方财政收入分别为 29.1 亿元、16.66 亿元；截至 2015 年底，安吉的财政总收入达到 55.68 亿元，地方财政收入达到 32.96 亿元，较 2011 年分别增长 91.34%、97.84%。截至 2015 年底，安吉财政支出 47.66 亿元，较 2011 年底的 25.26 亿元，增加 22.4 亿元，增长 88.68%。

居民收入 “十二五”期间，安吉的城镇居民人均可支配收入，由 2011 年的 28679 元，增长到 2015 年的 41132 元，较 2011 年增长 43.42%，平均每年增加 3113.25 元；农村居民人均可支配收入由 2011 年的 14152 元，增长到 2015 年的 23556 元，较 2011 年增长 66.45%，平均每年增加 2351 元。

全社会固定资产投资 2011 年底，安吉全社会固定资产投资额为 92.28 亿元；截至 2015 年底，安吉全社会固定资产投资额为 164.31 亿元，较 2011 年增长 78.06%，增加 72.03 亿元，年平均增速为 19.52%。

（三）“十三五”期间的经济综合实力

国内生产总值 截至2020年底，安吉的国内生产总值由2016年的348.75亿元，增长到490.86亿元，较2016年增长40.75%，年平均增速为10.19%。生产总值发展指数由2016年的6658增长到2020年的8921.2，较2016年增长33.99%。人均国内生产总值由2016年的74982元增长到2020年的103841元，年平均增长7214.75元，较2016年增长38.49%。

财政收入和支出 2016年底，安吉的财政总收入、地方财政收入分别为60.33亿元、35.85亿元；截至2020年底，安吉的财政总收入达到100.1亿元，地方财政收入达到59.75亿元，较2016年分别增长65.92%、66.67%。截至2020年底，安吉财政支出86.22亿元，较2016年底的57.19亿元，增加29.03亿元，增长50.76%。

居民收入 “十三五”期间，安吉的城镇居民人均可支配收入，由2016年的44358元，增长到2020年的59518元，较2016年增长34.18%，平均每年增加3790元；农村居民人均可支配收入由2016年的25477元，增长到2020年的35699元，较2016年增长40.12%，平均每年增加2555.5元。

全社会固定资产投资 2016年底，安吉全社会固定资产投资额为186.71亿元。截至2020年底，安吉全社会固定资产投资额为187.59亿元，较2016年增加0.88亿元。

（四）“十四五”以来的经济综合实力[①]

国内生产总值 截至2024年底，安吉的国内生产总值由2021年的

① 2024年安吉县国民经济和社会发展统计公报［EB/OL］.（2025-04-08）［2025-06-03］. http://www.anji.gov.cn/art/2025/4/8/art_1229518619_4005575.html.

566.34 亿元，增长到 675.57 亿元，较 2021 年增长 19.29%，年平均增速为 6.43%。人均国内生产总值由 2021 年的 119537 元增长到 2024 年的 141986.12 元，年平均增长 7483.04 元，较 2021 年增长 18.78%。

财政收入和支出 2021 年底，安吉的财政总收入、地方财政收入分别为 110.79 亿元、65.82 亿元；截至 2023 年底，安吉的财政总收入达到 112.94 亿元，地方财政收入达到 62.48 亿元，较 2021 年分别增长 1.94%、-5.07%。截至 2023 年底，安吉财政支出 93.72 亿元，较 2021 年底的 88.66 亿元，增加 5.06 亿元，增长 5.7%。

居民收入 “十四五”以来，城镇居民人均可支配收入，由 2021 年的 65750 元，增长到 2024 年的 75002 元，较 2021 年增长 14.07%，平均每年增加 3084 元；农村居民人均可支配收入，由 2021 年的 39495 元，增长到 2024 年的 48879 元，较 2021 年增长 23.76%，平均每年增加 3128 元。

全社会固定资产投资 2021 年底，安吉全社会固定资产投资额为 227.64 亿元；截至 2024 年底，安吉全社会固定资产投资额为 332.61 亿元，较 2021 年底增长 46.11%，增加 104.97 亿元，年平均 34.99 亿元，年平均增速为 13.46%。

二、第一产业持续发展[①]

（一）“十一五”期间的第一产业

农林牧渔业总产值 “十一五”期间，安吉农林牧渔业总产值由 2006 年的 17.36 亿元增长到 2010 年的 32.27 亿元，增长率为 85.89%，

① 资料来源：湖州市统计局，国家统计局湖州调查队．湖州统计年鉴·2007—2024［M］．北京：中国统计出版社，2007—2024．

年平均增长 3.73 亿元。

主要农产品产量 2006 年底，安吉的粮食、茶叶产量、毛竹采伐量分别为 91.24 万吨、0.88 万吨、3425 万支；2010 年底，粮食、茶叶产量、毛竹采伐量分别为 90.19 万吨、1.03 万吨、4568 万支。分别增长 -1.15%、17.05%、33.37%。

（二）"十二五"期间的第一产业

农林牧渔业总产值 "十二五"期间，安吉农林牧渔业总产值由 2011 年的 35.45 亿元增长到 2015 年的 39.45 亿元，增长率为 11.28%，年平均增长 1 亿元。

主要农产品产量 2011 年底，安吉的粮食、茶叶产量、毛竹采伐量分别为 90.29 万吨、107 万吨、5079 万支；2015 年底，粮食、茶叶产量、毛竹采伐量分别为 66.95 万吨、106 万吨、5102 万支。分别增长 -25.85%、-0.93%、0.45%。

（三）"十三五"期间的第一产业

农林牧渔业总产值 "十三五"期间，安吉农林牧渔业总产值由 2016 年的 40.75 亿元增长到 2020 年的 42.95 亿元，增长率为 5.40%，年平均增长 0.55 亿元。

主要农产品产量 2016 年底，安吉的粮食、茶叶产量、毛竹采伐量分别为 62.97 万吨、1.05 万吨、4992 万支；2020 年底，粮食、茶叶产量分别为 52.5 万吨、1.12 万吨、4736 万支。分别增长 -16.63%、6.67%、-5.13%。

（四）"十四五"以来的第一产业

农林牧渔业总产值 "十四五"期间，安吉农林牧渔业总产值由 2021 年的 44.85 亿元增长到 2023 年的 51.08 亿元，增长率为 13.89%。

主要农产品产量 2021 年底，安吉的粮食、茶叶产量分别为 52.74 万吨、1.17 万吨；2023 年底，粮食、茶叶产量分别为 53.66 万吨、1.2 万吨。分别增长 1.74%、2.56%。

三、第二产业稳步提升①

（一）“十一五”期间的第二产业

第二产业增加值 “十一五”期间，安吉第二产业增加值由 2006 年的 53.24 亿元增长至 2010 年的 103.75 亿元，增长率为 94.87%，增长 50.51 亿元，年平均增长 12.63 亿元。

规模以上工业总产值 “十一五”期间，安吉规模以上工业总产值由 2006 年的 149.03 亿元增长至 2010 年的 325.24 亿元，增长率为 118.24%，增长 176.21 亿元，年平均增长 44.05 亿元。其中，轻工业 2006 年、2010 年总产值分别为 78.79 亿元、189.79 亿元，增长率为 140.88%，增长 111 亿元，年平均增长 27.75 亿元；重工业 2006 年、2010 年总产值分别为 70.24 亿元、135.45 亿元，增长率为 92.84%，增长 65.21 亿元，年平均增长 16.3 亿元。

高新技术产业业务收入 “十一五”期间，安吉高新技术产业业务收入由 2006 年的 7.71 亿元增长至 2010 年的 28.07 亿元，增长率为 264.07%，增长 20.36 亿元，年平均增长 5.09 亿元。

（二）“十二五”期间的第二产业

第二产业增加值 “十二五”期间，安吉第二产业增加值由 2011

① 资料来源：湖州市统计局，国家统计局湖州调查队. 湖州统计年鉴·2007—2024［M］. 北京：中国统计出版社，2007—2024.

年的 114.73 亿元增长至 2015 年的 159.47 亿元，增长率为 39.00%，增长 44.74 亿元，年平均增长 11.19 亿元。

规模以上工业总产值　“十二五”期间，安吉规模以上工业总产值由 2011 年的 345.43 亿元增长至 2015 年的 516.37 亿元，增长率为 49.49%，增长 170.94 亿元，年平均增长 42.74 亿元。其中，轻工业 2011 年、2015 年总产值分别为 208.90 亿元、299.25 亿元，增长率为 43.25%，增长 90.35 亿元，年平均增长 22.59 亿元；重工业 2011 年、2015 年总产值分别为 136.53 亿元、217.12 亿元，增长率为 59.03%，增长 80.59 亿元，年平均增长 20.15 亿元。

规模以上工业增加值　“十二五”期间，安吉规模以上工业增加值由 2011 年的 62.16 亿元增长至 2015 年的 115.34 亿元，增长率为 85.56%。增长 53.18 亿元，年平均增长 13.30 亿元。其中，轻工业 2011 年、2015 年总产值分别为 34.94 亿元、66.31 亿元，增长率为 87.78%，增长 31.37 亿元，年平均增长 7.84 亿元；重工业 2011 年、2015 年总产值分别为 27.22 亿元、49.03 亿元，增长率为 80.12%，增长 21.81 亿元，年平均增长 5.45 亿元。

高新技术产业业务收入　“十二五”期间，安吉高新技术产业业务收入由 2011 年的 28.18 亿元增长至 2015 年的 180.14 亿元，增长率为 539.25%，增长 151.96 亿元，年平均增长 37.99 亿元。

（三）“十三五”期间的第二产业

第二产业增加值　“十三五”期间，安吉第二产业增加值由 2016 年的 170.19 亿元增长至 2020 年的 229.15 亿元，增长率为 34.64%，增长 58.96 亿元，年平均增长 14.74 亿元。

规模以上工业总产值　“十三五”期间，安吉规模以上工业总产值由 2016 年的 533.8 亿元增长至 2020 年的 749.44 亿元，增长率为 40.4%，增长 215.64 亿元，年平均增长 53.91 亿元。其中，轻工业

2016 年、2020 年总产值分别为 326.29 亿元、465.7 亿元，增长率为 42.73%，增长 139.41 亿元，年平均增长 34.85 亿元；重工业 2016 年、2020 年总产值分别为 207.51 亿元、283.74 亿元，增长率为 36.74%，增长 76.23 亿元，年平均增长 19.06 亿元。

规模以上工业增加值　“十三五”期间，安吉规模以上工业增加值由 2016 年的 120.57 亿元增长至 2020 年的 192.69 亿元，增长率为 59.82%，增长 72.12 亿元，年平均增长 18.03 亿元。其中，轻工业 2016 年、2020 年总产值分别为 73.42 亿元、119.94 亿元，增长率为 63.36%，增长 46.52 亿元，年平均增长 11.63 亿元；重工业 2016 年、2020 年总产值分别为 47.15 亿元、72.75 亿元，增长 25.6 亿元，增长率为 54.29%，年平均增长 6.4 亿元。

（四）“十四五”以来的第二产业

第二产业增加值　“十四五”期间，安吉第二产业增加值由 2021 年的 271.72 亿元下降至 2023 年的 270.25 亿元，下降 1.47 亿元，增长率为 -0.54%，年平均下降 0.74 亿元。

浙江和也科技有限公司自动化车间（张卉　摄）

规模以上工业总产值　“十四五”期间，安吉规模以上工业总产值由2021年的1000.6亿元增长至2023年的1000.7亿元，增长0.1亿元，增长率为0.01%，年平均增长0.05亿元。其中，轻工业2021年、2023年总产值分别为581.32亿元、447.18亿元，下降134.14亿元，增长率为-23.08%，年平均下降67.07亿元；重工业2021年、2023年总产值分别为419.28亿元、553.54亿元，增长134.26亿元，增长率为32.02%，年平均增长67.13亿元。

规模以上工业增加值　“十四五”期间，安吉规模以上工业增加值由2021年的264.8亿元下降至2023年的230.92亿元，下降33.88亿元，增长率为-12.79%，年平均下降16.94亿元。其中，轻工业2021年、2023年总产值分别为173.86亿元、117.8亿元，下降56.06亿元，增长率为-32.24%，年平均下降28.03亿元；重工业2021年、2023年总产值分别为90.94亿元、113.12亿元，增长22.18亿元，增长率为24.39%，年平均增长11.09亿元。

四、第三产业增速明显①

（一）“十一五”期间的第三产业

第三产业增加值　“十一五”期间，安吉第三产业增加值由2006年的37.02亿元增长至2010年的71.57亿元，增长率为93.33%。

进出口贸易额　“十一五”期间，安吉进出口贸易额由2006年的5.77亿美元增长至2010年的16.26亿美元，增长率为181.80%。

旅游总收入　“十一五”期间，安吉的旅游总收入由2006年的

① 资料来源：湖州市统计局，国家统计局湖州调查队．湖州统计年鉴·2007—2024［M］．北京：中国统计出版社，2007—2024．

22.01 亿元增长至 2010 年的 47.52 亿元，增长率为 115.90%。

公路通车总里程　“十一五”期间，安吉的公路通车总里程由 2006 年的 1793.99 千米增长至 2010 年的 2141.72 千米，增长率为 19.38%。

（二）“十二五”期间的第三产业

第三产业增加值　“十二五”期间，安吉第三产业增加值由 2011 年的 87.89 亿元增长至 2015 年的 138.43 亿元，增长率为 57.5%。

进出口贸易额　“十二五”期间，安吉进出口贸易额由 2011 年的 19.37 亿美元增长至 2015 年的 26.04 亿美元，增长率为 34.43%。

旅游总收入　“十二五”期间，安吉的旅游总收入由 2011 年的 56.85 亿元增长至 2015 年的 175.65 亿元，增长率为 208.97%。

公路通车总里程　“十二五”期间，安吉的公路通车总里程由 2011 年的 2165.58 千米下降至 2015 年的 2130.6 千米，增长率为 -1.62%。

（三）“十三五”期间的第三产业

第三产业增加值　“十三五”期间，安吉第三产业增加值由 2016 年的 151.42 亿元增长至 2020 年的 234.78 亿元，增长率为 55.05%。

进出口贸易额　“十三五”期间，安吉进出口贸易额由 2016 年的 28.14 亿美元增长至 2020 年的 50.2 亿美元，增长率为 78.39%。

旅游总收入　“十三五”期间，安吉的旅游总收入由 2016 年的 233.16 亿元增长至 2020 年的 304.73 亿元，增长率为 30.70%。

公路通车总里程　“十三五”期间，安吉的公路通车总里程由 2016 年的 2171.8 千米增长至 2020 年的 2258.61 千米，增长率为 4%。

（四）“十四五”以来的第三产业

第三产业增加值 安吉第三产业增加值由2021年的265.49亿元增长至2023年的312.62亿元，增长率为17.75%。

进出口贸易额 安吉进出口贸易额由2021年的70.68亿美元下降至2023年的54.54亿美元，增长率为-22.84%。

旅游总收入 安吉的旅游总收入由2021年的119.83亿元增长至2023年的124.24亿元，增长率为3.68%。

公路通车总里程 安吉的公路通车总里程由2021年的2335.62千米增长至2023年的2340.86千米，增长率为0.22%。

第二节 安吉县生态环境治理

一、能源消耗量①

（一）“十一五”期间的能耗量

原煤消耗量 “十一五”期间，安吉的原煤消耗量由2006年的25.18万吨，增加到2010年的27.41万吨，增长率为8.86%，年平均原煤消耗量增加0.56万吨。

电力消耗量 “十一五”期间，安吉的电力消耗量由2006年的

① 资料来源：湖州市统计局，国家统计局湖州调查队．湖州统计年鉴·2007—2024［M］．北京：中国统计出版社，2007—2024．

10.35 亿千瓦时，增加到 2010 年的 12.13 亿千瓦时，增长率为 17.2%，年平均电力消耗量增加 0.45 亿千瓦时。

单位 GDP 能耗 “十一五”末期，安吉的单位 GDP 能耗为 0.49 吨标准煤/万元。

（二）“十二五”期间的能耗量

原煤消耗量 “十二五”期间，安吉的原煤消耗量呈下降趋势，原煤消耗量由 2011 年的 29.18 万吨，下降到 2015 年的 28.39 万吨，增长率为 -2.71%，年平均原煤消耗量减少 0.20 万吨。

电力消耗量 “十二五”期间，安吉的电力消耗量由 2011 年的 12.48 亿千瓦时，增加到 2015 年的 15.63 亿千瓦时，增长率为 25.24%，年平均电力消耗量增加 0.79 亿千瓦时。

单位 GDP 能耗 “十二五”期间，安吉的单位 GDP 能耗由 2011 年的 0.48 吨标准煤/万元，下降到 2015 年的 0.42 吨标准煤/万元，增长率为 -12.5%。“十二五”末期的单位 GDP 能耗较“十一五”同期减少 0.07 吨标准煤/万元。

（三）“十三五”期间的能耗量

原煤消耗量 “十三五”期间，安吉的原煤消耗量由 2016 年的 27.11 万吨，增加到 2020 年的 39.76 万吨，增长率为 46.67%，年平均原煤消耗量增加 3.16 万吨。

电力消耗量 “十三五”期间，安吉的电力消耗量由 2016 年的 20.15 亿千瓦时，增加到 2020 年的 24.33 亿千瓦时，增长率为 20.74%，年平均电力消耗量增加 1.05 亿千瓦时。

单位 GDP 能耗 “十三五”期间，安吉的单位 GDP 能耗由 2016 年的 0.39 吨标准煤/万元，下降到 2020 年的 0.34 吨标准煤/万元，增长率为 -12.82%。“十三五”末期的单位 GDP 能耗较“十二五”同期减少 0.08 吨标准煤/万元。

（四）“十四五”以来的能耗量

原煤消耗量 安吉的原煤消耗量由 2021 年的 48.57 万吨，下降到 2023 年的 40.67 万吨，增长率为 -16.27%，年平均原煤消耗量减少 3.95 万吨。

电力消耗量 安吉的电力消耗量由 2021 年的 30.14 亿千瓦时，增加到 2023 年的 35.52 亿千瓦时，增长率为 17.85%，年平均电力消耗量增加 2.69 亿千瓦时。

二、废物排放量[①]

（一）“十一五”期间的废物排放量

废水排放总量 2010 年，安吉的废水排放总量为 795.18 万吨。

工业废气排放总量 2010 年，安吉的工业废气排放总量为 178.17 亿标立方米。

二氧化硫排放量 “十一五”期间，安吉的二氧化硫排放量由 2006 年的 1808 吨，减少至 2010 年的 1733.97 吨，增长率为 -4.09%，年平均减少二氧化硫排放量 18.51 吨。

（二）“十二五”期间的废物排放量

废水排放总量 “十二五”期间，安吉的废水排放总量由 2011 年的 798.51 万吨，增值至 2015 年的 2058.07 万吨，增长率为 157.74%，

① 资料来源：湖州市统计局，国家统计局湖州调查队. 湖州统计年鉴·2007—2024 [M]. 北京：中国统计出版社，2007—2024.

年平均增加 314.89 万吨。

工业废气排放总量　“十二五”期间，安吉的工业废气排放总量由 2011 年的 116.61 亿标立方米，增值至 2015 年的 193.59 亿标立方米，增长率为 66.01%，年平均增加 19.25 亿标立方米。

二氧化硫排放量　“十二五”期间，安吉的二氧化硫排放量由 2011 年的 2857.17 吨，增加至 2015 年的 3290 吨，增长率为 15.15%，年平均增加二氧化硫排放量 108.21 吨。

（三）“十三五”期间的废物排放量

废水排放总量　“十三五”期间，安吉的废水排放总量由 2016 年的 2070.29 万吨，减少至 2020 年的 994.75 万吨，增长率为 -51.95%，年平均减少 268.89 万吨。

工业废气排放总量　“十三五”期间，安吉的工业废气排放总量由 2016 年的 215.49 亿标立方米，减少至 2020 年的 69.16 亿标立方米，增长率为 -67.91%，年平均减少 36.58 亿标立方米。

二氧化硫排放量　“十三五”期间，安吉的二氧化硫排放量由 2016 年的 2667 吨，减少至 2020 年的 410.68 吨，增长率为 -84.60%，年平均减少二氧化硫排放量 564.08 吨。

（四）“十四五”以来的废物排放量

废水排放总量　安吉的废水排放总量由 2021 年的 784.31 万吨，减少至 2023 年的 273.9 万吨，增长率为 -65.08%，年平均减少 255.21 万吨。

工业废气排放总量　安吉的工业废气排放总量由 2021 年的 136.92 亿标立方米，增加至 2023 年的 230.51 亿标立方米，增长率为 68.35%，年平均增加 46.80 亿标立方米。

二氧化硫排放量　安吉的二氧化硫排放量由 2021 年的 220.21 吨，

减少至2023年的39.7吨，增长率为-81.97%，年平均减少二氧化硫排放量90.26吨。

三、生态保护建设[①]

“十一五”期间，安吉始终坚持“生态立县”战略，坚持生态立县，突出工业强县，加快开放兴县，走新型工业化、新型城市化和新农村建设互促共进的道路，建设民富县强的和谐安吉。成功创建全国首个生态县，启动“双十村示范、双百村整治”工程，持续开展村域环境整治，开展毁林开垦和水冲机制砂专项整治，完成污染源普查，改造升级污水处理设施设备，节能减排工作不断深入，开展竹木制品行业污染和烟尘污染专项整治行动，建设生活垃圾收运系统，率先在全国实施农村生活污水处理工程，制订安吉县“811”环境保护新三年行动计划，强化生态修复，强化生态公益林建设，限期治理污染企业，加大沿路、沿线、沿景区整治力度。编制安吉县域总体规划（2006—2020年）并成功获批，制订并实施中国美丽乡村建设十年规划，与国家林业局共建新农村总体规划，安吉县生态文明建设纲要通过论证，成功举办中国美丽乡村节；开展集体林权制度改革，林权抵押贷款总额达1.3亿元。安吉县先后入选（被评为）国家园林县城、省级文明城市、全国绿色小康县、全国首批生态文明建设试点县，荣获浙江省林改示范县等称号。

“十二五”期间，安吉以打造中国美丽乡村和现代化山区县，争创生态文明全国示范为引领，将新农村与生态文明试点建设有机结合，在浙江省率先开展美丽乡村建设，开展“清洁水源、清洁空气、清洁土壤”专项行动，深入推进农业面源污染防治、锅炉整治、煤堆场、竹

① 资料来源：安吉县2006—2024年《政府工作报告》。

筷、电镀行业、城郊结合部专项整治、毁林种茶专项整治等治理行动，编制完成《农村生活垃圾分类处理规范》，全面实行垃圾直运，提高农村生活污染处理水平。深入实施生态文明建设“八大行动”“山青水净”三年行动、“清水入湖”工程，加快推进农村中小河流综合整治，建立县、乡（镇）、村三级“河长制”，开展矿砂资源整治，结束西苕溪30年商业采砂历史。完成路灯智能化管理与节能改造，建设长龙山抽水蓄能电站等环保型发电厂，全面推进节能减排。《美丽乡村建设指南》正式发布，安吉模式从省级规范上升为国家标准。先后入选（被评为）浙江省首批生态循环农业示范县、全国首批生态文明建设试点，并成为中国人居环境奖唯一获得县，荣获中华宝钢环境优秀奖、国家循环经济示范县、美丽中国最美城镇、中国金牌旅游城市全国唯一获得县等荣誉称号。

“十三五”期间，安吉聚焦两山实践，聚力赶超发展，以中国最美县域建设为目标，深入推进蓝天、碧水、净土、清废四大行动，坚决打好污染防治攻坚战，“三四五”联动推进，在浙江省率先实行河道“五长共治”和全域高标准治水，县控以上断面水质均达到Ⅱ类及以上。加强污水处理厂提标改造和农村生活污水治理、污水管网建设，地表水功能区、集中饮用水源地、出境交接断面水质均100%达标，两度夺得“大禹鼎”。全力做好中央环保督察反馈问题整改，启动省级“无废城市”试点，在全市率先完成垃圾填埋场标准化封场，开展农村人居环境“百日提升”行动，农村生活垃圾分类实现全覆盖，推进生活垃圾精准分类，资源化利用率、无害化处理率均达100%，成为全国农村生活垃圾分类和资源化利用示范县。“林长制”全面实施，整治毁林开垦，打造“美丽田园”，提升农田环境，加强废弃矿山复绿，龙王山自然保护区升格为国家级自然保护区。开展高污染燃料锅炉整治，完成工业企业小锅炉清洁能源升级替代，推进重点企业节能减排，治气治霾持续推进，工程运输车“三化”管理全面实施。成功举办首届全国休闲农业与乡村旅游大会、全国生态文明建设现场会等 8 个全国性会议活动。先后入选（被评为）全国首个联合国人居奖获得县、国家生态文明建设示范县、全国“两山”理念实践试点县，全国首批生态文明奖、全国水土保持生态文明县、全国农村生活污水处理示范县、全省首批基本无违建县、全省首个水生态文明县、全国农业绿色发展先行先试支撑体系建设试点，《美丽乡村建设指南》获中国标准创新贡献奖。

“红马甲”保护母亲河（张卉　摄）

“十四五”以来，安吉全面落实习近平总书记视察浙江、安吉重要指示精神，忠实践行“绿水青山就是金山银山”理念，持续深化新时代两山试验区建设，大力实施“现代产业振兴、开放合作升级、城市能级提升、美丽环境示范、共同富裕先行、县域治理增效”六大工程，全力打造“激情迸发的创业之城、大气包容的活力之城、山水相拥的品质之城、低碳宜居的生态之城、人民满意的幸福之城、平安有序的和谐之城”，勇当绿色低碳发展探路者，高质量建设国际化绿色山水美好城市。生态环境持续优化，PM2.5从每立方米37微克下降到27微克，空气优良率常年全市第一，污染地块安全利用率达100%，严格落实生态文明总体督导机制，统筹推进治水治气、治土、治废、治塑，首夺五水共治“大禹鼎”银鼎，获评省清新空气示范县、美丽浙江建设工作优秀县，入选全省第二批低碳试点县。地表水、饮用水、断面水质常态保持Ⅱ类以上。发布全国首个“无废城市”县域标准，创成全省首批“无废城市”。持续开展环境整治和生态修复，高质量完成山水林田湖草生态保护修复省级试点建设，历史性解决了鞍山区块环境问题，水土保持工作连续四年位居全市第一，安吉小鲵护卫队是浙江省唯一荣获全国“绿色中国年度人物”称号的护卫队。美丽乡村迭代升级。突出风貌管控，统筹推进美丽城镇、美丽乡村建设，成功获评浙江省首批新时代美丽乡村示范县，连续两年获评省三星级“无废城市”、垃圾分类优秀县。生态品牌持续扩大，顺利完成首个全国生态日主场考察活动、成功举办全国首届自然资源与生态文明论坛，创成湖州市首个“中国天然氧吧”，入选省级生态综合补偿改革试点，夺取全市首批“生态鼎”，安吉的知名度、美誉度和影响力持续攀升。创成浙江省首批大花园示范县、新时代美丽城镇建设优秀县、美丽乡村工作优胜县、全国生态文明建设示范县、国家节水型社会建设达标县、首批国家森林城市、首个气候生态县，成为全国首个自然资源综合改革试点。先后承办世界环境日全球主场活动、中国共产党与世界政党领导人峰会分会场活动、王毅外长与多国外长和国际组织政要多边、双边会晤活动，安吉群众代表浙江领取联合国“地球卫士奖”。

第三节 安吉县社会发展

一、政治建设与社会治理[①]

（一）“十一五”期间的政治建设与社会治理

政治组织建设 安吉县认真执行县人大及其常委会的决议，自觉接受县人大的法律监督、工作监督和县政协的民主监督；实施行政机关内设机构审批职能归并，新组建城市管理局，进一步理顺城市管理体制，加强区域综合整治和监管。实施扩权强镇改革试点。认真落实党风廉政一岗双责制，创新开展政府性项目跟踪审计，着力开展重点工程领域和小金库专项整治，加大廉政、审计和反腐败力度，及时查处各类违法违纪案件。

提升治理效能 全力促进政府工作提速增效，提升政务审批效率，缩短审批时间；正式开通“县长热线”，建立局长、乡长、镇长热线接听制度，被评为2007年中国生态小康建设十大政府创新典型。扎实开展“两排查一建设”活动。

社会治安防控体系建设 健全社会治安综合治理防控体系，布设治安动态视频监控系统，扎实推进平安小区建设；强化食品药品安全，全面开展安全生产“三项行动”，成功创建全国平安农机示范县。

① 资料来源：安吉县2006—2024年《政府工作报告》。

（二）“十二五”期间的政治建设与社会治理

深化社会治理改革创新 完善政务信息公开，建立网络发言人制度，邀请市民代表参加政府常务会议。建立企业家季度闭门座谈会制度，制定出台中小微企业扶持政策。构建“大调解”工作格局，启动建设政务诚信、商务诚信、社会诚信和司法公信体系，妥善化解一批社会矛盾。开展“企业服务强化年”活动，完善县领导联企服务制度，连续出台加快传统产业转型升级、企业帮扶、电子商务扶持等一系列惠企政策。加强基层新居民站（所）规范化建设，建成“警务村村通”平台，强化乡镇干部驻乡夜访制度，基层矛盾预防和化解得到加强。乡镇安全生产网格化管理全面推开，企业安全生产诚信管理不断深化，安全事故起数、死亡人数、直接经济损失三项指标均降低。坚持管理力量下沉，改革森林公安及乡镇林业站管理体制，设立基层休闲旅游管理服务机构。推进政府性投融资平台市场化改革，组建县城市建设投资（集团）公司。全面加强国有资产规范管理，积极开展行政事业单位和县级企业国资清查，依法审批国资处置，实行动态监管。

全面提升行政服务效率 数字城管投入运行，全省首推创新“五个一”行政审批服务模式，“四个一”审批服务和国税地税联合办税，基层国税地税联合办税实现全覆盖，乡镇国土规划办事机构实行联合办公；创新“服务无休日、监管常态化”机制，节假日民生服务有序、安全监管严格。深化行政审批制度改革试点，清理取消审批事项70项，审批时限提速29.5%，推行双轨审批、代办服务机制，建成天子湖镇行政服务中心。完成“12345阳光热线”资源整合，提升服务效能。

切实做好依法行政 规范执法部门行政处罚自由裁量权，行政复议和行政应诉全面加强。坚持问需于民、问政于民，强化重大事项公开咨询论证和重大决策社会稳定风险评估，民主科学决策水平进一步提高。

规范行政执法行为，推进阳光政务，强化政务公开和网络问政。

深入推进反腐倡廉 严格落实党风廉政建设责任制，不断完善廉政风险防控机制，惩防腐败体系进一步完善，加强职务犯罪惩处打击力度。全面落实精文减会，推行党政机关协同办公系统。稳步推进公共资源交易试点改革，强化行政监察、审计监督，规范管理政府采购、工程招投标、土地出让、国资运行和政府投资行为。狠抓干部作风，严格执行“一把手”五不直接分管制度，落实厉行节约的各项规定，强化公务用车、公务接待、外出考察、津贴补贴发放、编外用工等管理，全面压缩“三公”支出；严查工作日午餐饮酒、公车私用、参与赌博等“六种现象”。从严控制行政经费支出，强化财政绩效评估和经济责任审计，行政公用费用支出得到了有效压缩。深化职务犯罪预防机制建设，严肃查处违法违纪案件。

（三）“十三五”期间的政治建设与社会治理

推进法治建设 顺利完成“七五”普法，民主法治村建设全省领先，公共法律服务体系建设更加完善，被评为全国法律援助便民服务示范窗口。政府法律顾问制度建设实现全覆盖，政务公开进一步落实，行政复议、行政诉讼等工作不断深化。行政执法公示制度落实到位。“四个平台”基层治理体系基本建成。基层民主法治建设得到加强，“行政争议实质化解”成为浙江省法治政府建设的“最佳实践”项目。

提升行政服务效能 深化“最多跑一次”改革，“四减”工作不断推进，“一窗受理、集成服务”成效明显，以数字化手段推进“一件事”集成改革，湖州市首创公共资源交易电子化全覆盖，加快政府数字化转型，“无纸化会议、无纸化办公”成为常态。创新推出“五个一”审批服务模式，浙江省率先实施“三证合一”登记制度，全面落实“五证合一、一照一码”登记制度，行政规范性文件“立改废”工作全面完成。阳光政务更加透明，积极推进“四个通办”，县乡村三级便民服务大厅标准化建设全面完成，“无差别全科受理”站点实现全覆盖。

强化社会治理改革创新 扎实推进法治高效阳光廉洁政府建设，有序实施行政管理体制改革。浙江省率先完成“四张清单一张网”工作，及农村“三权”、户籍制度、公务用车等重点改革。行政执法体制改革和“四个平台”建设平稳推进。组建“12345政府阳光热线”平台。首创国、地税联合办公，并在全国得到推广，创新推行乡镇国土规划联合办公。创建全国国土资源节约集约利用模范县，率先开展全省城镇土地使用税调整试点，扎实开展破解“双停”工作，县域综合体制改革全面落实，开发区、示范区体制调整和三大国有企业改革全面完成。“两山银行”实体化运营。牵头组建长三角绿色制造联盟，长三角产业合作区湖州片区启动规划建设。深度融入上海大都市圈、杭州都市区，上海、杭州“飞地”落地建设。全省率先实现县乡村三级矛调中心全覆盖。

科学高效应对公共卫生事件 率先启动应急响应。组建“一办七组”，全员到岗到位、全天值班值守，率先启动重大突发公共卫生事件应急响应，率先严控规模集聚活动，率先远端劝阻、设卡通行，实施精密智控，落实“源头查控+硬核隔离+精密智控”机制，依托“大数据+网格化”排查户籍人口和暂住人口。创新口罩线上预售系统，各类防疫物资保障有力。落实常态化防控措施，坚持“人”“物”并防，推行“亮码+测温+戴口罩”的防控措施，强化冷链食品监管，持续保持“零确诊”“零疑似”。

深化廉政建设 深入开展党的群众路线、“三严三实”和“两学一做”学习教育，严格落实中央八项规定精神，党风廉政建设主体责任有效落实。“效能亮剑”专项行动深入开展，“庸、懒、散、慢”等行为全面改进。政策审计、财政审计、领导干部经济责任审计“三大平台”建设深入推进，严格执行预算审计和债务审计，领导干部自然资源资产离任审计持续深化，全省率先开展乡镇领导干部生态责任审计。国有资产监管不断加强，行政事业单位公款开展竞争性存放。主动接受县人大、县政协监督，邀请人大代表、政协委员列席县政府常务会议。落实全面从严治党主体责任，建立“一岗双责”定期督查机制。规范政府投资、购买服务等行为，从紧安排各项支出，压缩非刚性、非重点项目支出。

（四）“十四五”以来的政治建设与社会治理

深入推进集成改革 迭代升级数字化改革，新增省级以上改革试点75项，县域智治中心建成投用。“放管服”改革扎实推进，安吉县政务服务“一网通办”，部门间“最多跑一次”成为常态。推进高频政务服务事项“跨省通办”。深化全过程代办机制，优化在线审批、联合审批服务，连续四年获评全国营商环境百强县，成功入围投资潜力百强县。用水权改革入选省级水权确权和交易试点，竹林碳汇改革入选全省乡村振兴最佳创新案例。绿色金融改革持续深化，绿色信贷余额占比连续5年位居全市第一。国企深化改革基本完成，乡镇国企全部纳入县属集团联动运营，两山国控、国控建设获AA+信用评级。争取并启动新时代两山试验区建设，全国首块农业“标准地”、旅游“标准地”分别挂牌出让，“两山银行”入选省数字政府“一地创新、全省共享”项目，“安吉白茶产业大脑”入选省数字经济“最佳应用”。深入推进营商环境优化提升“一号改革工程”，连续五年入选中国县域投资竞争力百强县。

强化知识产权和法治建设 建立健全知识产权公共服务体系，挂牌成立湖州市首家小微企业法律服务中心，中国安吉（绿色家居）知识产权快维中心投入运行，成功入选国家首批知识产权强县建设试点。创成全国法治县创建活动优秀单位、全省首批法治浙江（法治政府）示范县，完成“七五”普法，实现乡镇（街道）合法性审查全覆盖。“大综合一体化”行政执法改革深入推进，政府数字化转型步伐加快。

推进开放式发展 对外开放持续扩大，深度融入长三角一体化战略，成功纳入上海大都市圈、杭州都市区；绿色家居内外贸一体化加速推进，成功举办首届绿色家居博览会、中东椅业博览会，完成自营出口374.3亿元，“世界椅·安吉造”品牌进一步打响，安吉至杭州高速有条件免费通行正式实行。

基层治理提质增效 统筹推进安全生产领域“1+6”专项攻坚、燃气安全、防汛防台等工作，平安护航杭州亚运会，连续两年获评全国信访工作示范县，位居新时代“枫桥经验”指数样本县全省第一，省双拥模范县实现“三连冠”，平安建设实现“十八连冠”，成功摘得首批“二星平安金鼎”。

加强主题教育和党风廉政建设 “不忘初心、牢记使命”主题教育、党史学习教育扎实开展，“党建统领、整体智治”的现代政府建设取得实效。自觉接受县人大依法监督、县政协民主监督，高质量办理人大议案建议和政协提案，办结率、满意率均为100%。坚定不移推进全面从严治党，严格落实中央八项规定精神，持之以恒纠“四风”、树新风，驰而不息抓好省委“七张问题清单”和巡视反馈问题整改落实。完善权力运行监督机制，强化审计监督和审计结果运用，不断规范公共资源交易监管。坚持集中财力办大事，压减非刚性、非重点项目支出。

二、科技发展与创新[①]

“十一五”期间，安吉县启动建设省级可持续发展实验区，培育国家级高新技术企业、省级高新技术企业、省级企业研发中心。

---

① 资料来源：安吉县2006—2024年《政府工作报告》。

“十二五”期间，科创园一期建成运营，持续引进各类人才，新增省级企业研究院、省级高新技术企业研发中心，新建院士专家工作站，成为国家可持续发展实验区。

“十三五”期间，一是高新技术产业发展得到快速发展。实施科技十条新政，培育高新技术企业、科技型企业，科创园、两山创客小镇分别被认定为国家级、省级科技企业孵化器。安吉绿色制造高新技术产业园区获批省级高新技术产业园区。二是引进和培养高层次创新人才。构建企业研究院、院士工作站，引育“国千”“省千”“南太湖精英计划”领军人才等高层次、高技能人才，吸引大学生及各类人才来安吉，“双创”氛围日益浓厚，人才资源更加集聚，浙江省科技进步一等奖、省专利金奖、省“万人计划”全面实现零突破。成立安吉县首个省级重点实验室——中德智能冷链物流技术研究院。三是增强企业创新主体作用，加快国家创新型县创建，增加研发经费支出，人才项目产业化领跑湖州市，永裕竹业入选国家林业重点龙头企业；推动浙江生态文明研究院、生命健康联合研究中心等创新载体落地，竹产业创新服务综合体入围省级创建名单。安吉高级技工学校入选国家级技能人才培育基地。

“十四五”以来，一是推出创新人才招引集聚模式。创新推出数字游民公社、余村“全球合伙人”计划等新模式，招募全球合伙人团队。推出大学生创业就业八条、人才共有产权房等系列人才政策，多措并举解决人才的后顾之忧。全职引进 C 类以上高端人才、大学生。实施“万名技工”培育选树工程，鉴定高技能人才，选拔安吉工匠。二是全力打造创新研究机构平台。全面厚植创新生态，灵峰“智慧谷”启动建设，国家竹产业研究院、浙科研究院正式揭牌，国家级博士后科研工作站实现“零”的突破，新增省级以上研发机构十余家。荣获全国首批创新型县，首捧省科技创新最高荣誉“科技创新鼎”，成功入围中国创新百强县、中国县域科技创新百佳县市。

三、民生保障与公共服务[①]

（一）“十一五”期间的民生保障与公共服务

强化基础设施建设 “十一五”期间，陆续建设杭长高速一期、二期工程、申嘉湖安高速、农村联网公路、“川气东送”安吉段、110千伏输电线路、供水管网改扩建等交通、电力、燃气、水网等建设，实施天子岗水库除险加固、赋石水库上游水土保持工程，实现县城数字电视、村村响工程和农村有线电视全覆盖。

推进住房改造 完善城市功能，启动“天二”工程，加强旧城改造，创建成为国家园林县城和省级文明城市；扎实推进农村住房改造建设，完成农村困难群众的危房改造。

提升教育能力和水平 大力推进人才强县战略，加强教师队伍作风建设，义务教育全面纳入公共财政保障范围，在全省率先建立农村幼儿园和民工子弟学校公用经费保障制度；调整教育布局，建立城乡教育均衡发展机制，全面落实义务段教师绩效工资，基本化解义务段教育债务，加强中小学阳光体育运动设施建设，被评为全国幼儿教育先进县和省级教育强县。

公共卫生和社会保障 全面开展“健康安吉”行动，加强公共卫生安全管理，建立健全农村卫生服务网络，医疗卫生条件不断改善，全面布局卫生服务站，实施农民免费体检，有效防控手足口病和甲型流感疫情，医疗救助实现全覆盖。加强社会保障体系建设，建立村级劳动保障服务平台，稳步推进“五费合征”，城乡社会保险覆盖面进一步扩大，建立健全农民最低生活保障制度和失地农民保障制度。

---

① 资料来源：安吉县2006—2024年《政府工作报告》。

（二）“十二五”期间的民生保障与公共服务

强化基础设施建设　扎实推进“优雅竹城”建设，完成旧城改造，中心商务区、浙北购物中心等重点项目扎实推进，全市首个城市公共自行车系统投入使用。杭安长高速、天荒坪北路全线贯通，扎实推进省道改建、农村联网公路等工程，“一环七纵七横”城市交通网络基本形成；商合杭铁路过境设站纳入省部协议，杭安轻轨列入省铁路网规划。客运枢纽中心、白茶城建设，龙山森林体育公园、凤凰山公园建成开放，递铺港景观全面提升，县城实现天然气供气，智能电网实现乡镇全覆盖。

实施民生保障工程　着力提升民生事业财政支出，截至 2015 年，安吉新增财力用于民生事业的支出超 70%；健全住房保障体系，出台公租房、廉租房管理办法，深入推进农村困难群众危房改造及经济适用房、廉租房建设、公积金管理等工作，社会福利中心和残疾人康复中心建成并投入使用；启动建设“本土养老”试点和残疾人“20 分钟服务圈”，五保和三无人员集中供养率达到 99%。安吉县强化城镇居民就业帮扶，实行失地农民城镇职工养老保险，开通社保卡省县联网，成为浙江省首批创业型城市和全国就业工作先进单位。截至 2015 年底，安吉基本养老保险参保人数达 23.67 万人，较 2011 年增长 60%。

全面推进教育、医保工作　全面完成新一轮教育布局调整，教育投入持续加大，教育质量稳步提升，校安工程全面完成，被评为省教育强县。稳步推进基本公共卫生服务均等化，新型城乡合作医疗保障水平逐年提高，实现城乡居民医疗保险制度并轨，城乡居民住院报销比例达到 75% 以上。实施“阳光医保”工程，医保基金监管全面加强。

（三）“十三五”期间的民生保障与公共服务

改善城乡面貌　“优雅竹城”全面提升，城镇功能日趋完善。商业配套更加齐全，九州昌硕广场、经典 1958、新浙北大厦等大型商贸地标不断涌现。凤凰山公园、龙山森林体育公园、中国（安吉）生态博物馆、吴昌硕纪念馆等大型公共场馆相继建成开放。新客运中心、白茶城、旅游集散中心等大型城市配套设施建成启用。城中村改造攻坚取得历史性重大突破，山头等 8 个区块多年遗留问题全面清零。小城镇环境综合整治领跑全省。

健全社会保障 城乡医保实现浙江省内联网刷卡报销，全省首创“四位一体”医疗报销模式，基本养老保险和医疗保险实现全覆盖。残疾人康复（指导）中心投入使用。全省率先实现“全国联网一站式即时结报”医疗救助。推广居家养老服务照料中心建设，成功创建省级老年友好城市。持续推进经济适用房、公共租赁房建设和农村困难群众危旧房改造，扎实推进“新时代枫桥式退役军人服务站”建设，创建多个国家级“示范型”服务站。

增强公共事业 教育质量逐年提高，“安吉游戏”幼教模式得到教育部的肯定和推广，中德工程师学院等多所学校完成新建、改扩建，成功创建全国义务教育均衡发展县。公立医院改革、医药卫生体制改革不断深化，县级公立医院综合改革成效明显，多种办医格局初步形成，“双下沉、两提升”工程、县域医共体试点深入推进，安吉县人民医院急诊大楼、浙北腔镜中心和心血管病中心投入使用，中医师承定向培养全面启动。安吉县第三人民医院顺利落成，顺利通过国家卫生县城复评，成功创建全国基层中医药工作先进县。全民健身深入开展。

（四）“十四五”以来的民生保障与公共服务

加速构建立体交通网络 商合杭高铁安吉站正式通车，宁杭高铁二通道合作框架协议实现签约，申嘉湖高速省际“断头路”全面打通，宁杭高铁二通道、合温高速、德安高速前期工作有序推进，天子湖通用机场建成投用，长湖申航道西延工程全面完成，“四好农村路”成为全国示范；优化交通出行，布设新能源汽车公共充电桩，投放共享电动自行车，增设公共停车位，入围全国城乡交通运输一体化试点，获评全国农村物流服务品牌示范县。

加强美丽城市、美丽乡村建设 实施精细管理，提升城市品质，全面实施“微改精提十百工程”，推进老旧小区、道路、管网改造，5G网络覆盖主城区及所有乡镇，创建省级未来社区；持续推进新时代文明实践中心建设，打造美丽小区、美丽街巷、美丽乡村等，创成浙江省首批大花园示范县、新时代美丽城镇建设优秀县、美丽乡村工作优胜县。

全域推进乡村运营 积极探索中国式现代化乡村路径，深入开展乡村能级提升年行动，实施全域乡村运营，发布全国首个乡村能级指数、《乡村美丽庭院建设指南》国家标准，获评浙江省深化新时代“千万工程”建设宜居宜业和美乡村优胜县。创新“国资投建＋民企运营＋利益联结”乡村运营机制，招募乡村运营团队50个，余村“全球合伙人”、数字游民公社、大自然工位等乡创模式接连破圈，乡村咖啡、乡村露营、乡村音乐等乡创经济持续爆点。

扎实推进共同富裕 全力打好共富“组合拳”，系统实施“两入股三收益”“两退出三保障”等富民增收机制，鼓励村集体抱团发展，实现行政村“强村富民”公司全覆盖。扎实推进“十百千万”共富工程，新建改建共富乡宿、共富产业园、五彩共富路、共富公寓等设施，连续两年获评浙江省高质量发展建设共同富裕优秀示范区。

加强公共事业和社会保障 全面提升基本公共服务均等化水平，安吉县人民医院急诊大楼、第三人民医院、中医院2号住院楼、树兰医院相继投用，公立医院综合改革、县域医共体建设走在浙江省前列，获评健康浙江建设考核优秀单位。完善“一老一小”服务体系，所有乡镇（街道）老年食堂全面建成，儿童保护站全省率先实现乡镇（街道）全覆盖。深入开展“六无六有”综合救助行动，养老机构、日间照料中心“医养结合”实现乡镇（街道）全覆盖。深化探索“中医师承”培养机制，药品耗材集采改革成效明显，群众就医负担持续减轻。连续四年获评健康浙江建设优秀县。持续办好人民满意教育，义务教育集团化办学入选浙江省试点，新三小、新五小、育澜中学等学校完成新改扩建，创成浙江省基本实现教育现代化县；成功入选浙江省首批普惠托育基本公共服务试点县。

四、文化发展与文化服务[①]

（一）“十一五”期间的文化发展与文化服务

推进旅游业发展建设 改善旅游设施和接待能力，新建中南百草园、天下银坑等景点，设立环灵峰山休闲度假区，国宝大熊猫落户安吉，集中开展旅游环境专项整治，强化“农家乐”旅游的规范化建设和发展；先后举办首届长三角休闲运动节、首届中国休闲农业与乡村旅游节暨第二届中国美丽乡村节，被农业部、国家旅游局命名为全国首个休闲农业与乡村旅游示范县。先后被评为浙江省优秀休闲旅游城市、中国最佳生态旅游县、中国自驾车旅游品牌十大目的地等，“十一五”末期，实现全县旅游总收入 47.52 亿元。

举办大型文旅活动 举办全国首届山地极限运动锦标赛，被评为全国广播电影电视系统先进集体，连续 4 年成为全国全民健身活动先进县，被授予全国户外运动基地、全国生态影视基地称号。举办首届安洽会和国际竹产品贸易博览会，成为第十届杭州西博会唯一分会场，被评为特别奖。

① 资料来源：安吉县 2006—2024 年《政府工作报告》。

（二）“十二五”期间的文化发展与文化服务

“十二五”期间，安吉县大力实施“文化零距离”民生工程，农村文化礼堂。建设乡村数字影院，并成为全国试点；加强地域文化展示馆建设，中国·安吉生态博物馆成为全国示范，成功创建省级文化先进县。成功举办国际马拉松赛、全国公路自行车赛、安吉县第六届全民运动会等活动。

（三）“十三五”期间的文化发展与文化服务

深入推进休闲旅游发展 成功创建灵峰国家级旅游度假区，获评中国十大乡村旅游目的地、国际乡村生活示范地，中南百草原获“中国驰名商标”，安吉县创成全省首批全域旅游示范县，山川乡获批省级旅游度假区，鄣吴镇获评省级旅游风情小镇，余村创成国家 4A 级旅游景区，安吉县成功创建全国旅游标准化示范县、国家乡村旅游度假实验区。

强化文化建设 《吴昌硕全集》成功首发，古城遗址、龙山越国贵族墓群列入国家级考古遗址公园。浙江省自然博物院建成试运营，成为亚洲最大的自然博物馆之一。省级特色文化创意街区、文化产业发展中心建成运营。安吉成为浙江省文化礼堂建设先进县，农村数字影院全国示范，昌硕故居荣获亚太地区文化遗产保护奖，龙山古城遗址成功入选国家级大遗址。

承办大型文旅体活动 安吉县承办全国发展乡村民宿推进全域旅游现场会，世界坐式排球洲际赛、环太湖国际公路自行车赛（安吉赛段）等重大赛事活动，成为浙江省首批体育现代化县。组建新闻集团，广电发展成果编入《2014 中国广电蓝皮书》。被评为全国科普示范县。

（四）“十四五”以来的文化发展与文化服务

创新文旅产业新模式 创新推出“帐篷经济”“咖啡经济”等新业态，高规格举办首届长三角露营大会，探索旅游新品发布机制，首批推出云上滑雪等六大户外运动新品，持续打响长三角户外运动首选地品牌；千方百计促消费，积极发展夜间经济、假日经济，成功打造“昌硕之夏”“文博夜市”“共富竹市”等夜市品牌，高规格组建余村旅游度假区、黄浦江源旅游度假区，成功获评浙江省旅游业“微改造、精提升”综合实践奖，成为全国首批全域旅游示范区，连续三年以第一名的成绩入围全国县域旅游综合实力百强县，余村入选世界最佳旅游乡村。

山川鼓韵文化节

加强文化建设和供给 安吉白茶制作技艺成功入选世界人类非遗，古城国家考古遗址公园成为浙江省唯一入选第四批国家考古遗址公园名单的公园，并入选国家大遗址保护利用“十四五”专项规划。双拥共建持续深化，全国示范型退役军人服务站实现村（社区）全覆盖。成功举办首届吴昌硕艺术国际论坛，新增省级乡村博物馆、小微体育公园、品质文化生活圈，中小学校体育场所实现面向市民开放共享，永安寺塔、南门老街等一批文化工程相继投入使用，打造省级文化创意街区、文化产业基地。创成全国科普示范县、全国首批全民运动健身模范县、全省首批体育现代化县。

第二章

余村之光：理念引领时代发展

浙江安吉余村是“两山”理念的诞生地与首践地，深入解析这一划时代理念如何在此萌芽、实践并绽放光芒，是理解中国发展的关键。余村不仅见证了“两山”理念的诞生，更在二十载的躬身实践中，深刻诠释了其蕴含的生态优先、绿色发展的哲学智慧。余村的成功实践，其意义远超一村一域，为中国乃至全球寻求绿色发展的乡村提供了一个鲜活的典范，为中国广袤的中西部及欠发达地区破解发展瓶颈探索了一条成功道路，更为世界范围内探索人与自然和谐共生的乡村建设模式，贡献了具有普遍价值的中国智慧与中国方案。

第一节　诞生于余村的“两山”理念及20年的实践

一、“绿水青山就是金山银山”理念的提出

2005年8月15日，时任浙江省委书记的习近平同志来到浙江省安吉县余村考察，在听取村里关停矿山和水泥厂搞生态旅游、从“卖石头”转为“卖风景”的汇报后，习近平同志指出：“下决心停掉矿山，这些都是高明之举，绿水青山就是金山银山”，“我们过去讲既要绿水青山，又要金山银山，实际上绿水青山就是金山银山”。这是“绿水青山就是金山银山”理念的首次提出。

2005年8月24日，习近平同志在《绿水青山也是金山银山》一文中指出：“我们追求的人与自然和谐，经济与社会的和谐，通俗地讲，就是既要绿水青山，又要金山银山”，“如果能够把这些生态环境优势转化为生态农业、生态工业、生态旅游等生态经济的优势，那么绿水青山也就变成了金山银山。绿水青山可带来金山银山，但金山银山却买不到绿水青山。绿水青山与金山银山既会产生矛盾，又可辩证统一。在鱼和熊掌不可兼得的情况下，我们必须懂得机会成本，善于选择，学会扬弃”，“建设人与自然和谐相处的资源节约型、环境友好型社会”，“让绿水青山源源不断带来金山银山”①。

① 哲欣．绿水青山也是金山银山［N］．浙江日报，2005－08－24（1）．

绿水青山就是
金山银山
二零零五年八月十五日

2006年3月8日，习近平同志在中国人民大学演讲时论述了人们在实践中对绿水青山和金山银山这“两座山”之间关系的认识过程。2006年3月23日，习近平在《从“两座山”看生态环境》一文中指出：“我们追求人与自然的和谐、经济与社会的和谐，通俗地讲就是要‘两座山’：既要金山银山，又要绿水青山。这‘两座山’之间是有矛盾的，但又可以辩证统一。可以说，在实践中对这‘两座山’之间关系的认识经过了三个阶段：第一个阶段是用绿水青山去换金山银山，不考虑或者很少考虑环境的承载能力，一味索取资源。第二个阶段是既要金山银山，但是也要保住绿水青山，这时候经济发展和资源匮乏、环境恶化之间的矛盾开始凸显出来，人们意识到环境是我们生存发展的根本，要留得青山在，才能有柴烧。第三个阶段是认识到绿水青山可以源源不断地带来金山银山，绿水青山本身就是金山银山，我们种的常青树就是摇钱树，生态优势变成经济优势，形成了一种浑然一体、和谐统一的关系，这一阶段是一种更高的境界，体现了科学发展观的要求，体现了发展循环经济、建设资源节约型和环境友好型社会的理念。以上这三个阶段，是经济增长方式转变的过程，是发展观念不断进步的过程，也是人和自然关系不断调整、趋向和谐的过程。把这‘两座山’的道理延伸到统筹城乡和区域的协调发展上，还启示我们，工业化不是到处都办工业，应当是宜工则工，宜农则农，宜开发则开发，宜保护则保护。这‘两座山’要作为一种发展理念、一种生态文化，体现到城乡、区域的协调发展中，体现出不同地方发展导向的不同、生产力布局的不同、政绩考核的不同、财政政策的不同①”。

2006年9月15日，习近平同志在《破解经济发展和环境保护的“两难”悖论》一文中指出：“经济发展和环境保护是传统发展模式中的一对‘两难’矛盾，是相互依存、对立统一的关系”，“走科技先导

① 哲欣．从“两座山”看生态环境［N］．浙江日报，2006-03-23（1）．

型、资源节约型、环境友好型的发展之路，才能实现由‘环境换取增长’向‘环境优化增长’的转变，由经济发展与环境保护的‘两难’向两者协调发展的‘双赢’的转变；才能真正做到经济建设与生态建设同步推进，产业竞争力与环境竞争力一起提升，物质文明与生态文明共同发展；才能既培育好‘金山银山’……又保护好‘绿水青山’[①]”。

“绿水青山就是金山银山”理念提出后，浙江省以“绿水青山就是金山银山”理念为指导，走出了一条环境保护与绿色发展并举的发展之路，走在了全国生态文明建设的前列。

二、“两山”理念蕴含的哲学思维

党的十八大之后，“绿水青山就是金山银山”理念逐渐发展成为我国社会主义生态文明建设的指导性思想。从理论上来说，“两山”理念有狭义和广义两种解释。在狭义上，绿水青山就是金山银山指的是生态环境蕴藏着丰富的经济财富。在此处，“绿水青山”是指优美的生态环境；“金山银山”是指丰富的经济财富；“绿水青山”向“金山银山”的转化就是把优美的生态环境转变为丰富的经济财富。

在狭义的“绿水青山就是金山银山”的解释中，“绿水青山”与“金山银山”的关系就是生态环境与经济发展之间的关系，“正确处理好生态环境保护和发展的关系，也就是我说的绿水青山和金山银山的关系[②]”。

2020 年 3 月，习近平总书记再次来到安吉余村调研时明确指出：

① 习近平. 之江新语［M］. 杭州：浙江人民出版社，2007.

② 习近平. 习近平关于社会主义生态文明建设论述摘编［M］. 北京：中央文献出版社，2017（22）.

"生态本身就是一种经济"。在广义上，"绿水青山就是金山银山"反映的是人与自然的和谐、经济与社会的和谐。

"两山"理念也可从经济发展"三论"来理解：一是兼顾论，既要绿水青山，又要金山银山；二是前提论，宁要绿水青山，不要金山银山；三是转化论，绿水青山就是金山银山。安吉县余村是改革开放以来浙江北部落后山区县域的一个依赖矿山资源谋发展的传统工矿村转变为一个以生态产业谋发展，追求产业战略转型，实现村美民富的典型、缩影。在"两山"理念提出之前，余村通过发展矿山产业，成为"全县首富村"，但享有金山银山的同时村庄绿水青山被破坏了，村里空气污浊，污水横流，环境恶劣，人民群众生命健康安全受到严重威胁①；践行"两山"理念多年后，余村人民既享有绿水青山又拥有金山银山，发展成为全国乡村振兴的典型，是联合国世界旅游组织评选的"世界最佳旅游乡村"，享誉国内外。

"两山"理念深刻地蕴含了"发展思维、底线思维、转化思维、共享思维"，循迹溯源和深入阐释余村践行"两山"理念 20 年来的实践及其经验，是新时代生态文明建设的一项重大课题。

三、践行"两山"理念的余村实践

安吉县余村地处天目山北麓余脉，村域面积 4.86 平方千米，山林

① 根据《浙江日报》的相关报道，余村在关停矿山前："每天，矿上大大小小炸几百炮。山下老人是无法安享晚年的。他们的心，半颗牵着矿上上班的儿女，半颗挂着好动想跑出去玩耍的孙儿。炸飞的石头，从来不长眼。压断了腿的，撞断了手的，还有被炸山炸死的、被石头压死的……噩耗隔三差五传来。比石头更难躲的是石灰。它溜进鼻腔和咽喉，滑过气管，直抵肺部。人们刚开始不觉，后来会咳嗽、咯血、呼吸困难。诊断书上三个字：尘肺病。医生解释：石灰一层层黏在气管和肺里，遇到水汽，就凝固成了水泥，肺里灌了水泥可不得把人憋死？人们大惊失色，大把的钱撒进医院。"参见：王世琪，沈晶晶，严粒粒．人不负青山 青山定不负人——余村十八年［N］．浙江日报，2023－8－14（1）．

面积 6000 亩、水田面积 580 亩，下辖 2 个自然村 1 个中心村。其原为浙江湖州贫困山区的一个普通乡村，改革开放以后为摆脱贫困，村里先后建起了石灰窑、砖厂、水泥厂，走向以发展乡镇企业为特色的传统工业化道路。余村由于发展矿山经济很快成为全县有名的“首富村”①。然而，余村在经济快速发展的同时，也带来一系列问题，如严重的环境污染与生态破坏，村庄常年笼罩在烟尘之中，人民群众的安全受到威胁，余村的发展转型由此变得迫切。20 年来，余村的发展史就是余村人践行“两山”理念的实践史。

（一）孕育两山之路：从“卖石头”到“卖风景”

导致余村直接放弃矿山经济，试图寻求生态经济发展之路的重要事件是 1998 年国务院实施的太湖流域水污染防治“零点行动”。安吉县由于排放污水，使环境遭到严重污染，受到国务院“黄牌警告”，2001 年安吉县痛定思痛，在全国率先确立了“生态立县”战略。2003 年 6 月，在习近平同志亲自谋划、亲自部署、亲自推动下，浙江省实施了“千村示范、万村整治”工程，这是一项“生态工程”，是推动生态省建设的总载体、总抓手。作为全县的明星村——余村需要带头贯彻落实省委、县委的重大决策部署，故先后关停了矿山和水泥厂。然而，由于失去了致富支柱产业，村集体经济年收入由原来的 300 万元断崖式下降到 2004 年的 20 万元②，很多村民也失去了在村办企业就业的工作机会，面临再次返贫的困扰，引发了村民思想波动。

2005 年 8 月 15 日，习近平同志来到安吉县余村调研，在听取村里关停矿山和水泥厂搞生态旅游，但也遇到不少困惑后，习近平同志指

① 尹怀斌．从“余村现象”看“两山”重要思想及其实践［J］．自然辩证法研究，2017（7）：65－69.

② 王世琪，沈晶晶，严粒粒．人不负青山 青山定不负人——余村十八年［N］．浙江日报，2023－8－14（1）．

出，我们过去讲既要绿水青山，又要金山银山，实际上绿水青山就是金山银山。习近平同志的重要讲话，坚定了当地干部和村民坚持生态优先的信心。从“卖石头”到“卖风景”，从“靠山吃山”到“养山富山”，余村人开启了践行“两山”理念的征程。浙江“千万工程”的生动实践孕育和催生了“两山”理念的形成和诞生，同时“两山”理念也始终引领“千万工程”的实施和发展。

（二）踏上两山之路：从“两山”理念提出到“美丽乡村”建设

2005 年 8 月 15 日，习近平同志提出“两山”理念，为苦苦求索中的余村人拨开了“绿水青山”如何转化为“金山银山”的迷雾，认识到既不能“靠山吃山”而破坏生态、也不能“守山望山”而无所作为。在践行“两山”理念的实践中，安吉意识到绿水青山主要在乡村，金山银山重在让农民富起来，于是“美丽乡村”建设成为安吉发展的一条主脉络。2006 年安吉县被命名为首个“国家生态县”。2008 年 1 月，安吉在国内首次提出建设“中国美丽乡村”，次月发布《建设中国美丽乡村行动纲要》、编制《中国美丽乡村总体规划》，拉开了中国美丽乡村建设的序幕。2014 年 4 月，发布全国首个美丽乡村省级地方标准《美丽乡村建设规范》。2015 年 5 月，由安吉县为第一起草单位的《美丽乡村建设指南》（GB/T 32000－2015）国家标准在北京发布，为全国美丽乡村建设提供了框架性、方向性的技术指导。美丽乡村建设的“安吉模式”走出浙江、走向全国。伴随着安吉县“中国美丽乡村”建设的探索与发展，余村人抢抓机遇、发奋图强，逐步实现了从美丽乡村到美丽经济的蝶变。

2014 年下半年，余村村民俞小平为丰富本村文化礼堂建设内容，前去安吉县档案馆查询 2005 年 8 月习近平同志调研安吉余村时的资料。县档案馆人员在查找历史档案时，发现了习近平同志在安吉余村提出“两山”理念并发表重要讲话的珍贵历史视频资料。浙江省、湖州市、安吉县对此高度重视，加强对“两山”理念循迹溯源和总结宣传，并在 2015 年 8 月 15 日举办了面向全国的“两山”理念诞生 10 周年纪念大会，余村成为“两山”理念诞生地得到进一步认可。

（三）笃行两山之路：从绿色发展到乡村振兴

2015 年，余村推进了乡村公园、文化礼堂和数字影院建设。2016 年，余村建成了矿山遗址公园和慢行绿道，美丽乡村建设进一步跃升。2017 年，“两山”理念正式写进党的十九大报告，成为我国生态文明建设的指导性思想。同时，党的十九大报告首次提出“实施乡村振兴战略”，为新时代乡村发展提供了行动指南。余村备受鼓舞、再接再厉，以“两山”理念为指引，开启了乡村振兴的新征程。

通过 2005—2015 年的生态修复与产业转型，余村开始探索生态旅游与产业融合发展之路。一是打造两山 IP。依托生态优势，开发乡村旅游项目，如田园观光、民宿集群、研学基地等，吸引长三角地区游客。二是文化赋能。挖掘本地文化（农耕文化、竹文化），举办生态文化节，增强旅游吸引力。三是三产融合。农业（种植）→加工业（竹制品、白茶深加工）→服务业（旅游、电商）形成产业链，提升整体效益。同时，创新机制推动共同富裕，集体经营与村民共享结合，成立村集体经济合作社，统一规划资源，村民通过土地入股、分红、就业等多渠道增收，乡村生态旅游、民宿经济方兴未艾。

余村在乡村振兴的道路上，始终坚持绿色发展。正如 2017 年中央农村工作会议指出的那样，中国特色的乡村发展道路必须坚持人与自然和谐共生，走乡村绿色发展之路。余村就是坚定笃行了保护生态环境、提供生态产品、发展生态旅游、挖掘生态文化的乡村可持续发展之路，促进生态经济化、经济生态化，有力有效地推动了乡村全面振兴。

今日余村

（四）创新两山之路：从“结对帮扶”到“模式输出”

2020年3月30日，习近平总书记再访余村时指出，“‘绿水青山就是金山银山’理念已经成为全党全社会的共识和行动，成为新发展理念的重要组成部分。实践证明，经济发展不能以破坏生态为代价，生态本身就是经济，保护生态就是发展生产力。希望乡亲们坚定走可持续发展之路，在保护好生态的前提下，积极发展多种经营，把生态效益更好转化为经济效益、社会效益。”① 习近平总书记的重要讲话精神进一步提振了余村高质量发展的信心。

安吉县余村原有面积约4.86平方千米。为了更好地发挥余村“结对帮扶”的示范引领和辐射带动作用，2022年以来，安吉以余村为核

① 习近平在浙江考察时强调 统筹推进疫情防控和经济社会发展工作 奋力实现今年经济社会发展目标任务［EB/OL］.（2020－04－01）［2025－05－28］. http：//www. xinhuanet. com//politics/2020－04/01/c_ 1125799612. htm.

心，建立辐射天荒坪镇、山川乡、上墅乡 3 个乡镇 24 个行政村的“大余村”，范围 245 平方千米，以 50 倍的空间布局促进区域发展一体管理、互通共融。“大余村”围绕“高能级、现代化、国际范”的目标，按照“全域景区化、沿线景观化、村庄景点化、庭院小品化”要求，开展新一轮美丽乡村环境改善工程，强力推进乡村有机更新和全域土地整治。同时，通过打造乡村创业首选地品牌，深化余村“全球合伙人”计划，建成全国首个青年人才社区“青来集”。为持续夯实共富基底，组织周边 24 个行政村与余村集团签订《乡村振兴战略合作协议》，通过国企收储盘活资产推动村强民富。2023 年，余村的村集体收入达到 2247 万元。（见图 2－1）。近年来，大余村成功举办首届自然资源与生态文明论坛、国际绿色乡村（中国 · 余村）创新论坛，发起成立世界最佳旅游乡村联盟，“最佳旅游乡村”品牌效应持续放大。全力打造习近平生态文明思想国际传播高地，挂牌成立“安吉（余村）生态文明国际传播中心暨国际传播平台观察点”。

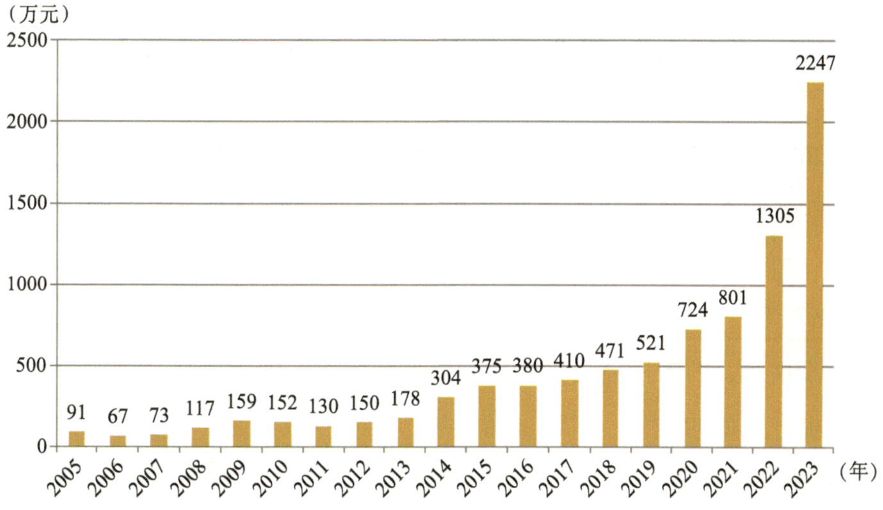

图 2－1　余村的村集体收入

数据来源：余村文化礼堂。

一人富不算富，全村富才是富；一村富不算富，全域富才是富。以余村为代表的安吉乡村在共同富裕的道路上，创造了许多“绿色共富”的经验模式，例如：从“矿山村”到“全球最佳旅游乡村”的余村模式；“白叶一号”茶苗的千里馈赠的黄杜村模式；“小火车”开出共富路的鲁家村模式；艺术赋能乡村，村民变“股东”的横山坞村模式；“全域旅游”带动山区共同富裕的山川乡模式等。这些经验模式正通过“山海协作”“东西帮扶”等路径，走出浙江、走向全国。正如联合国原副秘书长兼联合国环境规划署原执行主任埃里克·索尔海姆所言：“浙江的模样就是中国未来的模样，甚至世界未来的模样。”

第二节　“两山”理念践行的余村经验与启示

一、“两山”理念践行的余村经验：四新四全

20 年来，余村坚定不移践行“两山”理念，形成了自己的经验范式：四新四全，其中“四新”是指“新目标、新改革、新机制、新模式”；“四全”是指“全民参与、全链覆盖、全球合伙、全面发展”。“四新”和“四全”是一个有机整体，前者是乡村发展经验，后者是乡村建设规律，前者提出是为了增强发展的成效、推动共同富裕，后者是为了提升发展的动力、实现全面发展，两者相互融合、相互促进[①]，共

① 四新和四全是相互促进的关系，例如新目标的实现需要“全面参与”“全链覆盖”，而“全球合伙”“全面发展”可以助力新目标达成。再如新机制强调参与乡村建设的相关方能够获益，这必然有利于保障“全球合伙”的顺利实施。

同构成了“两山”理念践行的“余村经验”。

（一）四新：新目标、新改革、新机制、新模式

新目标 是指余村不断确立新的更大的发展目标并为之不懈奋斗。20年来，余村在“两山”理念的指引下，在“千万工程”、美丽乡村、乡村振兴、共同富裕的赛道上，始终明确发展目标，迭代升级、实干争先、勇立潮头、引领发展。余村在2016年建成国家3A级景区，2017年加快建设国家4A级景区，2018年获评全国4A级景区后继续朝着建成5A级景区的目标冲刺。余村虽然已是全国美丽宜居示范村和联合国世界旅游组织最佳旅游乡村，但依然努力建设中国最美县域的“美丽乡村”。特别是近几年，余村强化顶层设计、系统谋划，“跳出小余村、发展大余村”，依托“青年大社区”和“余村大景区”两大平台，做好守护、转化和共享三篇文章，布局新兴产业、数字经济和青年归乡三大战略，创设“共建共享共富”机制，聚力打造高能级、现代化、国际范的“大余村”。正是由于不断有更高更大更新的目标追求，余村无论是乡村生态还是经济业态、不管是乡村人文还是乡村治理，都在持续优化升级，乡村变得更绿更美，产业变得更大更强，农民变得更富裕更幸福，成为我国乡村振兴和共同富裕的典型样板，始终“再接再厉、顺势而为、乘胜前进”，引领新时代中国乡村发展。

新改革 是指通过分配方式的改革推动村民共同富裕。习近平总书记曾强调：“中国要富，农民必须富[①]。”余村在实践中探索并创设了“两入股三收益”模式，即村民可以资产、资源进行入股，获得租金、薪金、股金三方面的收益。改革的目的是清晰的，就是要让村民广泛参与乡村建设，通过各种方式与举措增加村民收入、壮大集体经济。余村

---

① 习近平的“三农梦”［EB/OL］.（2015－12－27）［2025－05－28］. http://cn. chinadaily. com. cn/2015－12/27/content_ 22831498. htm.

人均占有土地少，单纯通过农业生产实现致富难以可持续发展，所以需要改革创新解决发展中的瓶颈和困难。余村村民把田地流转到村集体，由村集体统一经营运作，村民可以把资产、资源作价入股或者出租形成租金；可以在村里或外地工作从而获得薪金；可以从村集体经济中获得资产利润分红（即股金）①。同时，余村强化国土空间规划，优化基本单元，实现从零星分散向整村重组的“聚”变，持续做大做强乡村生态旅游和民宿经济。除此之外，村里还探索宅基地“三权分置”制度，积极盘活闲置宅基地和闲置的农房，发展民宿产业；尝试构建农村产权交易制度②。2023 年，余村集体经济总收入达到 2247 万元，村民人均收入达到 7.1 万元。

新机制　是指余村充分利用“国企投建 + 强村公司 + 利益联结”的方式建立投入机制。其中，国资公司成立乡村建设投资集团（余村集团），引入专业化项目运营团队，对一些被委托乡村或乡村片区进行规划、策划、设计、营销等；成立强村公司，整合村集体资源资金，通过代建共建增量固定资产，保障村集体经济发展壮大③。在建设中，余村与工商资本共建共享、互利共赢。余村与周边四村共建了“五子联兴”强村公司，参与“大余村”规划，并和其他村庄共同发起“全球合伙人计划”，这都属于利益联结、利益共享。以“五子联兴”强村为例，2021 年 6 月，余村与周边 4 个村合股成立的强村公司，组建仅半年，公司就通过承接保洁等物业服务，为每个村带来 20 万元的首笔分红④。

新模式　是指“共富为本、市场主导、创新驱动、全民参与”的

---

① 2023 年，余村实现 300 余万元分红，人均分红达 3000 元。

② 庞超飞．打造共同富裕现代化基本单元路径研究——以安吉县余村未来社区项目为例［J］．江南论坛，2021（12）．

③ 朱莹莹．安吉余村“全球合伙人”计划：引爆乡村新嬗变［J］．决策，2024（1）．

④ 徐超，陆晓芬．余村创新模式做大生态共富“朋友圈”［N］．湖州日报，2022－9－13（1）．

乡村运营模式。习近平同志早在浙江“千万工程”启动仪式上就提出：“把整治村庄和经营村庄结合起来[①]”。乡村运营实际上就是习近平总书记关于“经营村庄”理念在安吉余村的生动实践，是把美丽乡村转化为美丽经济、把绿水青山转化为金山银山的有效路径，其运用市场经济手段让乡村资源变资本，创造美丽乡村的价值。共富为本是指余村与周边乡村甚至西部乡村建立“共建共享共富”机制，体现了以人民为中心的思想。市场主导就是余村高度认可市场在资源配置中的关键作用，充分利用工商资本来促进发展，注重运用市场法则来经营村庄。创新驱动是不断通过制度改革、机制创新来解决发展中村庄的问题，不断形成新的、更管用的发展思路、体制机制来适应新形势下社会的发展。全民参与是村庄建设全民参与，利益分配全民参与，不仅如此，还鼓励更多社会人士参与到余村建设中来，共同创建美丽繁华的大余村。比如，针对刚毕业的大学生创业资金短缺问题，大余村推出 3 年场租减免政策以及每月 2500 元的创业补贴，设立余村产业基金引导在营项目做大做优做强，保障青年人才共享大余村的渠道资源[②]。

（二）四全：全民参与、全链覆盖、全球合伙、全面发展

全民参与 乡村振兴的本质是人的振兴。只有通过提升人的能力、激发人的主动性、优化人的结构，才能实现产业兴旺、生态宜居、乡风文明、治理有效和生活富裕的目标。人是乡村这片土地上最宝贵的资源和最终的答案。余村以开放的心态，结成广泛的“统一战线”，形成了以原乡人、归乡人、新乡人、旅乡人为代表的乡村振兴四大主体，构建了全民参与的大格局。原乡人指余村本地人，归乡人指本村出去求学创

---

① 胡小飞，叶轩楠，柴秀秀．衢州乡村运营实践探索思考［J］．浙江经济，2023（12）：66－67.

② 朱莹莹．安吉余村“全球合伙人”计划：引爆乡村新嬗变［J］．决策，2024（1）．

业后再返乡的人，新乡人指新加入余村或者长期在余村创业、工作、生活的人，旅乡人是指在余村短期旅居的人。特别值得一提的是，近年来余村实施了“青年归乡”计划、DNA 数字游民公社、“青来集”等一系列组合拳，越来越多的年轻人集聚余村、创新创业。为了更好地让更多的人服务于乡村振兴，位于安吉县余村的天荒坪镇也制定系列政策为留得住人才创造条件，例如，整合“大余村”范围内 10 万平方米创业空间、2 万余平方米厂房、近 6 万亩竹林和农田，设立 1 亿元的“余村产业基金”，提供住房安居、子女入学、优诊优疗等服务支持，以合伙人机制，引进培育乡村振兴人才梯队和“雁阵”[①]。

“青来集”——数字游民（张卉　摄）

全链覆盖　是指健全乡村振兴的创新链、产业链、人才链，实现系统推进、全域打造。余村依靠民主治理村庄，人民群众的意见得到尊重，加之村党委的领导，全村心往一处想，发展内生动力强，动员人民的力量与智慧，村庄在发展上不断创新，解决各种问题。余村构建了集

① 资料来源：安吉县天荒坪镇人民政府。

创新发展、产业发展和人才发展的“4321 工程”，即发挥四大主体作用（原乡人、归乡人、新乡人、旅乡人），发展三大产业（新农业、新文旅、数字经济），用好两个载体（青年大社区、余村大景区），建立一个机制（共富机制）[①]。

全球合伙 是指余村以打造“国际范”为目标，拓展国际视野，首创并推出“全球合伙人计划”“云村民计划”，打造青年专属的创业空间“青来集”，发展“总部经济”，让来自全球各地的“云村民”参与余村发展建设，让“数字游民”来到余村生活、谋发展。余村的数字游民公社——“DN 余村”空间很大，有两幢楼，内设办公区、运动区、就餐区等，由于周围生态环境优美，租金实惠，很适合城市数字游民到这里开展数字化办公或创业。“DN 余村”室内面积 7188 平方米，可同时容纳 150 位数字游民居住，青年人可以在这里一边工作（创业），一边参与各种文体活动，生活成本低但生活质量高，既远离了城市喧嚣又活得丰富多彩、不会感到无聊[②]。“全球合伙人计划”分为四种类型：一是资源链接型项目，通过搭建村民与创业者、合伙人与合伙人、城市与乡村平台，有效链接城乡资源；二是资源盘活型项目，通过改造利用户外空间，引入研学机构、综艺节目等联合开展品牌发布、企业团队建设、推介活动等；三是艺术乡建和乡村美学项目，如将手造艺术、手造咖啡、手造集市以及音乐派对、艺术沙龙引入乡村，强化城乡

---

① 关于“4321 工程”，安吉县委书记杨卫东指出：一是在人才上，余村努力让原乡人更有获得感，归乡人更有幸福感，新乡人更有归属感，旅乡人更有体验感。二是在产业发展上，孵化培育新农业、新文旅、新经济（比如，围绕数字游民经济发展，在“青来集”专门开辟了数字游民工作区；围绕新农业、新文旅，既有一系列采摘、咖啡、露营等线下体验区，也有一整套线上直播、购物平台）。三是在承载平台上，余村大景区是各类项目落地的承载平台，致力于打造成产业项目蓬勃发展的火热沃土；青年大社区是各类人才进驻的承载平台，致力于打造成最具活力的乡村创业策源地。四是关于共富先行，1 镇 2 乡全体百姓通过利益联结、片区联动，率先实现共同富裕。

② 张璇孟．城乡融合发展视域下数字游民的生成机理与发展路径——基于浙江安吉“DN 余村”的运营实践［J］．江南论坛，2025（4）．

链接；四是内容产业新经济项目，通过新媒体内容运营，为酒店民宿提供策划、写作、设计、拍摄、直播等服务①。当地充分放大“余村全球合伙人”引才机制效应，并以此为契机，着力打造集领军人才、精英团队、乡村创客、返乡乡贤、乡村工匠等各个人才梯队完整的全域乡村经营人才集聚高地②。目前，余村已落地合伙人和新经济项目60余个，招引青年人才1200多名。

全面发展 是指余村在美丽乡村、数字乡村、共富乡村、人文乡村、善治乡村等方面实现了整体推进和全面进步。一是建设美丽乡村方面，余村坚持以生态优先为引领，不断优化乡村风貌，积极发展绿色休闲经济，建设美丽乡村，呈现了优美的江南山水。二是构建数字乡村方面，涵盖数字旅游、数字农业、数字安全监控、零碳数据生活等领域。其代表性事项有：建设总占地23亩的“5G物联网＋余村溪泉鱼”项目；构建“零碳数智中枢平台”，实现治理类、农业类、绿色生活类数据高效流通和有效转化③；建成浙江省首个村级综合信息指挥室，实现网格化管理，真正做到“事事不出村，天天都平安”。三是实现共富乡村方面，先富带后富、集体带个体，推动村民共同富裕，并助力更多的乡村实现共同富裕。四是打造人文乡村方面，村里建有文化礼堂、电影院、书店、咖啡馆，人们可以获得充分的精神享受。此外，村里还积极搞好文体活动，建有运动场所，村民组织跳舞、舞狮、打鼓等民间社团，每年都搞村晚，农民生活丰富多彩。五是追求善治乡村方面，余村坚持民主决策，健全“三务公开”机制，实施“五议一审两公开”管理办法，保障村民知晓与监督权利。余村依托议事会自治平台，选拔退休干部、党员代表、乡贤人士，健全两山议事会组织体系，增强村民村

---

① 朱莹莹．安吉余村“全球合伙人”计划：引爆乡村新嬗变［J］．决策，2024（1）．

② 资料来源：安吉县天荒坪镇人民政府。

③ 汤临佳，蔡子燕，郭迎迎．数据要素赋能乡村共同富裕基本单元构建机理——基于“浙江省未来乡村”余村的案例分析［J］．电子政务，2025（4）．

务参与和管理能力，有效避免和减少矛盾纠纷，维护村庄和谐稳定。同时，引导村民强化法律意识，聘请村级法律顾问，成立余村调解室与巡回法庭，多元处理村民纠纷，确保小事不出村，矛盾不激化。① 20 年来，余村无一起刑事案件，无一人越级上访，无一起安全责任事故，历任村干部无一人违纪违规，获评全国文明村、全国民主法治示范村、全国美丽宜居示范村、全国法治宣传教育基地等荣誉称号。

二、践行“两山”理念的余村启示

“两山”理念诞生自余村、形成于浙江、深化在中央，最终成为习近平生态文明思想的核心内容，成为习近平治国理政思想的重要组成部分。20 年来，余村在践行“两山”理念，深入推进乡村全面振兴。

（一）坚持生态优先

乡村全面振兴必须坚持生态优先，这既是生态文明建设的必然选择，也是实现乡村全面振兴的基础。生态健康是乡村生存与发展的根基，失去生态支撑，任何经济或社会目标都将难以持续。

生态是乡村的核心竞争力 乡村的本质价值在于生态。与城市相比，乡村的核心优势是良好的自然环境（干净的空气、水源、农田、森林等）。破坏生态等于摧毁乡村的立身之本。随着城市化进程加剧，健康食品、清洁水源、生态服务的需求激增，生态产品是未来最大的财富。

生态破坏的代价不可逆 过度开发导致水土流失，工业污染毁掉乡村环境，甚至失去农业功能，修复成本远高于保护成本，余村从“卖石头”到“卖风景”的案例十分典型。

---

① 资料来源：余村村委会公开展示栏。

生态优先是实现多赢的基础 经济与生态是共生关系，余村发展生态农业、生态旅游、生态康养等绿色产业都依赖良好的生态环境，生态优先直接创造经济价值。生态宜居的乡村才能吸引人才、留住人口，避免“空心化”。

生态优先不是限制发展，而是为了更高质量、更持久地发展。乡村振兴若牺牲生态，无异于“竭泽而渔”。只有将生态视为最大资本，才能实现经济、社会与自然的协同共赢。保护生态就是保护乡村的未来生产力。

（二）坚持因地制宜

乡村全面振兴必须坚持因地制宜，中国乡村地域广阔，自然条件、资源禀赋、文化传统、发展水平差异极大，“一刀切”的模式必然导致资源浪费、效果不佳甚至失败。

立足自然条件 各地生态与地理的客观约束不同，资源禀赋不同，生态承载力不同，故在发展时需要立足自身条件。例如，余村是中国竹乡，因地制宜发展竹科技、竹产业、竹文化，位于长三角腹地而发展乡村旅游，具有独一无二的优势，“美丽乡村”蝶变“美丽经济”。

正视经济基础 现有产业类型决定产业发展方向和路径选择。例如，传统农业区、沿海乡村、城郊乡村的经济基础差异很大。人口结构也影响动力来源，劳动力外流地区和人口密集区需要选择不同的发展方向和路径。

挖掘文化价值 软实力具有不可复制性，文化 IP 具有独特竞争力。余村成功地将农耕文化、生态文化、时尚文化等有机融合，形成了独特的 IP。

乡村全面振兴没有标准答案，唯一通用的原则就是因地制宜。只有立足本地实际，才能避免“千村一面”，真正激活乡村的内生动力。最好的乡村振兴，是让乡村成为它本该成为的样子。

（三）坚持制度创新

乡村全面振兴必须坚持制度创新，乡村振兴不仅是资金、技术和资源的投入，更是体制机制的重构与优化。制度创新是破解乡村发展深层次矛盾的关键。

制度创新才能突破传统瓶颈 余村在农村土地“三权分置”（所有权、承包权、经营权）、宅基地使用权盘活、闲置资产利用、社会资本下乡、治理体系优化、绿色金融探索等方面开展了有益有效探索，值得各地学习借鉴，但是改革依然在路上。

制度创新才能释放乡村活力 余村通过培育四大主体，创新人才制度，吸引人才回乡；通过“两入股三收益”机制激活生产要素，促进土地、技术、资本高效匹配，让“沉睡资产”变现；通过建立“共建共享共富”的利益联结机制，确保农民在产业链中获益致富。

制度创新是应对新挑战的必然选择 余村虽然在践行“两山”理念方面取得了许多经验与成效，但是两山如何有效及高效转化仍然面临新挑战，生态产品价值实现的政策体系仍需完善。

制度创新是乡村振兴的“底层操作系统”，没有体制机制的创新，资源投入可能事倍功半。只有通过土地、金融、治理、人才等制度的系统性变革，才能打破桎梏，真正激发乡村的内生动力，实现乡村的可持续振兴。

（四）坚持共创共赢

乡村全面振兴必须坚持共创共赢，乡村振兴不是政府或市场的“独角戏”，而是需要政府、企业、村集体、农民、社会力量等多方协同参与的“大合唱”。共创共赢是确保乡村振兴可持续发展的核心原则。乡村振兴必须直面核心矛盾，如利益分配不均、主体动力不足、资源整合低效等问题。

建立利益共享机制让村民真正受益 余村牢牢把握以人民为中心的根本要求，尊重群众首创精神，激发全社会创造活力，让群众在改革实践中获得实实在在的利益。“两入股三收益”就是成功的案例，让村民从打工者升级为经营者，村民变股民、资产变资本。

激发多元主体参与形成真正合力 余村积蓄了原乡人、归乡人、新乡人、旅乡人的力量，形成了政府引导、企业带动、村民主导的格局，实现了从“要我干”到“我要干”的质变、从“输血”到“造血”的跃升。

创新合作模式让资源配置真正优化 余村整合全域生态资源建立了着力发展乡村旅游的“余村大景区”，并构建了“共富为本、市场主导、创新驱动、全民参与”的乡村运营模式，具有推广价值。

乡村振兴不是“零和游戏”，只有坚持共创共赢，才能让政府、市场、社会、农民形成“命运共同体”，避免利益冲突、动力不足、资源浪费等问题。让农民成为乡村振兴的参与者、受益者，而非旁观者，才是真正可持续的振兴之路。

第三节 余村践行“两山”理念的实践意义

一、余村为中国乡村践行“两山”理念提供了成功典范

余村曾是浙北山区一个普通的、贫困落后的村庄，为了脱贫致富曾走过以“绿水青山”去换“金山银山”的道路，这也是浙江省很多乡村甚至我国很多农村都曾走过的道路，正所谓“无工不富”，即以发展

传统工业来谋发展。然而，传统的工业化发展之路带来了环境破坏、生态恶化等问题，是不可持续的。全国各地或早或晚地开始生产转型，追求绿色、可持续发展。以此来看，“两山”理念余村践行不简单是一个个案，而是我国社会转型的一个缩影，更是成功典范。从余村我们看到了改革开放以来，我国乡村曾经走过的发展道路，即从“以绿水青山去换金山银山”到“既要金山银山又要金山银山”再到“绿水青山就是金山银山”。虽然并非所有乡村都能通过学习余村经验发展成为绿色共富的明星村，但是绝大多数（甚至所有）乡村都能从余村发展经验中获得一定启示。

余村体现了以浙江为代表的我国经济先进地区率先进行产业转型、谋求绿色高质量发展的探索与成效。2002 年以来，浙江面对“增长的烦恼”开始大力进行生态环境整治，提出了“八八战略”“千万工程”“五水共治”“811”环境污染整治行动、“四边三化”行动以及“两山”理念等关联或涉及生态省建设、绿色发展的战略、理念与举措，在相关践行中取得了良好的效果，涌现出了一大批城乡建设典型案例①。如果说，“千万工程”是浙江美丽乡村建设和乡村振兴的总抓手、总载体，将推动新时代我国乡村全面振兴，那么“两山”理念是贯穿始终的价值观、方法论，必将继续引领美丽中国建设和中国式现代化。

---

① “八八战略”是指浙江面向未来发展的八项举措，即进一步发挥八个方面的优势、推进八个方面的举措以推动浙江高质量发展，它是关于浙江发展的整体性战略；“千万工程”全称为“千村示范、万村整治”工程，是关于美丽乡村建设的工程；“811”环境污染整治行动是指对浙江全省八大水系及运河、平原河网，11 个省级环境保护重点监管区进行环境整治（“11”也指 11 个设区市）；“五水共治”是指治污水、防洪水、排涝水、保供水、抓节水 5 项；“四边三化”行动指在公路边、铁路边、河边、山边等区域开展洁化、绿化、美化行动。

余村景区

安吉余村发展的路径与启示同时也是很多浙江乡村发展的路径与启示，比如坚持生态优先、因地制宜、共同富裕等，在安吉的鲁家村、黄杜村，长兴的新川村，德清的五四村，淳安的下姜村都有鲜明表现。通过解剖余村两山践行的经验，可以看到我国经济发达地区乡村振兴的一般路径。可以预见，安吉余村的今天就是中国广大乡村的明天[①]。

二、对中西部地区或经济欠发达地区的借鉴

对我国中西部地区或经济欠发达地区的乡村发展而言，“余村经验”依然具有重要启迪价值。践行“两山”理念的余村成功经验，在我国当前的乡村全面振兴中具有普适性。

① 何建明认为，余村的时代价值堪比安徽凤阳小岗村。参见：何建明．那山，那水［M］．北京：红旗出版社，2017：7－26。因此，如果说小岗村开创家庭联产承包责任制的先河，推动了当时整个中国农村发展方式变革的话，那么余村追求生态经济发展、努力建设绿色共富乡村则昭示着我国乡村未来发展图景。

第一，我国社会经济发展已经进入高质量发展的新时代，目前所有乡村在发展上都应坚持“生态优先”的原则，因为生态一旦遭到破坏要修复的成本会更高，没有必要重走一遍余村发展历程，即从“用绿水青山去换金山银山”到“既要绿水青山，又要金山银山”最后到“绿水青山就是金山银山”的阶段。这就是说，欠发达地区要以史为鉴，追求跨越式发展新路子，既然余村已经跨越了经济发展上的“卡夫丁峡谷”，找到了乡村发展的一般规律，其他乡村自然没有必要重新跨越这样的“峡谷”。

第二，坚持因地制宜发展很重要。余村身处我国经济发达的、呈现“逆城市化”趋向的长三角地区，并且自身也完成了“资本”原始积累历程，故而在产业生态化、生态产业化或以城带乡（以工商业促农业）的乡村振兴上具有显著优势。对于我国其他乡村而言，若村域缺乏强有力的产业支撑，需在当地（市、县）党委政府的大力支持之下，结合本地情况做好美丽乡村建设，发展适合本地的富农产业，有条件的或前期发展有成效的乡村可以在当地政府支持下加快发展，做成（当地）“明星村”，为周边乡村发展总结成功经验、形成示范效应。

第三，坚持制度创新谋发展。要把农村的土地资源盘活，释放出更多的发展能量；要通过制度变革培养更多的发展主体，吸收更多的发展要素，促进村美民富。

第四，坚持共创共赢。在乡村振兴或“两山”理念践行中充分发挥政府、企业、村民、村集体及其他社会力量，形成利益联结机制，激发多元主体创建作用，推动利益分享机制创建，形成共创共建共赢的局面。

除此之外，“四新四全”模式可以在不同程度上被各类乡村吸收、借鉴。在村庄发展上，不断确立新的明确的发展目标，并为之奋斗；不断通过改革创新，排除农村发展障碍，让村庄更美、农民更富；不断建全利益联结机制，增强乡村发展的内生动力；不断形成适合自身发展的新模式，以“乡村运营”的思路发展乡村，创建美丽乡村、富裕乡村、未来乡村。

三、余村为世界乡村建设提供了中国方案

余村践行“两山”理念的成功经验，以客观事实证明了“两山”理念的实践伟力，它不仅成为我国美丽乡村建设和乡村振兴的成功典范，也必将载入世界乡村发展典范之列，为世界乡村发展提供来自东方大国的智慧和方案。

首先，“两山”理念指明了乡村发展的未来方向——走向绿色共富之路。面向未来的乡村发展，应该既要环境优美，又要让人民群众生活富裕，这种富裕是普遍的富，是共同富裕，这样居住在乡村的人也能享受到城市现代化的成果，实现“城市让生活更美好，乡村让城市更向往”的愿景。

其次，“两山”理念显示了乡村发展的当代价值。当前世界正在不断向现代化、城镇化、工业化发展，“城市让人民生活更美好”已成为大多数人的共识。然而，乡村是世界的重要组成部分，和城市一样重要，是人民安身立命的重要所在，乡村振兴符合人类发展的现实与长远利益。随着现代交通的便利，乡村价值会凸显出来，未来会有越来越多的像余村一样美丽、富裕的乡村涌现出来。

最后，“两山”理念指出了乡村发展的基本路径。乡村的发展不仅要靠政策，同时也要利用各种资源增强自身实力，实现乡村发展从政府“供血”到自身“造血”的转变，即实现发展的可持续性。

乡村发展的制度创新十分重要，根据余村的发展经验，在党和政府的引领下，依靠广大人民群众力量，不断推动制度创新以促进乡村发展不仅是可能的，而且是必要的。余村的发展基本路径是：“党政引领 + 人民参与 + 企业运作 + 制度创新”，这条道路具有一定的普适性，为世界乡村建设提供了中国方案。

第三章

全域美丽：美丽中国的安吉单元

安吉县的全域美丽发展之路，是一个在“两山”理念指引下，政策不断深化、战略持续升级的渐进过程。其起点可以追溯到浙江省于2003年启动的“千村示范、万村整治”工程。安吉县提出建设“中国美丽乡村”的目标，并出台了具有里程碑意义的《安吉县建设“中国美丽乡村”行动纲要》。在建设美丽乡村的过程中，安吉县将美丽乡村建设的成功经验和模式在实践基础上逐步优化并推广至县域全境，提出了建设“中国最美县域”的发展愿景。

第一节　安吉全域美丽建设的成效

一、生态环境质量提升显著

安吉县坚定不移践行“两山”理念，将生态环境保护置于优先发展的战略地位，通过一系列系统性的治理措施，生态环境质量实现了显著的、历史性的跃升，为全域美丽发展奠定了坚实的绿色本底。

（一）空气质量明显改善

安吉县在控制大气污染方面取得了显著的成效。安吉县的 $PM_{2.5}$ 年均浓度持续下降，空气质量优良天数比例稳定在高水平，常年保持在 90% 以上。2021 年 AQI 优良天数比例为 94.5%，2023 年为 91.8%。2024 年度安吉县 $PM_{2.5}$ 浓度、空气优良率等考核指标均居湖州市第一、浙江省前列。这些数据直观反映了安吉空气质量的持续改善，为居民提供了更加健康宜人的呼吸环境。这不仅提升了居民的生活品质，也为安吉发展生态旅游、康养产业等“美丽经济”创造了得天独厚的条件。

（二）水环境质量持续向好

安吉县高度重视水环境保护与治理。安吉县出境水质已连续 12 年达到Ⅱ类标准。安吉县地表水、饮用水、出境水达标率均为 100%，国控断面水质一直保持在Ⅱ类以上。西苕溪作为安吉的母亲河，其水生态

余村的生态环境

环境的改善尤为显著，流域国控断面水质稳定保持在Ⅱ类及以上，并成功入选2023年全国美丽河湖优秀案例。这些成就的取得，得益于“污水零直排区”建设、入河排污口排查整治、水生态修复等一系列卓有成效的举措。

（三）森林覆盖广泛稳固

森林是陆地生态系统的主体，对于涵养水源、保持水土、调节气候、维护生物多样性具有不可替代的作用。安吉县素有“中国竹乡”之称，其森林资源极为丰富，森林覆盖率、植被覆盖率长期稳定在70%以上。安吉县通过持续的国土绿化美化行动，如完成造林更新、珍贵彩色森林建设、省级“一村万树”示范村建设等，安吉的森林生态系统得到了有效的保护和提升。

因在水、气、土等生态环境要素治理方面的卓越成效，安吉县被誉为气净、水净、土净的“三净之地”。这一美誉不仅是对安吉当前优良生态环境的肯定，更是对其长期以来坚持生态优先、绿色发展理念和实践的高度概括。它标志着安吉在构建人与自然和谐共生的现代化图景中，取得了阶段性的重大成果，为区域可持续发展树立了典范。

二、城乡人居环境展现系统性焕新

依托卓越的生态环境基底，安吉县在城乡人居环境建设方面持续发力，通过系统规划、精细管理和特色塑造，实现了从点上出彩到面上美丽、从环境整治到品质提升的系统性焕新，城乡风貌展现出前所未有的生机与活力。

（一）美丽乡村建设成果斐然

作为“中国美丽乡村”的发源地，安吉的美丽乡村建设走在全国前列。安吉率先实现了187个行政村（农村社区）美丽乡村创建的全覆盖，已建成省级美丽乡村示范村48个、完成各类农房改造5000栋、实现29个行政村管线序化、推动60个行政村村道提升，系统解决了农村住房风貌、空中“蜘蛛网”、道路通达性等突出问题，全面提升乡村宜居水平，并让美丽乡村的理念深入到安吉的每一个角落，惠及了广大农村居民。

（二）人居环境整治成效卓著

安吉县将农村人居环境整治作为美丽乡村建设的基础性工程强力推进。在此基础上，安吉县将“无裸露垃圾、无乱堆乱放、无污水横流”的“三无”目标覆盖到全域。在垃圾治理方面，安吉县大力推行“垃圾不落地”行动，农村生活垃圾分类覆盖率达到100%；在污水处理方面，积极实施“污水零直排”行动，农村生活污水处理率达到95%以上。这些硬指标的达成，彻底改变了传统农村“脏乱差”的面貌，使村庄更加整洁有序，生态更加宜居。其中的代表余村通过环境整治，从昔日的“靠山吃山、卖石头”转变为如今的“生态美、百姓富”的模范村。

（三）城乡风貌一体化推进

安吉在提升人居环境的过程中，高度注重城乡风貌的整体性和协调性。通过科学的规划引领和严格的风貌管控，制定《美丽乡村建设规范》，统一农房高度、色彩、庭院绿化等标准，有效避免了的同质化现象，同时安吉县大力鼓励特色化发展。例如，余村依托“两山”理念发源地的优势，打造了“两山”绿道等生态景观；上港乡的蔓塘里村则通过引入光影艺术，成功转型为独具特色的艺术村落。这些村落不仅环境优美，更富有个性魅力，成为安吉全域美丽发展的重要节点。安吉县还实施城乡风貌一体化建设动态考核制度，如“美丽乡村摘牌制”，对环境卫生、设施维护等进行常态化督查，确保城乡风貌品质的持续提升。这种系统性的城乡风貌塑造，使安吉的城市与乡村各美其美、美美与共，共同绘就了一幅和谐秀丽的全域画卷。

三、民生福祉得到普惠性提升

安吉县在推进全域美丽发展的过程中，始终坚持以人民为中心的发展思想，将改善民生、增进福祉作为一切工作的出发点和落脚点。通过一系列扎实有效的举措，安吉在城乡公共服务均等化、居民收入增长、群众满意度和幸福感提升等方面取得了显著成效，生态红利普惠于民。

（一）城乡公共服务均等化水平显著提高

安吉县致力于打破城乡二元结构，推动优质公共服务资源向农村延伸、向基层覆盖。安吉在医疗、教育、养老等 13 项公共服务领域实现了全覆盖。城乡公交一体化极大地便利了居民出行，促进了城乡之间的交流与融合；标准化的医疗卫生服务网络不断健全，让农村居民也能享受到便捷的医疗服务；教育资源的配置更趋均衡，农村学校的办学条件和教学质量得到改善；覆盖城乡的养老服务体系逐步完善，满足了老年群体的多元化需求。这些举措有效地缩小了城乡之间的公共服务差距，提升了农村居民的生活品质。

（二）居民收入持续稳定增长

优美的生态环境为安吉居民带来了实实在在的经济收益。2024 年，安吉县城乡居民人均可支配收入分别达到 75002 元和 48879 元。通过多元化的收入来源，许多农民实现了家门口就业创业，收入来源更加多元化，生活水平显著提高。例如，天荒坪镇大溪村，一度被称为“浙北农家乐第一村”，全村 70% 的村民从事乡村旅游，乡村旅游收入占据了村经济总收入和村集体收入的 70%，生动诠释了安吉的发展成就。

（三）群众满意度与幸福感显著增强

优美的生态环境、完善的公共服务、持续增长的收入以及和谐的社会氛围，共同构成了安吉人民幸福生活的基石。安吉县群众对全域美丽发展的满意度高达 95%。这一方面源于物质生活条件的改善，另一方面也得益于精神文化生活的丰富和生态环境带来的愉悦感。例如，安吉建成了大量的文化礼堂、农村数字影院、地域文化展示馆等，丰富了群众的精神文化生活。同时，良好的生态环境本身就是一种重要的民生福祉，清新的空气、洁净的水源、优美的景观，无形中提升了居民的生活品质和健康水平。习近平总书记曾指出“环境就是民生，青山就是美丽，蓝天也是幸福”，安吉的实践正是对这一论断的生动诠释。

安吉县将发展成果更多更公平地惠及全体人民，特别是向农村地区倾斜，有效提升了民生保障水平，增强了人民群众的获得感、幸福感和安全感。这种普惠性的民生改善，不仅是全域美丽发展的直接体现，也为社会的和谐稳定和持续发展奠定了坚实基础。

四、治理效能与社会活力协同增强

安吉县在推进全域美丽发展的进程中，不仅注重生态环境的改善和经济结构的优化，更着力于治理体系的创新和社会活力的激发，形成了政府、市场、社会和村民多元主体协同发力、共建共治共享的良好局面，治理效能与社会文明程度得到同步提升。

（一）多元共治格局初步形成

安吉积极探索和实践“政府＋村民＋第三方”的共管模式。在这种模式下，政府主要承担规划引导、政策制定、资金扶持和监督管理的责任；村民作为美丽家园的直接受益者和建设者，通过村民自治组织（如村民理事会、环境监督小组等）积极参与环境治理、设施维护和乡村决策中；第三方专业机构（如物业公司、环保组织、专业设计团队等）则发挥其专业优势，提供技术支持、运营服务和管理咨询。这种多元主体的协同合作，打破了以往单纯依靠政府投入和管理的传统模式，提高了治理的专业化水平和效率，也增强了治理的灵活性和适应性。

（二）村民自治能力显著提升

激发村民的内生动力是安吉提升治理效能的关键一环。安吉县90%以上的村庄建立了环境自治公约，这些村规民约将环境保护、垃圾分类、庭院美化等内容纳入村民自治范畴，村民共同商议、共同制定、共同遵守，将环境治理从外部要求转化为村民的自觉行动。同时，安吉还创新了多种激励机制，如“美丽家庭积分制”等，对在环境整治、文明创建中表现突出的家庭给予精神和物质奖励，有效调动了村民参与的积极性和主动性。这种以村民自治为基础的治理模式，不仅提升了治理效果，也培养了村民的主人翁意识和集体荣誉感，为乡村善治奠定了坚实的群众基础。

（三）环境治理成本有效降低

通过构建多元共治和村民自治的治理体系，安吉县在提升治理效能的同时，也有效降低了环境长效管护的成本。长效管护成本显著降低了，这主要得益于几个方面：一是村民的主动参与减少了对外部专业服务的过度依赖；二是精细化管理和预防性维护减少了大规模整治的频率和投入；三是数字化监管手段的应用提高了管理效率，减少了人力成本。成本的降低使有限的财政资金能够投入到更需要的地方，也增强了美丽乡村建设成果的可持续性。

（四）社会文明程度不断提高

全域美丽发展不仅是物质层面的提升，更是精神层面的升华。随着生态环境的改善和治理模式的创新，安吉的社会文明程度也得到了显著提升。生态文明理念通过宣传教育、实践养成等多种方式，逐渐深入人心，成为广大干部群众的普遍共识和自觉行动。乡风文明建设与美丽乡村建设同步推进，孝文化、竹文化等优秀传统文化得到弘扬，各种乡村特色文艺活动蓬勃开展。村民之间的邻里关系更加和谐，社会正能量得到彰显。这种由内而外的文明进步，为安吉全域美丽发展注入了强大的精神动力和人文底蕴。

第二节　安吉全域美丽发展的核心战略与关键举措

一、规划引领，一张蓝图绘到底

安吉县在城市发展规划编制中，始终坚持全域统筹的理念和“规划先行”的原则，将整个县域视为一个有机整体，通过科学擘画发展蓝图，进行系统谋划和空间布局优化，确保各项建设和发展活动在正确的轨道上稳步推进，从而实现从顶层设计到具体实践的有序衔接。

（一）全域统筹与空间优化

《美丽乡村建设总体规划》是安吉美丽乡村建设乃至后续全域美丽发展的重要纲领性文件。其核心定位是将安吉县域作为一个“大景区”来打造。这意味着安吉的视野超越了单个村庄的建设，而是从县域整体层面出发，统筹协调各乡镇、各村落的功能定位、风貌特色和产业发展。规划中提出的构建“一中心、多节点”的景观体系，正是这一全域统筹思想的具体体现。“一中心”通常指县城或核心城镇，作为区域发展的服务核心和辐射中心；“多节点”则是指散布于县域内的各个特色村镇、重要景区和功能片区。这样的空间结构，既能发挥中心区域的集聚带动作用，又能彰显各个节点的独特魅力，形成众星捧月、互为支撑的发展格局。该规划不仅明确了美丽乡村建设的目标、标准和路径，更重要的是，它为后续的资源整合、项目布局、基础设施建设等提供了统一的遵循和方向指引，避免了各自为战和低水平重复建设。

在全域规划中，安吉县高度重视生态环境保护，将生态保护红线的划定和严守作为一项基础性、前提性的工作。安吉县通过全域规划明确了生态保护与建设的边界，生态保护红线一旦划定，便具有法律效力和刚性约束力，任何开发建设活动都不得突破红线。这对于保护安吉珍贵的自然生态资源，如水源涵养区、重要湿地、森林公园、自然保护区等，起到了至关重要的作用。通过红线管控，有效遏制了对生态空间的侵占和破坏，保障了区域生态安全，避免了因过度开发或无序建设导致的环境退化。这种对生态底线的坚守，充分体现了安吉县在发展与保护关系上的清醒认识和战略定力，是其能够持续保持"绿水青山"本色的根本保障之一。

安吉规划的前瞻性体现在其早已预了见生态价值对于未来发展的重要性，科学性体现在其规划充分结合了安吉的自然禀赋、资源特点和发展阶段，而执行的严肃性则确保了规划意图能够真正落地生根，而不是停留在纸面上。这种"不规划不设计、不设计不施工"的原则，是安吉规划引领作用得以充分发挥的关键所在。

（二）标准化建设与风貌管控

在坚持全域统筹和个性化发展的同时，安吉县也高度重视通过标准化建设来规范和提升城乡风貌品质，确保美丽乡村建设的整体水平和可持续性。

为确保美丽乡村建设有章可循、有标可依，安吉县专门制定了《美丽乡村建设规范》。这份规范性文件，详细规定了村庄风貌管控的各项具体标准，对农房的高度、体量、色彩、材质以及庭院绿化、公共空间布局、基础设施配置等方面都提出了明确的要求。这些标准的制定，广泛征求了专家学者、规划设计单位和基层干部群众的意见，力求科学合理、切实可行。通过实施这一规范，安吉有效提升了乡村建设的整体质量，避免了因缺乏统一标准而导致的建设乱象。例如，在农房改造和新建过程中，通过引导村民参照规范进行设计和施工，使新建农房既保留了一定的地域特色，又在整体风貌上与周边环境相协调，改变了以往农村建房杂乱无章的局面。这些标准不仅涵盖了硬件建设，也包括了如卫生保洁、园林绿化等长效管理的内容，为美丽乡村的常态化维护提供了依据。

（三）避免“千村一面”，鼓励特色发展

标准化建设并非意味着要抹杀个性、追求完全一致。安吉县在推行标准化的同时，也高度强调保护和彰显各村的独特风貌和文化特色。标准化主要体现在基础性、普适性的要求上，如基础设施的完善、环境卫生的达标、建筑安全的基本规范等。而在具体的风貌塑造、文化植入、发展定位等方面，则鼓励各村根据自身的资源禀赋、历史文脉和发展定位，进行差异化、个性化的探索。从而达到规划中提出的“一村一品”“一村一景”。在遵循基本建设规范的前提下，有的村庄依托竹资源发展竹文化，有的村庄挖掘古村落历史发展文化旅游，有的村庄结合山水风光打造康养基地。安吉还专门成立了风貌管控办公室，在规划设计和建设过程中加强指导和把关，确保特色能够得到充分展现，同时又与整体环境相协调。这种“统”与“分”、“标准”与“特色”的有机结合，使安吉的美丽乡村既有共同的品质底线，又有各自的独特魅力，呈现出百花齐放、异彩纷呈的生动局面。

二、生态筑基，环境治理系统推进

安吉县的环境综合整治并非零敲碎打，而是覆盖全域、多领域、系统性的持续行动，旨在从根本上解决影响城乡环境面貌和生态质量的突出问题。

（一）全域环境综合整治

“垃圾不落地”和“污水零直排”专项行动，是安吉提升人居环境质量的两大标志性战役。“垃圾不落地”行动着力于城乡生活垃圾的全链条规范化管理。安吉县通过建立完善的“户集、村收、镇运、县处理”体系，全面推行生活垃圾分类，并力求源头减量。目前，安吉农村生活垃圾分类覆盖率已达到100%，这意味着垃圾分类的理念和实践已经深入每个村庄和家庭。与此同时，安吉还大力推广清洁能源利用和生活垃圾无害化处理，确保城乡环境的整洁有序。“污水零直排”行动则聚焦于水污染防治，特别是农村生活污水的有效处理。通过建设覆盖城乡的污水收集管网和处理设施，确保生活污水和工业废水达标排放，从源头上杜绝污水横流、直排入河的现象。数据显示，安吉农村生活污水处理率已达到95%以上。这两项行动的深入实施，极大地改善了安吉的水体质量和乡村卫生面貌，为实现“河畅、水清、岸绿、景美”的目标奠定了基础。

（二）“六治”行动深化

在浙江省统一部署的“五水共治”[①]基础上，安吉结合自身实际，进一步深化和拓展了环境治理的内涵和范围，形成了更具针对性的“六治”行动，即治水、治气、治土、治废、治违、治霾等。“治水”除了生活污水治理，还包括工业废水治理、河道综合整治等；“治气”和“治霾”则针对大气污染，采取了工业废气控制、扬尘治理、机动车尾气管理等措施；“治土”关注土壤污染防治与修复；“治废”则涵盖了固体废物，特别是工业固废和农业废弃物的资源化利用和无害化处置；“治违”主要是拆除违法建筑，优化城乡空间秩序。这些专项治理

① 五水共治是指治污水、防洪水、排涝水、保供水、抓节水。

行动相互配合、协同推进，形成了一套覆盖水、气、土、废、空间等多个领域的立体化环境整治体系，确保环境问题得到全面、系统的解决。

（三）实施生态修复工程

在加强污染治理的同时，安吉县还投入巨大精力实施了一系列重大生态修复工程，旨在恢复和提升受损生态系统的功能，增强区域生态承载力。

历史上，安吉县的部分地区也曾因开采矿山（如石灰石）而导致山体裸露、植被破坏、生态受损。为改变这一状况，安吉县大力推进废弃矿山的生态修复和复绿工作。采用客土喷播、植被重建、景观再造等多种技术手段，对裸露的矿山创面进行治理，恢复植被覆盖，改善视觉景观。余村就曾是“开山卖矿”的典型，后来通过关停矿山并进行生态修复，才有了如今的绿水青山。现在，安吉县的矿山复绿工程不仅恢复了生态系统的服务功能，也极大地改善了区域的景观面貌，为发展生态环保事业创造了条件。

余村矿山遗址公园

针对河道淤积、行洪不畅、水质恶化以及部分区域水土流失等问题，安吉县组织实施了大规模的河道清淤和水土流失综合治理工程。目前，安吉县累计治理水土流失面积达到419平方千米。河道清淤工程有效地增加了河床容量，改善水流条件，提升水体自净能力；水土流失治理则通过植树造林、修建梯田、建设坡面水系工程等措施，减少了地表径流对土壤的侵蚀，有效控制了水土流失，保护了耕地资源，也减轻了下游河道的泥沙淤积压力。这些工程的实施，对于改善流域水生态环境、保障防洪安全、维护生态系统健康具有重要意义。

安吉县通过系统性的全域环境综合整治和针对性的重大生态修复工程，双管齐下，有效地改善了区域生态环境质量，恢复了生态系统的整体功能。这种治标与治本相结合、减污与增容相协同的策略，是安吉县能够成功筑牢生态基底、实现“绿水青山常在”的关键所在。这些举措不仅为安吉县赢得了宝贵的生态资本，也为后续的生态保护事业和全域美丽画卷的展开提供了最坚实的基础。

三、城乡融合，风貌品质一体提升

安吉县在全域美丽发展中，将城乡作为一个有机整体进行考量，致力于打破城乡壁垒，推动城乡在空间布局、风貌塑造、基础设施、文化内涵等方面的一体化发展与品质提升，力求实现城乡各美其美、美美与共的和谐局面。

（一）特色塑造与景观营造

安吉县注重挖掘和彰显不同区域、不同村落的独特魅力，通过精心规划和创意营造，打造了一批各具特色的景观节点和公共空间。

为避免“千村一面”的同质化现象，安吉县大力倡导和推行“一村一景”的差异化发展策略。在统一的美丽乡村建设标准基础上，鼓励各村根据自身的自然资源、历史文化和区位条件，找准自身定位，打造独特的村落品牌和景观特色。余村作为“两山”理念的发源地，其发展紧扣“生态”主题，通过建设“两山”绿道、提升村容村貌、发展生态旅游和研学，成为全国闻名的生态文明示范村。蔓塘里光影艺术村则另辟蹊径，通过引入现代光影艺术，在夜晚营造出梦幻般的视觉效果，将一个普通山村变成了时尚的“网红打卡地”，成功实现了文化与旅游的融合。这些特色村落的打造，不仅提升了乡村的吸引力和竞争力，也丰富了安吉全域美丽建设的内涵和体验。这种特色化发展，背后是对每个村庄独特价值的深入挖掘和精心培育，是规划设计与地方实际紧密结合的成果。

（二）公共景观空间的打造与提升

除了单个村落的特色塑造，安吉县还注重城乡公共景观空间的整体营造和品质提升。这包括对主要交通沿线、河流水系两岸、城镇入口区域、重要节点广场等进行系统性的景观设计和环境美化。通过绿化提升、小品设置、文化元素植入等方式，将自然景观的秀美与人文景观的雅致有机融合起来，创造出宜人、美观、富有地域特色的公共空间。这些公共景观不仅提升了城乡的整体形象和环境品质，也为居民和游客提供了休憩、交往、体验文化的良好场所，增强了地方居民的认同感和自豪感。

基础设施的完善与互联互通是实现城乡公共景观融合发展的基础支撑。安吉县在这方面投入了大量精力，着力构建便捷高效的城乡一体化基础设施网络。

城乡公交一体化　为方便城乡居民出行，构建城乡公共景观观赏渠道，安吉大力推进城乡公交一体化进程。通过优化公交线路布局、增加班次密度、提升车辆档次、实行优惠票价等措施，逐步形成了覆盖城乡、连接主要集镇和景点的公共交通网络。这不仅为农村居民进城、城镇居民下乡提供了便利，也有效降低了居民的出行成本，促进了城乡之间的人流、物流和信息流的畅通，对于城乡公共景观的整体发展起到了积极作用。

绿道网络建设 绿道作为一种兼具生态、休闲、交通、文化等多重功能的线性绿色开敞空间，在安吉县的全域美丽建设中扮演了重要角色。安吉县规划并建设了遍布全域的绿道网络，将主要的景区景点、特色村落、自然保护区、文化遗址等串联起来。这些绿道或沿河而建，或穿行于竹林山水之间，本身就是一道亮丽的风景线。通过绿道网络，安吉县成功打造了“15 分钟亲水圈”和“30 分钟文化圈”，即居民和游客可以在较短的时间内便捷地到达亲水空间或文化场所。这不仅提升了居民的生活品质，也为发展慢行旅游、康养休闲等产业提供了良好条件，进一步丰富了“县域大景区”的内涵。

（三）文化赋能与内涵挖掘

全域美丽不仅在于外在的“形态美”，更在于内在的“文化韵”。因此，在城乡风貌提升过程中，安吉县高度重视文化的赋能作用，深入挖掘和传承地域特色文化。

为避免乡村景观在现代化进程中出现“过度城市化”和“同质化”的倾向，安吉县特别强调将乡土文化元素融入村庄规划和景观设计之中。在村落改造中，安吉县注重保护和修缮古建筑、古民居、古道古桥等历史遗存；在一些公共空间建设中，安吉县通过设置非遗展示墙、乡愁记忆馆，展示当地的非物质文化遗产和民俗风情；打造的农耕文化公园、竹文化体验区，能够让游客和年轻一代体验和了解传统的农耕文化和地域特色文化。这种对乡土文化的尊重和活化利用，不仅保留了乡村的“根”与“魂”，也赋予了美丽乡村更深厚的文化底蕴和更持久的生命力。

此外，安吉县还通过举办各类文化节庆活动（如竹文化节、白茶节、民俗表演等）、引进文创产业和培育乡村艺术社群等方式，不断提升乡村的文化品位和对外吸引力。在此基础上，安吉通过文化与旅游、农业、创意产业的深度融合，不仅丰富了乡村的业态，也为村民提供了新的增收渠道，同时向外界展示了安吉丰富多彩的文化魅力。这使安吉的美丽乡村不仅好看，更好玩、更有内涵，极大地吸引了更多的游客和有志于乡村发展的创客人才。

通过在特色塑造、设施连通和文化赋能等方面的系统性努力，安吉县成功推动了城乡风貌的整体提升和品质优化，实现了城乡之间的良性互动与深度融合，为全域美丽发展注入了生机与活力。

四、长效治理，机制创新激活力

安吉县深谙“三分建、七分管”的道理，在全域美丽建设取得显著成效的同时，高度重视构建科学、高效、可持续的长效治理机制。通过坚持“建管并重”理念、推动数字化赋能与智慧监管，以及创新多元主体协同治理模式，安吉不断激活治理效能，确保美丽成果能够持久巩固并持续提升。

（一）“建管并重”理念的落实

安吉县在美丽乡村和全域美丽建设中，始终将建设与管理摆在同等重要的位置，在后期更加强调管理的精细化和常态化。

为确保已建成的美丽乡村能够保持高品质，安吉建立了一套覆盖广泛、标准明确的精细化长效管理机制。这套机制不仅涵盖了传统意义上的环境卫生保洁（如垃圾日产日清、公共厕所管理），还延伸到公共设施的日常维护（如路灯、健身器材、污水处理设施的完好率）、园林绿化的养护（如绿化带修剪、病虫害防治）、村容村貌的动态保持等多个方面。安吉县以标准化为要求，编制了涵盖农村卫生保洁、园林绿化等在内的管理标准。这些标准的制定和落实，使乡村管理有章可循，责任明确到人，有效避免了“重建轻管”可能导致的成果流失问题。

为了打破“一次创建，终身挂牌”的固化思维，确保长效管理的压力和动力持续存在，安吉县创新性地实施了“美丽乡村摘牌制”等动态考核制度。这意味着已获得“美丽乡村”称号的村庄并非一劳永逸，而是需要接受常态化的监督检查和动态评估。县级相关部门会定期或不定期对各村的环境卫生、设施维护、管理成效等进行督查考核，考核结果与村集体的荣誉、相关负责人的绩效以及财政奖补资金直接挂钩。对于管理不善、标准下降的村庄，可能会给予警告、限期整改，甚至摘掉“美丽乡村”的牌子，取消相关待遇。截至 2019 年，受到降级和摘牌处理的村庄累计达到 23 个。这种动态考核机制，犹如一把高悬的“达摩克利斯之剑”，有效地传导了管理压力，激发了基层持续保持和提升美丽乡村建设水平的自觉性和主动性。

（二）数字化赋能与智慧监管

顺应数字时代发展趋势，安吉县积极运用现代信息技术赋能环境治理和乡村管理，通过搭建智慧化平台，提升监管效率和精准度。

为了实时监测全县范围内的水质、空气质量、污染源排放等关键环境指标，安吉搭建了“智慧环保”平台，平台整合了物联网、大数据、云计算等技术，在重点区域，例如饮用水源地、工业园区、主要河道断面等，布设前端感知设备（水质自动监测站、空气质量监测微站、视频监控等），平台可以实时采集环境数据，并通过数据分析模型进行预警预测。一旦发现异常数据或潜在环境风险，平台能够自动报警并推送给相关责任部门和人员，从而实现环境问题的快速发现、精准溯源和闭环处置。安吉还建成了城市大脑数字驾驶舱生态文明专舱，汇集了 10 个部门的 106 项数据，为生态环境管理提供了强大的数据支撑和决策支持。

针对生态保护红线区域，特别是饮用水源地等敏感区域，安吉县建立了生态保护红线智能预警平台。该平台能够实现对这些重点区域“水陆空”一体化的数字化监管。例如，通过卫星遥感、无人机巡查、地面传感器和视频监控的联动，可以及时发现红线内的违规建设、非法排污、生态破坏等行为，并快速启动处置程序。这种智能化的预警和监管手段，极大地提升了生态保护的效能和威慑力。

此外，安吉县还利用数字技术打造美丽乡村“智慧监管”新模式，如利用“安吉县人居环境智能监管系统”，通过无人机巡查、点位打卡巡查等方式，实现数据有迹可循，让考核过程更加透明，并健全了问题点位整改反馈机制。这些数字化手段的应用，破解了传统环境治理中存在的碎片化、滞后性等难题，推动了治理体系和治理能力现代化。

（三）多元主体协同治理

安吉县在长效治理中，注重发挥不同主体的作用，构建起了政府、村民、社会组织、市场力量等多方参与、协同发力的治理格局。

“政府＋村民＋第三方”共管模式的探索，是安吉县在乡村治理中的一个重要创新。政府主要负责顶层设计、政策供给、财政支持、监督考核等宏观层面工作。村民作为乡村的主人，通过村民自治组织（如村两委、村民代表大会、各类协会等）深度参与村庄规划、项目决策、日常管理和监督评价。第三方力量，如专业的物业管理公司、环保NGO、规划设计团队、乡村运营公司等，则凭借其专业知识和市场化运作能力，为乡村治理提供专业化服务和技术支持。例如，一些村庄引入专业物业公司负责日常的环境保洁、绿化养护、设施维修等，有效提升了管理效率和服务质量。这种模式下，各方权责清晰，优势互补，形成了治理合力。

乡村治理的根基在于村民。为此，安吉县采取了多种措施激发村民的自治意识和参与热情。村规民约的制定和执行是重要抓手，目前

90% 以上的村庄建立了环境自治公约。这些公约通常由村民共同讨论制定，内容涵盖环境保护、垃圾分类、门前三包、邻里互助、乡风文明等方方面面，成为村民自我管理、自我服务、自我约束的行为准则。“美丽家庭积分制”等激励机制也发挥了积极作用，通过对村民在环境卫生、参与公益、遵纪守法等方面的行为进行量化打分和积分兑换奖励，有效调动了村民参与乡村建设和治理的积极性，将“要我做”变为“我要做”。

人大“决议”形式推进“中国美丽乡村”建设的制度保障。从 2008 年开始，安吉县以人大“决议”的形式推进“中国美丽乡村”建设。这种做法将党委的决策通过法定程序转化为国家意志和全体人民的共同行动，为美丽乡村建设提供了强有力的制度保障和法律依据，确保了政策的连续性和执行的权威性，也体现了依法治县在美丽乡村建设中的重要作用。

第三节　安吉模式的经验启示

一、思想引领是根本前提，坚定践行“两山”理念

安吉全域美丽发展的成功，最根本、最核心的经验在于对“绿水青山就是金山银山”理念的深刻理解、坚定不移地践行和与时俱进的创新。这一理念是安吉县所有发展战略的“定盘星”和“指南针”。

首先，“绿水青山”与“金山银山”之间并非简单的取舍关系，而是辩证统一、可以相互促进的。保护生态环境不是发展的包袱，而是发展的基础和潜力所在。早年间，安吉县也曾走过牺牲环境换取经济增长

的弯路，但“生态立县”战略的确立，特别是“两山”理念的提出，使安吉县彻底扭转了发展思路。安吉县的实践证明，绿水青山本身就是一种稀缺资源和宝贵财富，具备巨大的生态价值和社会价值。当生态环境得到有效保护和改善后，它能够吸引优质的资本、技术和人才，为可持续发展提供源源不断的动力。

其次，通过长期坚持“生态立县”的战略定力，确保了“两山”理念的一以贯之。从最初的环境整治，到美丽乡村建设，再到全域美丽发展，安吉县始终没有偏离绿色发展的主航道，即便在面临经济下行压力或短期利益诱惑时，也能够坚守生态底线。这种“一届接着一届干，一张蓝图绘到底”的执着和韧性，是“两山”理念能够在安吉落地生根、开花结果的关键保障。正是因为有了这种思想上的高度统一和行动上的坚定不移，安吉才得以走出一条经济发展与环境保护协同增效、人与自然和谐共生的康庄大道，为其他地区提供了生动的榜样。

二、规划先行是关键保障，科学擘画全域美丽蓝图

安吉全域美丽发展的另一条核心经验是始终坚持规划先行，并确保规划的科学性、前瞻性和执行的刚性约束，为各项建设和发展活动提供了清晰的路线图和行为准则。

首先，安吉县的规划具有高度的战略性和系统性。《美丽乡村建设总体规划》等核心规划，并非局限于一时一地，而是立足于县域整体，将安吉定位为“县域大景区”，统筹考虑了生态保护、产业发展、空间布局、基础设施、文化传承等多个方面。提出的“一中心、多节点”的空间结构，以及对生态保护红线的严格划定和管控，都体现了对全域资源优化配置和可持续发展的深远考量。这种高位阶、大格局的规划，为后续的各项政策制定和项目实施提供了统一的框架和方向。

其次，安吉县注重“多规合一”与规划的协同性。美丽乡村规划

与县域经济发展总体规划、生态文明建设规划、土地利用规划、乡镇发展规划等相互衔接、有效融合，形成了一个横向到边、纵向到底的规划体系。这避免了不同规划之间的冲突和矛盾，提高了规划的整体效能和实施效率。统一的规划平台，可以更好地协调各部门、各乡镇的行动，形成发展合力。

再次，安吉县的规划执行具有严格的刚性约束。规划一旦制定并经过法定程序批准，就具有法律效力，必须严格执行。安吉县坚持“不规划不设计、不设计不施工”的原则，对各类建设活动进行严格的规划审批和监管，确保不偏离规划的轨道，不突破生态的底线。这种对规划严肃性的维护，是确保发展不走偏、不走样，避免“翻烧饼”式折腾的关键。同时，安吉县也注重规划的动态调整和优化，根据发展实际和新的要求，适时对规划进行修编和完善，使其始终保持科学性和指导性。

最后，安吉县的规划还体现了在标准化基础上的差异化发展。通过制定《美丽乡村建设规范》等，明确了建设的基本标准和底线要求，确保了整体品质。同时，又鼓励各村根据自身特点发展，避免了盲目复制和同质化竞争。这种因地制宜、分类指导的规划思路，使安吉县的美丽乡村建设既有共性之美，又有个性之韵，呈现出丰富多样的面貌。正是这种科学、系统、务实且执行有力的规划，为安吉全域美丽发展擘画了清晰的蓝图，并提供了坚实的路径保障。

三、政府主导与公众参与有机结合

安吉全域美丽发展的成功实践，深刻体现了政府的有效引导与社会多元主体积极参与相结合。这种多方协同的模式，既发挥了政府在战略规划、公共服务、制度供给和环境营造方面的主导作用，又通过多元参与激发了社会活力和创新动力，形成了推动全域美丽建设的强大合力。

一方面，政府在安吉的全域美丽发展中扮演了不可或缺的“引领者”和“服务者”角色。在顶层设计与政策供给方面，安吉县委、县政府始终将生态文明建设和美丽乡村发展摆在突出位置，制定了一系列具有前瞻性和操作性的规划、政策和行动纲要，为发展指明了方向，提供了遵循。在公共服务与基础设施建设方面，政府承担了主要的投入责任，大力推进城乡道路交通、污水处理、教育医疗、文化体育等基础设施和公共服务设施的建设与完善，为城乡居民创造了良好的生产生活条件，也为可持续发展奠定了基础。在环境营造与秩序维护方面，政府通过严格的环境执法、生态补偿机制的建立、市场秩序的规范以及社会信用体系的建设，为各类主体营造了公平竞争、健康有序的发展环境。特别是在生态环境保护这一具有显著公共产品属性的领域，政府的主导作用尤为关键。

另一方面，安吉积极探索通过多元参与机制激发社会活力。政府并非大包大揽，而是注重运用财政杠杆、机制创新等方式，引导和吸引社会各界力量参与到生态文明建设和美丽乡村发展中来。通过建立“政府 + 村民 + 第三方”的共管模式，让专业的第三方机构提供技术支持和服务，将村民组织起来共同参与环境治理和村庄建设，构建起多元主体协同共治的新格局。积极发挥社会组织、村民自治组织、志愿者队伍等的作用，形成了政府引导、村民主体、社会参与的良好局面。正是这种多方参与的机制设计，使全域美丽建设成为全社会的共同事业。

通过将政府的有效主导和社会各界的广泛参与相结合，安吉县构建了一个政府引导有力、多元主体协同共治的发展新格局。政府的战略引领和公共投入为社会参与创造了前提条件，而多元主体的参与则为全域美丽发展注入了源源不断的活力和创新。这种多方协同的治理模式，确保了安吉县在生态保护、公共服务和社会治理等多重目标上的平衡发展，实现了决策的科学化、管理的精细化、服务的高效化。

垃圾分类在安吉的乡村（张卉　摄）

四、制度创新是持久动力

安吉全域美丽发展的成果之所以能够得到持续巩固和提升，关键在于其不断进行制度创新，特别是构建了行之有效的长效治理机制，并积极运用数字化、智能化手段为治理赋能。这确保了美丽建设不是一阵风、走过场，而是能够常态化、精细化、可持续地推进。

美丽乡村建成后，后续的管理和维护同样重要，甚至更为关键。为此，安吉建立了一套覆盖环境卫生、设施维护、绿化养护、秩序管理等多个方面的长效管理制度体系。这些制度不仅明确了各项工作的标准、责任主体、操作流程，还配套了相应的考核和奖惩办法。正是这种精细化的管理，确保日常工作有章可循，避免了因管理粗放而导致的“返贫”现象。

面对广阔的县域和复杂的治理对象，传统的人力巡查和管理方式难以满足高效治理的需求。安吉积极拥抱数字技术，将其应用于环境监测和乡村治理的各个环节。通过物联网传感器实时监测水质、空气质量等，实现环境问题的智能预警和闭环处置。城市大脑数字驾驶舱生态文明专舱和生态保护红线智能预警平台，则为宏观决策和重点区域监管提供了强大的数据支持。这些数字化平台的应用，极大地提升了环境监管的实时性、精准性和覆盖面，使环境问题能够被及时发现、快速响应和有效解决，从而降低了环境风险，提高了治理效率。

为确保各项制度和政策能够真正落到实处，安吉县建立了一套行之有效的动态考核和激励约束机制。打破了“称号终身制”，对已获得荣誉的村庄进行持续跟踪和动态评估，这种能上能下的机制，有效传导了压力，激发了基层常抓不懈的动力。同时，考核结果还与财政奖补、干部任用等挂钩，形成了鲜明的激励导向。

安吉县在实践中探索形成的许多成功经验和制度创新，不仅在当地得到了有效应用，还上升为更高层面的标准和规范，产生了广泛的示范效应。其经验模式具有高度的科学性和可复制性，为全国的美丽乡村建设提供了重要的“安吉方案”。通过这些制度创新和数字化赋能，安吉成功地将全域美丽发展从一项阶段性的建设任务转变为一项常态化的治理工作，为“绿水青山常在”提供了坚强的制度保障和持久的创新动力。

安吉模式以其前瞻的理念、系统的规划、创新的机制和显著的成效，为新时代中国探索人与自然和谐共生的现代化道路，谱写乡村全面振兴的壮丽篇章，提供了鲜活的样本和宝贵的智慧。

第四章

两山转化：生态价值转化与产业跃迁

在生态立县和“绿水青山就是金山银山”理念指引下，安吉县以生态资源为基底，以绿色为最靓底色，通过发现生态资源价值，促进生态价值转化与产业跃升，推动绿水青山源源不断地转化为金山银山，不断探索两山转化新通道。了解安吉两山转化的发展背景，总结安吉县两山转化的做法与显著成效，提炼独具安吉特色的典型模式，最终凝练出具有借鉴意义的宝贵经验启示，为全国实现乡村全面振兴和绿色发展贡献安吉力量。

第一节 “两山”转化的背景

一、应运而生的逻辑：从生态危机到绿色觉醒

安吉县的“两山”转化实践并非偶然，而是基于历史教训、生态本底与政策导向、区位优势与传统产业转型压力等共同作用的结果。20世纪80年代，安吉县曾因资源开发陷入生态困境。余村等地的石灰岩开采、印染化工等产业虽带来了短期经济收益，却导致水土流失、空气污染和生态退化，山秃水浊、西苕溪水质恶化等问题突出，倒逼发展模式转型。余村在20世纪90年代集体经济收入达300万元，但矿山开采使村庄常年笼罩在粉尘中，村民甚至不敢开窗。这种以牺牲环境为代价的发展模式，迫使安吉县在2003年启动了生态县创建，关停了污染企业，探索可持续发展路径。

2005年，时任浙江省委书记习近平同志在余村提出了“绿水青山就是金山银山”理念，为安吉指明了方向。安吉县以此为纲领，构建了“生态立县”战略框架，通过《生态功能区规划》《美丽乡村建设指南》等制度设计，形成全域生态治理体系。安吉县成为全国首个生态县，开启生态价值转化探索。2016年成为“两山”理论实践试点县，政策支持进一步强化。

安吉县地处长三角几何中心，2小时交通圈覆盖上海、杭州等城市。生态资源丰富（植被覆盖率76%、森林覆盖率70%以上）为其转型提供了天然资本，使其成为全国首个生态县和联合国“人居奖”获得者，也为绿色产业布局奠定了基础。传统产业转型压力大，竹业、椅

业等传统产业面临附加值低、资源依赖等问题，亟须向高附加值、低能耗方向升级。

二、“两山”理念的提出：从地方实践到国家战略

“两山”理念的提出经历了从地方探索到全国推广的过程。2005年，习近平同志在余村调研时首次提出这一理念，强调“生态资源是最宝贵的资源”，要求摒弃“先污染后治理”的老路。安吉以此为契机，系统推进三大转型：一是产业体系重构，构建“一产接二连三、二产绿色升级、三产高端提升”的现代产业体系，如竹产业从传统竹制品加工转向竹纤维制品、竹林碳汇等高附加值领域。二是生态治理创新，建立全国首个竹林碳汇交易平台，完成碳汇交易额超1亿元；推行“生态履职责任审计”，将生态指标纳入干部考核体系。三是城乡融合发展，通过美丽乡村建设实现行政村全覆盖，打造“无围墙”全域旅游区，形成“春赏花、夏避暑、秋品果、冬养生”的四季旅游格局。

“两山”理念的深化得益于制度保障。安吉编制了全国首个《美丽乡村建设指南》国家标准，建立生态保护红线、产业准入负面清单等制度，为生态产品价值实现提供制度支撑。

三、与乡村振兴的深度融合：从生态红利到共同富裕

安吉的“两山”转化与乡村振兴形成深度协同，通过“生态产业化、产业绿色化”路径激活乡村内生动力。

产业振兴 构建“白茶+竹业+椅业”三大支柱产业，延伸产业链条。例如，溪龙乡黄杜村通过万亩白茶园发展民宿经济，茶农年收入超200万元；鲁家村创新“公司+家庭农场”模式，整合18个农场资源，带动村民人均增收20%。

生态宜居 实施农村垃圾分类“零垃圾村”试点，90%的生活垃圾实现资源化利用；通过“数字乡村”建设，推广“两山优品”平台，实现农产品溯源销售，2023年农产品线上交易额突破10亿元。

治理有效 建立“企业+集体+合作社+村民”利益联结机制，推广“三入股三收益”模式。例如，潴口溪村通过五村联营引入了1000万元的项目，村集体收入达320万元。

人才吸引 实施“雄鹰擂台赛”“乡村振兴新青年”等计划，吸引新经济人才落户。2019年以来常住人口增加近10万人，数字游民社区、元宇宙产业园等新业态涌现。

安吉白茶盈农园基地（张卉　摄）

四、安吉“两山”转化的实践成就：从县域试点到全球典范

经过多年探索，安吉在生态价值转化与产业跃升方面取得显著成效。

经济指标跃升　2024年GDP达675.6亿元，同比增加60.45亿元，GDP增量为湖州市第一；旅游产业增加值占GDP的70.4%，连续六年蝉联“全国县域旅游综合实力百强县”。农民人均可支配收入48879元，城乡收入比为1.53:1，远超全国平均水平。

生态效益凸显　空气质量优良率86%以上，地表水达标率100%；竹林碳汇项目年固碳量超40万吨，成为全国首个“竹林碳汇交易”试点。

制度创新输出　创建“两山银行”平台，整合碎片化资源资产，累计盘活闲置农房3000余宗，带动村集体增收超5亿元；发布全国首个《数据管理能力成熟度评估模型》（DCMM）应用标准，推动政府数字化转型。

国际影响力提升　入选联合国“最佳旅游乡村”，引入HelloKitty家园、JW万豪酒店等国际品牌；作为“两山”理念发源地，承办全球重要农业文化遗产大会，向世界输出中国生态文明建设方案。

安吉的实践证明，“两山”转化是破解生态保护与经济发展矛盾的金钥匙。通过制度创新、产业重构和数字赋能，安吉不仅实现了从“卖石头”到“卖风景”的跨越，更探索出了一条生态美、产业兴、百姓富的可持续发展之路。

第二节　安吉“两山”转化的做法与成效

一、顶层设计：以战略规划引领全局发展

战略定位与规划统筹　安吉自2003年起确立“生态立县”战略，

将全县划分为A类（工业经济）、B类（休闲经济）、C类（工旅融合）三类功能区，并实施差异化考核制度，明确禁止高污染项目准入。2012年启动“美丽乡村”建设，邀请浙江大学团队编制“一村一品”设计方案，形成全域景区化发展框架。2023年发布《高水平打造生态文明典范市先行区三年行动计划》，进一步明确生态价值转化路径。

政策体系与制度创新　在生态保护补偿机制上，覆盖水土保持、森林湿地等十大类25项补偿，累计兑现资金12.4亿元。在GEP核算体系上，建立全国首个县域GEP核算标准，核算县域水土保持生态产品价值达33.2亿元，推动生态资源有偿使用。在碳汇交易机制上，成立了全国首个竹林碳汇收储交易中心，完成碳汇交易额超3亿元，惠及167个村集体和5.1万户农户。

区域协同与品牌联动　安吉县深度融入长三角一体化，与上海张江、安徽合肥共建联合创新平台，推动生态产品跨区域交易。同时，联合共建长三角旅游推广联盟，打造“安吉优品汇”区域公用品牌，实现白茶、竹笋等特色农产品溢价销售。

二、机制创新：以市场化手段激活生态资源

生态产品价值核算与交易　项目级GEP核算上，开发“两山合作社”数字化平台，精准核算地块生态调节服务价值，推动土地出让附加生态补偿金。截至2023年，安吉县已出让59宗土地，筹集生态补偿金5.19亿元。水权与碳汇交易上，完成全国首单水土保持生态产品交易（2.02亿元），以及竹林碳汇跨省交易，实现生态资源市场化变现。

利益联结与共享机制　创立“两入股三收益”模式，安吉县通过资源、资产入股，村民年均增收7500万元，覆盖187个村。在生态补偿反哺机制上，将水土保持交易资金的30%投入生态修复，形成“保护者受益、使用者付费”的闭环。

绿色金融支持体系 安吉农商银行设立绿色金融事业部，创新“竹林碳汇贷”“白茶溯源贷”等产品，累计发放绿色贷款超100亿元。2023年，能链智电等新经济企业通过绿色债券融资15亿元。

三、实践路径：从生态优势到产业优势的跨越

传统产业绿色转型 竹产业从单一竹材加工转向竹纤维制品、竹代塑产品，开发竹吸管、竹膜袋等高附加值产品，2024年安吉县竹产业总产值达192亿元，同比增长7%。椅业推动智能制造升级，培育永艺、恒林等上市企业，产量占国内市场的1/3，出口量全国第一。

发展安吉竹产业（张卉　摄）

生态旅游全域升级 景区化乡村建设上，鲁家村通过“小火车+农场”模式，围绕网红打卡、户外休闲、亲子项目发展业态，村集体资产从不足30万元增至2.9亿元，2023年村集体经营性收入达690万元，农民人均收入突破5万元，真正实现了田园变景区、资源变资产、村民变股民，美了村庄环境，富了村民口袋；余村打造国际旅游乡村，年接待游客超百万人次。在新业态培育上，发展露营经济，2023年安

吉县露营地共接待游客90.45万人次，总收入7040万元，为村集体增收921万元。

新兴产业布局 安吉县发展新经济集群，聚焦数字经济、生命健康、高端装备等领域，招引能链智电、飞天云动、药兜等50家新经济企业，其中7家已上市，形成数字经济与生态产业融合高地。发展生命健康产业，累计招引项目30个，总投资150亿元，打造长三角康养基地。2023年新经济产值占工业总产值比重超90%，32个新经济项目落地。

科技创新赋能 建设“两山未来科技城”，吸引长三角科创资源，布局人工智能、工业设计等新兴产业。推广数字化农业，如“安吉白茶”区块链溯源、数字茶园动态监管，2024年品牌价值达54.86亿元。

四、保障体系：以制度与人才筑牢发展根基

制度保障 一是立法保护，出台《竹林碳汇交易管理办法》《水资源保护条例》，将生态保护纳入法治化轨道。二是司法创新，建立“碳汇执行”机制，对竹林碳汇收益实施保全。三是设立知识产权快速维权中心，保护绿色家居专利。

资金保障 加大财政投入，每年安排生态保护专项资金3亿元，重点支持竹林碳汇、水土保持等项目。强化社会资本引入，通过PPP模式吸引社会资本参与生态修复，如浒溪沿岸生态修复项目引入投资1.68亿元。

人才支撑 实行青年引育，聚焦“招引10万青年大学生”第一战略目标，引育“全球合伙人”“数字游民”“云村民”，系统构筑“来安有岗、就业有助、工作有伴、人才专车、共有住房”全方位的人才保障体系，近3年吸引青年大学生4.1万人。积极开展智库合作，联合浙江大学、中国科学院等机构成立“两山”研究院，为生态价值转化

提供了智力支持。[①]

全民参与机制 积极开展生态文明教育，将生态课程纳入中小学教材，开展“两山”理念宣讲活动，公众的生态保护意识显著提升。完善监督体系，聘请生态文明义务监督员，设立“生态 110”举报平台，形成全民监督网络。

五、最终成效：生态与经济双赢

经济高质量发展 2024 年 GDP 达 675.6 亿元，同比增长 6.5%；第一、二、三产业增加值分别为 33.83 亿元、313.67 亿元和 328.06 亿元，分别增长 4.4%、8.4% 和 4.9%，三次产业结构优化为 5.0∶46.4∶48.6。规上工业总产值 1160.2 亿元，城乡居民人均可支配收入分别达到 75002 元、48879 元[②]。

生态效益显著提升 2024 年，安吉县共完成造林面积 1319 公顷，退化林修复面积 2093 公顷，全年森林覆盖率达到 60.35%。地表水出境断面水质达标率 100%，环境空气质量优良率 86.6%，获评“中国天然氧吧”，$PM_{2.5}$、空气优良率排名位居湖州市第一，全国首单水土保持生态产品价值转化交易成功落户[③]。

产业新动能涌现 2024 年安吉招引新经济项目 25 个，生命健康产业加速壮大，暨北生物、海世嘉等项目建成投产，产值突破 80 亿元，绿色家居产业获省“415*X*”产业集群专项激励，成功入围联合国工业绿色低碳发展国际合作成果示范区，电子信息产业产值突破 100 亿元。

---

① 安吉县［EB/OL］．［2025-06-03］．https：//www.huzhou.gov.cn/col/col1229213525/index.html.

② 2024 年安吉县国民经济和社会发展统计公报［EB/OL］．（2025-04-08）［2025-06-03］http：//www.anji.gov.cn/art/2025/4/8/art_1229518619_4005575.html.

③ 2024 年安吉县国民经济和社会发展统计公报［EB/OL］．（2025-04-08）［2025-06-03］http：//www.anji.gov.cn/art/2025/4/8/art_1229518619_4005575.html.

制造业投资增长28%，新增省级以上研发机构9家，实施产学研合作83项，国家竹产业研究院完成关键技术攻关17项①。

社会共享发展成果 2024年安吉引进青年大学生及各类人才1.1万人，青创项目390个，全年累计接待游客3400万人次，村集体经营性收入超100万元的行政村实现县域全覆盖，全县美丽乡村创建覆盖率达100%，成功夺取浙江省乡村振兴领域最高荣誉“神农鼎”，全国最大的光储充换检一体新能源电站建成投用，公共服务城乡全覆盖，文化礼堂、数字影院等设施惠及187个行政村，平安安吉实现“十九连冠”②。

第三节 安吉生态价值转化与产业跃迁的典型模式

一、资源整合型：生态资源的规模化运营与价值重构

（一）资源整合型模式构建生态产品价值实现综合运用大场景

资源整合型模式通过数字化平台和制度创新，将碎片化生态资源整合为可交易的资产包，实现“资源—资产—资本”跃升。

安吉县立足“两山”实践多年，总结出一系列生态优势转化为经济优势的实践经验，充分发挥新时代“两山”试验区综合改革优势，

① 安吉县2025年政府工作报告［EB/OL］.（2025-02-14）［2024-06-03］. https://app.meilianji.cn/ajnews/news.html? news_ id=150010.

② 安吉县2025年政府工作报告［EB/OL］.（2025-02-14）［2024-06-03］. https://app.meilianji.cn/ajnews/news.html? news_ id=150010.

率先开展“两山银行”试点改革。借鉴商业银行“零存整取”理念，“存入绿水青山、取出金山银山”，打造绿色产业与分散零碎的生态资源资产之间的中介平台和服务体系，全力打通资源变资产、资产变资本的“最后一公里”，探索生态产品价值实现机制，全力拓展“绿水青山”和“金山银山”双向转化通道。2020 年 6 月 28 日，浙江省首家“两山银行”示范基地挂牌成立，2022 年 5 月已招引项目 24 个，落地转化项目 22 个，为村集体经济增收 2000 余万元，为村民提供就业岗位 2160 余个。“两山银行”（后改名为两山合作社）是安吉县城投集团的全资子公司，是由政府主导，用国企运营的模式来经营安吉县内的生态资源的一个平台，整合山水林田等生态资源，推动农业生产、产品加工、旅游服务等第一二三产业有机融合，全面动态反映生态产品价值高质量转化水平，实现了全域、镇村和项目 GEP 核算辅助生态资源转化全流程的“资源采集、招商推介、项目审批、生态产品交易、金融交互、生态反哺”六大业务协同流程重塑，构建生态产品价值实现综合运用大场景。

（二）资源整合型模式的主要做法

资源摸底　利用卫星遥感、区块链技术、无人机和“大数据 +”等数字化手段开展资源调查，建立安吉县内生态资源大数据库，合理评估生态资源资产价值。“两山”合作社的目标资源资产包含山水林田湖草等自然资源，及与之相关的适合集中经营的农村宅基地、集体经营性用地、农房、古村、古镇、老街等，需要集中保护开发的耕地、园地、林地、湿地以及可供集中经营的村落、集镇、闲置农村宅基地、闲置农房、集体资产等。2020 年底，在调查摸底、确权登记的基础上，已基本形成安吉县生态资源清单、产权清单、项目清单和保护、开发、监管全过程工作机制。

资源转化　2020 年 4 月，发布《安吉县“两山银行”试点实施方案》，在自然资源确权登记和“三权分置”改革的基础上，对需要集中保护开发的耕地、园地、林地、湿地以及可供集中经营的村落、集镇、闲置农村宅基地、闲置农房、集体资产等碎片化资源资产，经摸底、确权、评估后，选择合适标的推向市场，实现生态资源向资产、资本的高水平转化，让山水林田湖草等生态资源在开发利用、环境保护等过程中实现应有价值。

数字赋能 协同部门和乡镇街道，打通自然资源统一确权登记、项目全生命周期管理等 11 个数源系统，归集山、水、林、田、湖、宅基地等 181 项资源数据及 108 项规划数据，形成包含生态资源管理图、运营管理平台、招商推介平台等“一图五平台”的“两山合作社”生态资源综合管理系统，打造生态产品价值实现特色应用场景，提升资源价值，提速资源转化。截至 2025 年 5 月，已累计入库资源 366 处，点位 869 个，成功转化生态产品（项目）158 个。

联盟共建 安吉县通过项目开发、土地流转、基础设施建设等方式，引导企业、村集体、村民加入“两山合作社”小联盟，探索形成“村集体 + 公司 + 农场”“公司 + 村民”“多村联创”等不同的生态资源项目开发模式，推动农民拿薪金、收租金、分股金并行。安吉县携手湖州市其他区县成立“两山银行”联盟，以普惠共享、共同富裕为落脚点，推动经验样本向全国各地复制推广，形成大联盟。

（三）资源整合型模式取得的成效

路径不断拓宽 组建两山泰伦新能源公司，2021 年收储全县屋顶资源 32.03 万平方米，开工项目 19 个，装机容量达 23.8 兆瓦；组建安吉两山绿川生态农业发展有限公司，积极探索节水抗旱稻研产销体系，首批 130 亩节水抗旱稻完成播种；组建安吉青才建设工程有限公司，助力乡村公共空间提效，负责上墅乡两山职工之家项目的总体建设及运营。2023 年，安吉县与湖州南太湖新区、宁波高新区、绍兴镜湖新区完成林地占补平衡指标跨县市调剂意向，签约5500亩，实际交易2000亩，交易金额共计4亿元，同年启动林地空间综合治理项目，在杭垓、孝丰、章村、报福4个试点乡镇实施造林项目，累计完成新增造林2万亩，实现生态治理与保护的可持续发展，进一步打通“绿水青山”与“金山银山”双向互通的转化通道。2024年已成功转化文旅融合、闲置资源盘活等项目24个，村集体经济增收2000余万元，解决群众就业岗位2100余个；推进文旅融合、闲置资源盘活、循环经济等项目18个，预计项目建成运营后，年度营收超3亿元，村集体经济增收超1600万元，解决群众就业岗位1800余个。

应用不断迭代　完善运营管理平台，重塑资源入库、县乡两级会商、专家评审等流程，统一资源管控、业态规划等标准化项目管理机制，推动项目平均评估效率提升100%，招商成功率提升70%以上，项目审批周期缩短50%以上，开发周期缩短30%以上。上线“两山助力贷”“碳中和助力贷”等9款金融产品，为生态资源转化提供贷款、抵押、增信等金融保障服务，累计新增绿色信贷授信150亿元，收储入库闲置农房200余套、林地10万余亩。

品牌更加闪亮　2022年形成理论成果27个，接待23个省、168个区县的来访团队。实践做法被列入浙江省推进长三角一体化发展第一批“最佳实践”名单。安吉县作为“两山银行”生态产品价值实现机制改革创新的县级主要申报单位，获浙江省改革突破奖铜奖。

共富成效显著　通过竹林碳汇收储与交易平台，山川乡高家塘等5个村已获得首笔碳汇收储资金108.6万元。竹林碳汇交易所得净收益的80%（7.8万元）也已二次反哺到被收储的村集体手中，用于林道维修、竹林经营、竹产业振兴。累计向村集体和农户发放低利率“碳汇共富贷”3600万元，向购碳企业发放低利率“碳汇惠企贷”1.19亿元。截至2023年12月，安吉县已出让附带生态增值补偿金的土地59宗，筹集生态增值补偿金5.19亿元，其中住宅用地18宗3.2亿元、餐饮旅馆用地 11 宗 0.6 亿元、其他经营性用地 20 宗 1.01 亿元，筹集工业用地生态补偿金 10 宗 0.38 亿元。

二、产业融合型：全链条延伸与业态创新

（一）产业融合构建全产业链价值网络

以生态资源为基础，推动“生态 + 农业”“生态 + 文旅”“生态 + 工业”深度融合，构建全产业链价值网络。

安吉白茶从“一片叶子”“成就一个产业”到“富裕一方百姓”再到“富裕全国好几个地区无数百姓”，实现了从无到有、从优到强的蝶变，已成为助推安吉县富民增收的金名片和湘贵黔三省五县乡村振兴的“金叶子”。近年来，安吉深入推动安吉白茶第一二三产业融合发展和产村融合发展。在推动安吉白茶产业绿色低碳转型上，狠抓“三品

安吉白茶手工炒茶制作技艺非遗大师选树（张卉　摄）

一标”建设，整体推进安吉白茶绿色产地认证工作等，2025 年农产品追溯覆盖率达 99.8%，质量安全监测合格率达 100%，全域建成国家级绿色食品原料（茶叶）标准化生产基地，成功入选农业农村部首批农业绿色发展先行先试支撑体系建设试点县。安吉白茶产业发展离不开标准化、数字化与品牌化的创新结合，也是生态与经济协同发展的生动实践。

（二）产业融合的主要做法

生态种植稳业，强化一产硬实力 一是编制标准化生产技术管理操作手册、生产模式图，组织技术人员把标准化生产技术推广普及到人。编制《安吉白茶标准化生产技术管理操作手册》《安吉白茶无公害标准化生产模式图》等资料，科技结对农户、茶企普及培训科学种茶知识，提高生产管理水平。创新“公司 + 合作社 + 农户”的订单农业模式，统一技术指导和质量监管，实现茶园“一园一证”数字化管理，确保茶叶品质可控。制定《地理标志产品安吉白茶》国家标准及多项地方标准。建成全国绿色食品原料标准化生产基地 17 万亩、国家级标准化示范园 1 个、省级标准园 6 个，获评全国首批“全国茶叶标准化示范县”，获得国家级无公害、绿色（有机）认证，茶企 GPA 良好农业规范认证面积居全国茶叶类首位。二是推进种质资源管理与保护，2022 年安吉县茶种良种化率已达 97.6%。三是以生态优先原则制定标准，鼓励采用退茶还林、间作套种与种养结合等复合型茶园生态，推进茶园生态化建设。

规模加工兴业，提升产业价值链 一是培育龙头企业，引导实施“公司 + 合作社（基地）+ 农户”订单发展模式，推动茶企与茶农建立利益共同体，茶企负责协调小农户在采茶季的用工问题，向农户额外兑现履约奖励，不断提升茶企规模与企业化高标准生产，提高品质，打造白茶企业集群。安吉县加工能力 2 万斤以上的企业新增 22 家，形成“龙头企业 + 合作安吉 + 家庭农场”的联营体系。二是推广普及机械化，大力推进“机器换人”，研制并推广应用符合生产特点的机械和全自动加工装备。安吉县应用采茶机、修剪机等设备 7000 多台，14 家茶厂荣获省级标准化示范名茶厂称号。三是根据不同生产季节研发多茶类产品，开发茶饮料、茶食品、茶日化用品等深加工产品，延伸产业链条，提升产品附加值。

品质品牌强业，护航产业可持续 一是精心构筑产品品质保障的“防火墙”，确保其原产地生态品质，构建原产地质量追溯体系。安吉县茶园首创茶园证、金溯卡、电子茶园、手机 App 云平台等“六合一”智慧管理服务系统，实现追溯、金融结算、信贷等功能；对 390 余家安吉白茶商标授权单位进行编码管理，安吉白茶产品包装实施“四标一码一监制”的溯源管理，保障了安吉白茶从生产到交易再到茶杯的全程跟踪与溯源。二是创新提升品牌管理和品牌宣传，组织茶企、合作社参加茶事活动，增强茶企、茶农的市场主体意识。首创母子商标管理（“安吉白茶”母品牌 +“极白”“宋茗”子品牌），政府统一管理地理标志和防伪标识。三是构建布局合理、错位发展的原产地交易中心，推进“互联网 +”等品牌销售。“中国白茶城”为龙头的大型市场、溪龙“白茶街”等中小型市场兼具。开设“安吉白茶”公用品牌网络销售平台，授权市场主体在天猫平台开设安吉白茶旗舰店。在京东、淘宝等线上销售网店 2000 多个，线上年销售额高达 4 亿多元，实现了产地销售、全国连锁和电子商务并进发展。

休闲旅游活业，催化三产更融合 大力推动茶产业与乡村旅游产业的深度融合，着力打造集观光、体验、休闲为一体的茶旅结合新业态。以安吉白茶文化为主要内容的“绿水青山　旅居安吉”非遗旅游线路成功入选浙江省非遗旅游线路，宋茗茶博园被认定为国家 AAA 级旅游景区，溪龙乡以茶旅融合综合体建设为契机，以“安吉白茶产业 + 文旅”为核心，探索了乡村振兴的新路径。一是以当地相关文化设施如白茶生态博物馆等为主，彰显其历史地位和文化价值。二是每年开展茶文化活动，实现有机融合发展。三是依托生态美丽茶园的特色资源，融合采摘体验、休闲旅游、影视拍摄等同步开发建设，拓展产业价值和特色带动功能。建成白茶祖、涵田度假村、帐篷客酒店等景区；建成一批集采茶、制茶、品茶、购茶及观茶艺、学茶道为一体，以白茶特色为主基调的休闲设施。溪龙乡万亩茶园打造星空茶宴、茶园露营等业态，带动农家乐、民宿等配套产业的发展。推出“三茶荟客厅”品牌，整合茶研学、文化展示等功能，2024 年开展培训 1500 场次，形成“以茶促旅、以旅带茶”的良性循环。

（三）产业融合取得的成效

产业标准化水平明显提高　通过全产业链标准化建设，安吉白茶实现从经验驱动到数据驱动的跨越。安吉县 17 万亩茶园全部纳入绿色食品认证体系，制定国家标准 1 项、省级团体标准 3 项、地方标准 5 项，标准化覆盖率超 90%。数字化管理平台覆盖种植、加工、流通全环节，茶园确权登记率达 100%，消费者扫码追溯响应时间缩短至 3 秒内。标准化体系还助力安吉获评“全国茶叶标准化示范县”，为全国茶产业树立标杆。

产业链不断延伸与增值　白茶产业链从单一种植向“种植—加工—文旅—康养”多维度延伸。大力开发龙头型延伸产品和拳头型衍生爆品，加工环节，智能工厂日产能达 1.2 万斤，产品附加值提升了 40%。以宋茗茶场为例，茶青日产最高达 20 吨，同比增长 100%，人工成本降至原来的 10%。截至目前，已开发白茶啤酒、白茶面膜、白茶含片等衍生产品 50 余个，深加工产值占比达 35%，年产值 3 亿元左右。依托国家现代农业园创建，规划部署了安吉白茶科技创新中心、绿色生产示范区、加工集聚引领区、产业融合示范区“一心三区”，以园区化引领农业现代化，推动安吉白茶产业集群成链。在茶旅融合方面，建成茶博园、民宿村落等文旅项目 30 余个，2024 年接待游客超 200 万人次，综合收入达 13.52 亿元。产业链的延伸使白茶产业总产值从 2021 年的

32 亿元增至 2025 年的 68.45 亿元，增长了 114%。

品牌保护效果不断增强 通过“母子商标”管理模式和防伪溯源系统，安吉白茶品牌侵权案件下降了 70%。2025 年修订的《证明商标使用管理规定》进一步规范了市场秩序，授权企业使用统一包装，减少过度包装成本 30%。区块链技术的应用使每片茶叶拥有数字身份证，消费者扫码即可验证真伪，品牌投诉率下降至 0.5% 以下。利用区块链技术，实现全产业链智慧化监管，完成 1.7 万多户茶农确权登记，精准覆盖全县茶园、140 家农资主体，并“一对一”设立茶园数字身份证，实行“一园一证”管理，品质纠纷率下降了 90%。品牌价值持续增长，从 2010 年的 20.36 亿元增至 2024 年的 54.86 亿元，连续 15 年跻身中国茶叶区域公用品牌价值十强。赋码后每斤安吉白茶的市场价格比普通白茶高 100 元左右。每片茶叶搭载的量子云码，融合了物理防伪与区块链技术，消费者扫码即可查看茶叶的生态认证、农残检测、加工工艺等 128 项核心数据。2024 年，“浙农码”累计赋码量突破 400 万枚，正品销量同比增长 65%，带动茶农人均增收超 1.2 万元。

产业促富效应全面释放 构建了安吉白茶产业的共富新格局。2024 年安吉白茶产值 37.75 亿元，已形成年综合产值 68.45 亿元的全产业链，每年带动安吉县农民人均增收 9960 余元，直接带动就业超 10 万人，30% 的茶园实现“企业 + 农户”订单合作，户均增收 4.2 万元。茶旅融合项目为农村创造民宿管家、研学导师等新职业，带动周边农产品销售超 5000 万元。安吉主动投身东西部协作工程，捐赠白茶苗帮助贫困地区群众脱贫致富，成立了由茶农专家、溪龙乡“茶博士”、中茶所茶叶研究员等组成的白茶技术指导小组。建立“线上 + 线下”双向巡回指导模式，通过实地一对一指导和线上远程一对多培训，对受捐地开展全方位种植养护技术支持。2018 年，溪龙乡黄杜村 20 名农民党员捐赠 1500 万株“白叶 1 号”茶苗，助力贵州、湖南等地的 2028 户贫困户脱贫，目前捐赠茶苗总数已达 2240 万株，实现“一片叶子富八方百姓”的承诺。2025 年，安吉提出打造“百亿产业、百年品牌”目标，计划通过新业态培育进一步拓宽农民增收渠道。

三、数字赋能型：技术驱动生态价值倍增

（一）数字赋能提升生态资源利用效率

应用物联网、区块链、AI 等技术提升生态资源利用效率，培育新质生产力。

竹林碳汇统一收储竹林资源，构建“林权流转—碳汇收储—林地经营—平台交易—收益反哺”的全链闭环管理体系，促进竹林生态和经济正向可持续循环，实现竹林资源量化变现超百亿元。通过金融让利、零碳会议等方式推动 23 家企业或政府部门销售竹林碳汇量 2.5 万吨，并将浙林碳普惠 2.1 万吨碳汇无偿捐赠给杭州亚组委，用于杭州亚运会、亚残运会碳中和。

安吉县深入贯彻落实国家“双碳”目标，立足县域 87 万亩毛竹林资源，把碳汇和浙江高质量发展建设共同富裕示范区相结合，找准生态产品定位，探索生态价值实现路径，创新竹林碳汇改革，推进农民组织方式、经营服务流程、收益分配机制重塑，数字赋能大规模推动碳汇产业化，逐步构建起“资源收储—经营服务—效益增值—平台交易—收益分配”的高效服务体系，带动全县 119 个行政村、4.9 万农户和 17.15 万林农取得长久性收益，促进竹林生态和经济正向可持续循环，让“资源从农民手中来、效益回到农民手中去”，走出一条绿色低碳共富的可持续发展之路。

（二）数字赋能的主要做法

推动资源集聚，强化经营服务　深化竹林“三权分置”制度，遵

循所有权、承包权不变，放活经营权的原则。全国首创“两山合作社”，通过深化林地经营权制度改革，将分散在农户手中的竹林经营权流转至对应村的专业合作社，再由村专业合作社集中流转至县“两山合作社”，统一进行竹林碳汇市场交易管理，从而推动全县竹林经营权向集约化转变，实现竹林碳汇生态资源的规模化经营。截至目前，安吉已组建村毛竹专业合作社 119 家，实现千亩以上竹林行政村全覆盖，累计流转竹林面积 84 万亩。按 0.39 吨/亩的固碳能力测算，年碳汇量可达 33 万吨。通过增强经营活动的科学性和专业化，安吉竹林的增汇潜力显著，固碳能力有望在 2025 年提升至 0.60 吨/亩，年碳汇量可达 52 万吨；在 2030 年进一步提升至 0.80 吨/亩，年碳汇量可达 70 万吨。据估算，安吉竹林碳汇收储交易未来 30 年的远期收益可达 20 亿元，村合作社年均增收 100 万元。

推动效益增值，放大生态增收 一是构建县属“国企 + 合作社 + 金融”的生态价值转化平台。实施百万碳汇、百亿融资、百村振兴、百姓共富“四百工程”，通过绿色金融助力和代理服务，推动生态资源变生态资本，变共富股本金。安吉县两山生态资源资产经营有限公司，是安吉城投集团全资子公司，注册资本 6 亿元，为浙江首个“两山银行”示范基地，统筹安吉县域包括竹林在内的生态资源的整合提升工作。主要定位为生态资源招商平台、生态修复平台、产业融合平台、交易平台、融资担保平台、生态资源管理平台。二是建立竹林碳汇收储平台。成立全国首个县级竹林碳汇收储交易平台——两山竹林碳汇收储交易中心，构建了资源管理、资源收储、经营服务、产品追踪、效益增值、收益分配六大应用场景，形成了“林地流转—碳汇收储—基地经营—平台交易—收益反哺”的全流程开发体系。安吉县探索开展了县内交易和市内跨县交易，累计有 21 家企业（机构）购买竹林碳汇 2.5 万吨，交易额 172 万元，初步建立了区域性的竹林碳汇交易市场。在此基础上，安吉县充分利用金融支持工具，引导金融机构创新推出碳汇惠企贷、碳汇收储贷、碳汇共富贷、毛竹碳汇富余价值恢复补偿保险、竹林碳汇价格指数保险等一系列绿色金融产品，对购碳企业实行金融让利，对固碳林农实行保险托底，促进竹林碳汇供给方、消费方良性循环。安吉县农商银行发放竹林碳汇系列贷款 50 笔，金额共计 2.4 亿元，其中面向村集体发放的“碳汇共富贷”47 笔，金额 1.9 亿元。安吉县政府与国家开发银行等金融机构签订了 115 亿元的竹产业改造升级、碳汇能力提升项目，预计将产生 4.0% 的年化收益率，经济效益显著。

深化利益联结，实现强村富民 建立“运营平台 + 合作社 + 农户”的利益联结分配机制，平台公司将经营利润 70% 反哺给合作社，农民可以获得竹林保底收益、效益增值的 60% 分红及参与项目建设的工资收益，实现拿租金、分股金、挣薪金，村集体可以获得效益增值的 40% 分红，并对全体村民和困难群体进行二次分配或投入村民生工程，最大限度提高农民获得感，扩大受惠面，推进共同富裕。具体而言，一是农户将竹林经营权流转至村专业合作社，获取租金。二是村专业合作社将林权流转金用于共富产业园、共富乡宿等具有稳定收益的经营性项目的入股投资，获取股份收入。三是引导农户就近参与竹林生产和经营管理，获取薪金。山川乡大里村一村民将自家 23 亩毛竹林流转给了村集体，然后村里组织村民在林下种植竹荪、黄精、大球盖菇等经济作物，修建延伸林道，使毛竹林的经济效益增加，每年人均增收 1500 元。另外，村民还可以通过帮助村里砍伐毛竹获得工资性收入。

（三）数字赋能取得的成效

形成了生态资源收储新模式 上线竹林碳汇数智应用，通过资源收储、经营服务功能，校核 11.6 万条权属信息，材料模块化生成 22 项，人脸识别签约 4.75 万户，入股 119 个专业合作社，2025 年将 84 万亩竹林资源（占安吉县毛竹总面积的 97.3%）推向市场，集中统一收储，规模化、标准化经营达 100%，可提供就业岗位 3600 余个，实现每年人均可挣薪金 6 万余元，促进竹林生态和经济正向可持续循环。

探索了生态效益增值新路径 成立了全国首个县级竹林碳汇收储交易平台，绿色金融助力推动资源量化变现超百亿元，投向共富产业园、共富公寓等可增值、有收益的经营性项目，可获得保底年化率 5% 的收益，全面提升竹材分解点 100 个、林道 2000 千米、索道 800 千米，实施竹林增汇工程 70 万亩，实现经营生产成本降低 15%，产品价格提升 6% ~15%，发放共富贷 3600 万元、惠企贷 1.2 亿元，交易碳汇 2.5 万吨 169.1 万元。

构建了生态收益分配新机制 最大限度提高农民受益，直接受益人群达 4.9 万户农户、17.15 万林农，占县域农户的 75%，预计每年可为村均集体增收 100 万元，户均增收 8000 元，真正实现“资源从农民手中来、效益回到农民手中去”，走出了一条绿色低碳共富的可持续发展之路。

四、产业跃升型：创新驱动传统产业绿色转型

（一）产业跃升实现从粗放型到集约型的质态跃升

产业跃升模式通过科技创新、模式创新、制度创新等综合手段，推动传统产业在技术、工艺、组织等方面实现系统性升级，形成绿色低碳循环发展的新质生产力形态，实现从高碳粗放型到绿色集约型的质态跃升。

安吉拥有 100 万亩竹林资源，竹产业是其传统支柱产业。近年来，安吉践行“绿水青山就是金山银山”理念，立足竹子做“竹”文章，全县立竹量、商品竹年产量、竹业年产值、竹制品年出口额、竹业经济综合实力 5 个指标在全国均名列前茅，获批建设中国首个国家级“以竹代塑”应用推广基地。2024 年，安吉县竹产业总产值突破 190 亿元。

安吉通过全竹利用、产业升级、绿色制造、循环经济、碳汇经济等系统性举措，助推竹木供应链、加工链、价值链、消费链、政策链“五链共建”，打造布局合理、配套完善、高效协同的现代化竹产业集群，进一步推动竹产业从传统粗放模式向绿色低碳、高附加值方向转型，形成了“生态产业化、经济绿色化”的可持续发展模式，实现促进生态保护、产业提质和共同富裕协调统一。

（二）产业跃升模式的主要做法

全竹利用 从单一竹竿到全产业链开发。通过技术创新和产业链延伸，实现竹材100%全利用，构建“竹竿做建材、竹梢做工艺品、竹叶提黄酮、竹屑变板材”的循环体系。一是全竹资源开发。安吉开发了竹质结构材、装饰材料、日用品、纤维制品等8大系列3000余种产品，涵盖竹地板、竹凉席、竹餐具、竹纤维纺织品等。例如，竹叶黄酮被提取用于竹饮品，竹梢和竹鞭加工成根雕工艺品，竹屑通过重组技术制成竹炭地板。浙江峰晖竹木制品有限公司利用竹废料生产竹吸管、竹刀叉勺等产品，年消耗竹材50万吨以上，带动毛竹价格上涨至每吨600元以上。二是高附加值产品创新。通过“以竹代塑”战略，安吉开发竹制一次性餐厨用具、竹户外地板、竹纤维纺织品等新型产品，替代传统塑料制品。例如，竹膜袋可降解率达93%，已推广至快递、商超等领域，年销量达200万只。

产业升级 从低端加工到高值化转型。通过政策引导、技术革新和品牌建设，推动竹产业向高端化、智能化、绿色化升级。一是政策支持与标准引领。政府出台《竹产业综合整治提升行动实施方案》，关停低效企业，整合分散产能。天荒坪镇整治144家竹拉丝企业，拆除33台环保不达标锅炉。同时，制定《竹席》国家标准，提升产品质量。二是科技赋能与数字化转型。依托国家竹产业研究院、省级竹产业创新服务综合体，安吉构建“政府引导+企业出题+院校解题”的机制，攻克竹连续化生产设备、竹废弃物循环利用等技术难题。例如，数控自动破竹机通过 AI 技术提升 30% 生产效率。浙江山哥新材料公司与中科院合作研发竹筷精切数控机，减少 20% 竹材损耗。三是品牌与市场拓展。安吉打造“中国竹地板之都”“中国竹纤维名城”等区域品牌，推动竹产品进入国际高端市场。2023 年竹产业出口额达 180 亿元，覆盖 30 余国。

绿色制造 从高耗能到低碳生产。通过技术改造和清洁能源应用，降低竹产业碳排放，构建绿色制造体系。一是清洁生产工艺推广。竹材加工废水循环利用技术，如竹醋液提取后用于竹炭生产，实现废水零排放。竹工机械制造业占据国内 80% 市场，采用节能设备减少能耗。二是碳汇与生态补偿。深化竹林碳汇综合改革，推动毛竹林由粗放分散经营向规模化、集约化、专业化经营转变。全国首创竹林碳汇收储交易平台，完成碳汇交易额超过 5000 万元。流转 84 万亩竹林，建立碳汇计量模型，推动安吉从“卖竹子”向“卖空气”转型。双一村通过碳汇分红实现人均增收 1300 元。三是绿色认证与标准。实施“亩均考核”细则，将碳排放指标纳入企业评价体系，对低碳企业给予政策倾斜。推动竹产品碳标签认证，提升国际竞争力。着力构建“2 + 5 + N”空间布局，强化产业链招商，重点招引“以竹代塑 +”领域优质企业，推动产业向智能化、高端化延伸。

循环经济 从线性消耗到闭环利用。构建“资源—产品—再生资源”循环链条，实现竹产业全生命周期低碳化。一是废弃物资源化。年处理 20 万吨竹加工废料，生产竹屑板、重组竹等产品，产值超 3 亿元。竹炭用于空气净化、土壤改良，形成“竹废料—竹炭—竹醋液”产业链。二是能源替代与减排。浙能生物质热电联产项目年消耗竹废料 30 万吨，替代燃煤发电，年减排二氧化碳 6 万吨。竹纤维制品替代塑料，单件产品碳足迹降低 60% 。三是产业协同与园区整合。建设竹产业初级加工产业园，集中供热、碳化等设施，推动小散企业入园，实现原料统一分解和能源集约利用。杭垓镇竹材初级加工园年节约成本1500万元。

以竹代塑 从传统材料到绿色替代，以“禁塑令”为契机，推动竹制品在多领域替代塑料，形成绿色消费新风尚。作为全国首个“以竹代塑”应用推广基地，安吉先后出台《安吉县鼓励以竹代塑加快推进竹制品创新应用推广实施意见》等全县面上政策和具体领域政策文件，每年支持200万元用于“以竹代塑”应用推广，并用省绿色转化财政激励资金支持开展生态产品价值实现机制研究。一是场景化推广。在住宿、餐饮、文旅等领域推广竹制品，如酒店“六小件”（竹牙刷、竹梳子等）覆盖安吉全县300家民宿，年减少塑料用品350万套。二是政策激励与市场培育。出台《以竹代塑新材料采购奖补办法》，对采购竹制品的企业给予补贴。快递行业通过“专用型号定制”推动竹膜袋全覆盖。三是技术创新支撑。研发竹基新材料，如竹纤维增强复合材料用于汽车内饰，竹塑复合材料替代传统建材，降低碳排放。积极推动竹产业与文旅融合，推出竹酒店、竹民宿、竹露营、竹咖啡、竹探险等新业态。2023年新增的“竹六小件”推广量达20万套、竹桌牌近万个，竹餐具增至6000余套，覆盖酒店民宿近300家，累计减少一次性塑料消耗用品350余万套，为旅游住宿行业节约成本3500余万元；全县68个快递网点实现全生物竹膜袋，快递中转箱循环使用率达90%以上；2023年以来农贸市场共下架置换不合格塑料袋3.2吨，已推广含竹成分全降解袋6.5吨。

（三）产业跃升模式取得的成效

经济效益 2023年，安吉县竹产业总产值达180.28亿元，同比增长8.65%，产品出口至30余个国家；竹产业带动近3万农户就业，人均年收入增加5000元。2024年，成功吸引世贤科技、永裕等一批国内竹产业龙头企业落户安吉，已形成业态丰富、差异共进的竹产业集群。

截至 2025 年 1 月，安吉竹产业规上企业达 41 家，2024 年新增 5 家，成功招引竹产业项目 5 个，总固投 7.5 亿元。

生态效益 截至 2023 年 12 月，安吉县正逐步修复退化竹林 21.95 万亩，竹林碳汇年减排量超 6 万吨，森林覆盖率提升至 70% 以上；建成竹主题民宿 710 家，年旅游收入 11.6 亿元。截至 2024 年 5 月底，累计向 24 家企业或组织出售碳汇 4.6 万吨，交易额达 383.6 万元①。

社会效益 安吉县 119 个村竹林资产均超千万元，造就 38 个亿元村，户均增收 4000 余元。碳汇分红覆盖 17.15 万林农，占县域农户的 75%。2024 年安吉县竹产业从业人员近 3 万人。截至 2025 年 3 月，全县累计发放竹林碳汇分红 4.99 亿元②。

创新突破 安吉县累计申请竹产业专利 2000 余项，开发“以竹代塑”产品 3000 余种，主导制定竹产业国家标准 12 项。在全国率先创新开展竹林碳汇改革，实现了“林地流转—统一经营—碳汇收储—平台交易—收益反哺”的全链条闭环机制。

第四节　安吉“两山”转化的经验与启示

一、理念引领：以系统思维重塑发展观

生态价值转化的核心在于理念革新。其核心理念可概括为“三重

① 安吉以竹代塑 点绿成金 [N]. 浙江日报，2024-08-29.

② 安吉：“以竹代塑”为全球低碳发展贡献中国智慧 [EB/OL]. (2025-03-07) [2025-06-03]. https://www.zeca.ac.cn/h-nd-470.html.

突破”。

战略定力 生态优先的长期主义。安吉摒弃传统“以环境换增长”的路径依赖，确立“生态资产—生态资本—生态经济”的转化逻辑。通过长期否定高污染项目、关停落后产能，形成对“绿水青山”不可替代性的深刻认知。这种定力源于对生态保护与经济发展辩证关系的把握，将生态优势视为不可动摇的长期竞争力，而非短期利益的牺牲品。

系统观念 全域统筹的价值重构。安吉构建“县域大景区”理念，推动城乡空间、产业功能、生态要素的系统性整合。例如，将生态保护红线、环境功能区划与产业布局深度融合，形成“生态—产业—文化”协同发展的闭环。通过“项目级GEP核算”等工具，量化生态资源对调节气候、涵养水源等功能的贡献，为生态价值显性化奠定了基础。

价值重塑 从“资源依赖”到“价值创造”。突破传统资源观，将竹林、水资源、空气等无形生态产品市场化。通过生态权益交易、生态补偿等机制，将生态价值转化为可交易资产，形成“保护者受益、使用者付费”的新逻辑。这种价值重构打破了“生态 = 无偿”的固有认知，实现生态资源向经济资本的质变。

生态价值转化需以战略定力为根基，通过系统化制度设计和价值量化工具，将生态优势转化为可运营的资产，实现从“环境负担”到“经济资本”的动态平衡。

二、制度创新：构建生态价值转化的底层逻辑

通过制度创新打通生态价值实现路径，形成“核算—交易—补偿—保障”的闭环体系。

GEP核算体系 生态资源的数字化确权。制定全国首个《生态系统生产总值（GEP）核算技术规范》，建立县域、乡镇、项目三级核算模型。通过量化生态资源对改善人居环境、调节气候等功能的贡献，为

生态产品交易提供科学依据。该体系覆盖全要素生态资源，实现“资源—资产—资本”的转化路径。

生态权益交易　市场化配置的关键突破。构建多元化生态权益交易市场。在碳汇交易上，建立竹林碳汇收储交易中心，开发碳汇产品，形成“收储—交易—反哺”链条；在水权交易上，对山塘水库用水权确权估值，推动水资源向高效益领域流转；在用地补偿上，在土地出让中征收生态增值金，将生态价值嵌入土地开发成本。

生态补偿制度　利益共享的长效保障。建立“生态保护综合补偿专项资金”，通过财政转移支付、生态项目奖补等方式，激励生态保护行为。同时，对破坏生态的行为实施“惩罚性赔偿”，形成“保护有奖、破坏有罚”的约束机制。

制度创新需围绕生态资源确权、交易规则制定、补偿机制设计三大核心，通过市场化工具将生态价值显性化，构建“谁保护谁受益、谁破坏谁担责”的制度闭环。

三、市场驱动：激活生态要素价值潜能

以市场化手段激活生态资源，形成多元价值实现模式。

平台化运营　资源整合的枢纽作用。成立“两山合作社”作为生态资源运营主体，整合碎片化资源（如闲置农房、林地），通过“统一收储—精准招商—收益反哺”模式转化项目。如收储30年农房使用权，打造“千家乡宿”工程，引入专业运营团队提升资产溢价。

品牌化营销　生态溢价的价值得到释放。在区域公用品牌上，打造“安吉优品汇”整合白茶、竹制品等特色产品，突破地理标志产品低端化困境；在场景化体验上，开发“竹林碳汇研学游”“水土保持科普基地”等业态，将生态资源转化为科普教育、康养旅游等增值产品。

产业融合　价值链的延伸拓展。推动“生态＋科技”“生态＋数

字”融合。竹产业通过数控设备开发了竹吸管、竹膜袋等高附加值产品；数字技术赋能农业全流程溯源，提升产品附加值。

市场化需构建“资源整合—品牌赋能—产业升级”的价值链，通过平台运营提升资源聚合效率，以品牌溢价和场景创新释放生态价值。

长龙山抽水蓄能电站投产发电（张卉　摄）

四、科技赋能：构建绿色低碳技术体系

以科技创新破解生态产业化瓶颈，形成“监测—转化—应用”技术链。

生态监测数字化　搭建全域生态资源数据库，集成卫星遥感、物联网传感器等设备，实时监测竹林碳汇、水质变化等数据。采用数字化手段实现生态资源动态管理，为科学决策提供支撑。

绿色技术攻关　竹材替代：研发竹基复合材料替代传统塑料制品，推动材料革命；循环利用：开发竹纤维餐具自动化生产线，实现资源高效利用；低碳工艺：在工业领域推广蒸汽回收、智能排产等技术，降低单位产值能耗。

数字技术渗透推动产业数字化转型 农业领域，数字茶园覆盖核心产区，通过 AI 病虫害识别提升管理效率；工业领域，椅业企业引入智能排产系统，实现订单响应速度与能耗双优化。

科技赋能需聚焦生态资源监测、绿色技术研发、产业数字化转型三大方向，以技术突破重塑生态产品供给模式。

五、共享机制：实现生态红利普惠分配

通过制度设计确保生态价值全民共享。

利益联结 多元主体共赢建立“企业 + 合作社 + 农户”联结机制，如竹林碳汇收益按“县—乡—村—户”四级分配，农户通过林地流转、劳务参与获得持续收益；乡村旅游项目优先聘用本地村民，实现“家门口就业”。

公共服务均等化 投入财政资金完善城乡基础设施，包括生态博物馆群、公共自行车系统、文化礼堂等，缩小城乡公共服务差距。通过“生态惠民工程”提升居民生活品质。

城乡要素流动 通过“两进两回”政策吸引青年返乡创业，带动新业态发展。如乡村咖啡经济、露营经济等新业态成为就业增长点，促进人口回流与城乡融合。

共享机制需构建“生态补偿 + 就业帮扶 + 资产收益”的分配体系，通过制度保障让生态红利惠及全体居民，实现共同富裕目标。

第五章

乡村运营：村庄苏醒的破局实验

当“绿水青山”的生态画卷徐徐铺展，如何将其蕴含的“金山银山”价值真正激活，转化为乡村全面振兴的澎湃动能，成为安吉县实践“两山”理念的关键命题。“乡村运营”这一创新理念与实践路径，开启了“沉睡”村庄的活力之门。安吉县意义深远的“破局实验”——乡村运营，不仅是“千万工程”美丽成果的深化与升级，更是推动乡村从“一时美”走向“持久兴”、从“建设好”迈向“经营活”的战略转型。了解乡村运营应运而生的时代背景，总结安吉乡村运营的做法与显著成效，提炼独具安吉特色的典型模式，最终凝练出具有借鉴意义的宝贵经验启示，为全国实现乡村全面振兴提供宝贵的启示。

第一节　乡村运营的发展背景

一、“千万工程”推进美丽乡村建设

2003 年，时任浙江省委书记习近平同志亲自启动“千万工程”，系统推进浙江省美丽乡村建设及乡村全面振兴。该工程以农村人居环境整治为切入点，推动城市基础设施、公共服务与现代文明向农村全面延伸，走出了以城带乡到城乡一体再到城乡融合的高质量发展新路子。

“千万工程”有序推进，美丽乡村建设成果日益显现，但同时也出现一些新问题。随着美丽乡村建设不断推进，大部分的浙江乡村已经具备了较好的硬件条件，完成了将资源逐步开发，并沉淀为乡村资产的过程。但美中仍有不足：一是资金投入过度依赖政府财政，产业人才匮乏，造血能力不足，存在“重输血、轻造血”现象；二是美丽的环境没有高效转化为美丽经济，强村富民缺少有力抓手，有“颜值”缺“价值”；三是乡村定位模糊，缺乏个性，千村一面。

二、村庄经营的提出

浙江省是最早创新采用村庄经营概念的省份。2006 年，习近平同志提出“统筹推进村庄整治与经营”的理念。近 20 年来，浙江遵循“统筹村庄整治与经营、协同推进村貌改善与生产富民”的理念，立足不同发展阶段实际，逐步实现工作重心由侧重“乡村建设”向“建设与经营并重”转变，并持续提升“乡村经营”的比重和水平。这一演进推动“千万工程”从以美丽乡村建设为主导向以乡村经营为主导深化，引领工程内涵不断拓展升级，有效打通了“绿水青山”向“金山银山”的价值转化通道，让更多的村庄成为充满生机活力和特色魅力的富丽乡村。

三、乡村运营推动乡村全面振兴

要解决美丽乡村建设与乡村全面振兴中存在的问题，必须依靠乡村运营。乡村运营是以市场经济的方式，对乡村有形和无形资产、内部和外部资源要素进行有效整合、重组、配置的一种经济活动。乡村运营的核心是经营，乡村运营的对象是乡村。

从中国美丽乡村发源地，到美丽乡村建设标准的输出地，再到美丽乡村的领跑地，安吉乡村的发展历程每一步都具有引领性。然而，其美丽乡村建设阶段也曾面临转型困惑：如何实现从建设向经营的有效跨越，培育乡村产业新业态与新模式，并以此提升乡村价值、农业效益及农民收入。经过多年的持续努力，安吉县已经完成了美丽乡村建设的全域覆盖，美丽乡村建成后，通过长效运维机制，初期的建设成效得以延续甚至提升。但是在建设过程中也存在着一定程度的村庄建设同质化问题：建设资金以政府财政投入为主，产业发展缺少人才支撑，美丽风景转化为美丽经济的路径相对单一，成效也不太明显。如何实现乡村“自我造血”能力，确保美丽乡村建设的可持续性与活力，就需要考虑如何通过有效运营，让美丽乡村建设过程中形成的资源、资产发挥持续产出的经济效益。

四、安吉县乡村运营取得的成就

2008 年初，安吉县委、县政府正式确立了建设“中国美丽乡村”目标，规划以 10 年为期，推动全县行政村建成“村村优美、家家创业、处处和谐、人人幸福”的美丽乡村。2008—2012 年，安吉县开展了首轮美丽乡村创建，全县 187 个行政村中，成功完成 179 个行政村的美丽乡村建设任务。2012 年底，安吉县 187 个行政村已实现美丽乡村建设全域覆盖。10 年间，安吉县累计吸引了逾 180 亿元社会工商资本投入，但半数以上集中在 29 个精品示范村，多数村庄仍缺乏差异化产业项目，即使在关注度极高的鲁家、余村等地，也存在“强村”产业不够强、“富民”产业不够富等问题。例如余村在关停矿山开采和水泥生产产业后，当时还没有很有效的手段将集聚的人流转化为村集体经济增收和村民致富的源泉。

余村农田向日葵田地

村庄经营是一项系统工程。安吉县立足产业根基，以壮大集体经济、促进村民共同富裕为目标，将美丽乡村建设推向更高发展阶段。安吉县早在 2008 年就开始对全域乡镇进行了村镇产业布局和经营试点，此后出台了《安吉县经营乡村行动计划（2010—2012）》等相关激励政策，搭建起了“县为主导、乡镇为主体、村为基础”的三级经营体系，挖掘村庄特色资源，盘活集体闲置资产，大力发展乡村旅游、休闲体验、物业经济和文创产业等业态，建成了一批旅游大镇、工业强村、文化名村，打造了一批村庄经营示范典型。

2021 年 4 月，安吉县在总结多年美丽经济发展经验的基础上，开始探索乡村运营发展模式。坚持以经营为核心驱动力，推动景观资源产业化，将生态优势转化为绿色经济发展资本。立足区域特质，实施乡村运营，针对全县 187 个行政村的不同禀赋，在策划、设计、建设、经营各环节实施差异化策略。

2022 年，安吉县启动全域分级乡村运营战略，旨在以运营为引擎，牵引乡村建设与治理水平的整体跃升。安吉县计划在四年内力争完成双“十百千万”目标，即打造十个美丽乡村振兴示范区、百个振兴示范村、千个示范点、万个示范岗，吸引十家中字头国企、百名乡村运营师、千名农创客、十万名“云村民”深度参与乡村经营，培育乡村车间、农业工厂、乡创集群、乡宿集群、乡旅集群等特色产业载体。安吉县致力于构建鲜明的乡村产业集群与运营样板，力争成为全国、全域高水平乡村运营的示范区与引领区。

为加快推进全域乡村运营、推动乡村全面振兴，有效探索中国式现代化乡村安吉路径，2023 年，安吉县委、安吉县人民政府发布《关于全域提升乡村能级 全面推进乡村振兴 探索中国式乡村现代化安吉路径的实施意见》，安吉县人民政府办公室发布《关于支持全域乡村运营的若干政策意见（试行）》，一系列政策文件的出台，明确了乡村运营的适用对象、建设投资主体、金融保障和对象奖励等内容，推动乡村能级提档升级，促进乡村“产业、人才、运营”三大革命新跃升。

安吉县积极构建“一三五”目标体系，全力打造“一县三地五区”：“一”是聚焦“一大示范”总体目标，高水平建设中国式乡村现代化示范县，对标品质化、现代化、国际化，高质量打造升级版美丽中国展示窗口；“三”是加快产业质量、人才动力、运营效率三大革命系统集成，推动安吉从“两山”理念诞生地、美丽乡村发源地、绿色发展先行地跃升成为乡村振兴样板地、乡村创业首选地、全域运营策源地；“五”是打造诗意栖居标杆区、城乡均衡样板区、共同富裕先行区、乡风文明引领区、幸福和美示范区。

经过多年的持续努力，安吉县的美丽乡村建设已从单纯的建设阶段转向注重经营的发展阶段。以余村、黄杜村、鲁家村等为代表的成功实践经验已在全国推广，为各地推动绿色发展提供了行动指南。同时，安吉县通过推行“两入股三收益”模式（即资源入股、资产入股，农民获得租金、薪金与股金收益），有力促进了乡村产业新业态、新模式的蓬勃发展，显著提升了乡村整体价值、农业综合效益及农民收入水平。

第二节 乡村运营的做法与成效

一、以系统思维做好顶层设计打造政策优势

为扎实推动全域乡村运营，安吉有针对性地制定了《关于支持全域乡村运营的若干政策意见》。对于运营商担心“地”的问题，政策明确安吉每年安排不少于10%的建设用地指标，重点保障乡村产业发展用地；运营商担心“钱”的问题，安吉针对运营项目的不同发展阶段，设置了项目落地奖、运营前置奖励、项目投入奖励、超收分成奖励和优秀运营团队白名单，并强化银团合作设立乡村运营专项贷款。符合要求的运营主体有50万元落地奖、超规定营收部分的现金奖等“真金白银”的补贴，大大降低了运营商的运营成本。

在已有政策文件的基础上，安吉县制订了全域乡村运营政策实施细则、项目管理办法等，让运营商们对政策如何落地一目了然、一清二楚。精心编制安吉乡村推介手册，系统推介以“花”为特色的山河村、

以“景”为特色的大溪村、以“水”为特色的新丰村、以“茶”为特色的溪龙村、以“溪”为特色的景溪村、以“石”为特色的深溪村、以“孝文化”为特色的孝源街道以及天子湖镇的“一山一湖”等极具安吉辨识度的乡村运营点位。

针对乡村运营中运营团队有资源但是缺资金、国有企业有资金但运营不专业、项目盈利却未实现强村富民的共性问题，安吉创新了“国资投建 + 民企运营 + 利益联结”的乡村运营和建投机制。“国资投建 + 民企运营 + 利益联结”即国资平台公司承担投资主体责任，专业的乡村运营团队成为乡村运营管理的主体，强村富民公司通过代建或建设并出售运营所需的增量固定资产等方式获得收益，推动了运营机制由村级主导向市场主体转型、建投机制从财政投入向社会投资转变、价值实现机制从有形资源向有效资产转化。

安吉县制定村运营商能级评价指标体系，发布《安吉乡村运营商全国招募令》，择优选录 50 余家优秀运营团队入库。

从 2022 年开始，安吉创新实施“千家乡宿”工程，集中收储闲置农房（宅基地）30 年使用权，集中优秀设计运营团队前置介入，集中建设、打造、展现乡村美学的浙派民居新样板，用 3 年时间新建、改建、提升乡宿 1000 套以上，项目整体投资超 30 亿元。

二、以片区组团式运营乡村迭代升级“千万工程”

安吉县加速和美乡村、未来乡村片区化组团式发展，成立了大余村、黄浦江源、临港绿水经济带三大组团，2023 年建成省级未来乡村 7 个，和美乡村年度投资完成率 162%。

因为地理区域相邻、资源禀赋相近、产业特色相似、文化传统相融的 3 个镇抱成一团、形成片区，背后还有着更多的聚合。在推进乡村全面振兴的路上，安吉县创新实施片区组团发展，形成了大余村、黄浦江源、临港绿水经济带三大片区。和传统意义上的“大镇带小乡”不一样，三大片区按照“乡镇 + 平台 + 国企”的架构，实行规划、建设、产业、保障、督考“五统一”，用体制机制的调整优化来聚合力量、推动蝶变。

仅用 1 年多的时间，黄浦江源片区就招引了云上龙王山 · 高山全季旅游综合体等 10 多个户外赛事实体项目，并以赛事为媒迅速在户外运动领域出圈，带动 3 个乡镇旅游业增收超 35%。以小余村为核心的聚合，诞生了“余村全球合伙人计划”，天南海北的年轻人背着包来到余村，或创新创业，或自我探索，把这里变成了人生舞台。天荒坪、山川、上墅 3 个乡镇聚合在一起的能量，从一条云上天路、云上索道就可窥一斑，这条“走廊”让余村顶级 IP 与冰雪经济的流量串联起来、得以共享，并由此催生出更多的可能。

安吉县全方位推动“千万工程”再出发、再深化、再提升，被评为 2023 年度浙江省深化新时代“千万工程”建设宜居宜业和美乡村（农村人居环境提升）工作优胜县。

安吉县创新发布乡村能级指数、开展全域乡村运营，2023 年首批 16 个全域乡村运营村新建乡村运营项目 93 个，吸引社会资本 23 亿元；发布乡村运营商全国招募令，招引优秀乡村运营团队 10 个，7 个村启动试运营。

三、强化利益联结机制推进乡村集成改革

运营商在进入乡村的过程中，还面临着资源要素不通、利益联结不畅的难题，安吉县通过大力推进乡村集成改革实现破局。例如创新“两入股三收益”的农民利益联结机制，即鼓励农民通过资产、资源入股，实现分股金、拿租金、挣薪金；创新“两退出三保障”的土地要素盘活机制，即引导农村宅基地暂时性退出、永久性退出，并充分保障

其住房、养老、教育权益，从而有效盘活、利用农村宅基地。值得一提的是，安吉县还不断完善乡村产权制度，给投资者吃下产权定心丸，对产权清晰的乡村资源、资产核发所有权证，对产权不完整的资源、资产，创新开展使用权证确权。

“两入股三收益”是驱动农民财产性增收和壮大农村集体经济的关键路径。该机制不仅是落实浙江省委巡视反馈关于村集体经济增收短板整改要求的核心举措，更是破解城乡发展差距、推动共同富裕进程的重要突破口。“两入股三收益”实施流程涵盖四个核心环节：第一步是摸清“家底”，开展清产核资与权属明晰，即全面核查各行政村的自然资源、产业资源与社会资源存量，厘清经营权与使用权归属，并依法将集体建设用地经营权、宅基地使用权等关键要素流转至村级股份经济合作社或专业合作社；第二步是进行资产量化与价值评估，对整合的资源、资产进行科学核算，形成统一的乡村集体资产总量价值；第三步是推行精准招商与高效转化，重点遴选市场前景广阔、产业基础扎实、联农带农效应显著的优质项目，促进生态资源向经济社会价值高效转化；第四步是通过股份合作与利益联结，引入市场主体入股，确立科学分配方案，构建“企业+村集体+农民”三方共建共享的发展共同体。

鲁家村坐落于安吉县递铺镇，是首批国家级田园综合体项目与中国美丽乡村示范区的璀璨明珠。这片占地16.7平方千米的土地上，常住人口近2300人，与县城仅相距5千米。曾经的鲁家村是一个默默无闻、贫穷落后的小山村，但经过6年的乡村振兴实践，村集体资产从30万元奇迹般地增长到2亿元，成功蜕变为全国乡村振兴的标杆。鲁家村采用创新的“公司+村集体+家庭农场”模式，由村委会引领，携手旅游公司共同组建经营实体，其中村集体持股49%，旅游公司持股51%，同时引入18家各具特色的家庭农场自主经营。双方共同投资，建设旅游配套设施，实行统一规划、统一平台、统一品牌，将鲁家村打造成为集农业、牧业、景观于一体的美丽乡村田园综合体，向世界展示其独特魅力。村集体经济年收入从 2011 年的 1.8 万元增长至 2024 年的 690 万元，村民人均纯收入增至 5.2 万元。

2024 年，安吉县 187 个行政村实现“美丽乡村”全覆盖，按照文旅村、产业村、生态村等定位，实现特色化、差异化发展。村集体经济经营性收入超过 100 万元的行政村实现全覆盖，成功获得浙江省乡村振兴领域最高荣誉“神农鼎”。2024 年，安吉县农村居民人均可支配收入达 4.8 万元，城乡收入比为 1.65:1，居全国领先水平。

四、拓宽生态价值转化渠道促进乡村产业振兴

良好的生态环境蕴含着无穷的经济价值。在探索生态产品价值实现这条路上，安吉县依托得天独厚的生态资源，聚焦山、水、林、田、湖、矿等要素，持续推进集成式改革，推动生态“高颜值”源源不断地转化为经济“高价值”。

2024 年 3 月 28 日，全国水土保持生态产品价值转化首单签约落地，开启了安吉“点水成金”的转化路径。安吉县在全国首创水土保持生态产品价值转化改革，把水源涵养、气候调节、水环境净化等水土保持产生的看不见的生态价值变现落地，探索出了生态优势转化为经济效益的又一条路径。聚焦水土保持生态产品领域，初步形成了政府主导、企业和社会各界参与，市场化运作的水土保持生态产品价值实现机制。经过核算，安吉县 38 个小流域的生态产品价值达到 33.2 亿元。安吉县共完成水生态产品经营权交易 10 单，交易额达 3.5 亿元。

在浙江省率先开展“两山合作社”（两山银行）改革试点，构建了富有安吉特色的生态产品价值实现机制；作为浙江省“用水权和激励性水价”改革试点县，创新启动农村集体山塘水库用水权改革，实现了水资源高质量转化……安吉正不断探索生态产品价值转化的多元化模式，推动乡村建设向“生态美富”转变，让“生态高地、经济低地”

变成“生态＋经济”双高地。

山川乡大里村的瀑布咖啡（巴厘岛版）是安吉地质生态产品价值转化试点之一。项目依托大里五级瀑布这一地质文化服务产品，打造了瀑布咖啡网红打卡点。瀑布配咖啡，从2023年开始一直大火，日均游客过千，2024年实现营收千万元，村集体分红50多万元。

2024年，安吉森林覆盖率达72%，空气质量优良率98%；$PM_{2.5}$、空气优良率排名稳居湖州市第一。绿色家居产业获省“415X”产业集群专项激励，成功入围联合国绿色低碳发展国际合作成果示范区。

安吉白茶种植面积超20万亩，品牌价值达50亿元；竹林鸡产业年产值超10亿元。2024年，安吉接待游客3402.1万人次，实现旅游总收入475.6亿元，连续6年蝉联“全国县域旅游综合实力百强县”第一。余村成功打造国家4A级景区，2024年接待游客超150万人次，旅游收入突破5亿元。

五、以“青年入乡”带动乡村人才振兴

安吉县把“招引十万青年大学生”作为第一战略目标，把“青创活县”作为第四大发展战略，倾力打造“青年入乡首选地”金名片，青年入乡发展“安吉经验”获得全省推广。安吉立足生态环境优势，坚持“青创活县”，大力实施青年入乡发展行动，积极引育“含金量”“含新量”“含绿量”高的乡村产业，推动农文旅创新融合。随着大批青年来村“施展拳脚”，村音、村咖、露营等休闲业态已呈蓬勃发展之势。安吉还成立了青创学院，为青年人才提供创新创业全方位培训，打造人才培养基地。

安吉县发布了《青年入乡发展规范》，把多年来支持青年入乡发展的经验、举措总结形成标准，为青年入乡提供清晰指引和全方位保障。围绕招引十万青年大学生第一战略目标，建设“来安有岗，就业有助，

工作有伴，共有住房”的全方位人才保障体系；系统构筑“城、区、园（楼）”梯度青创空间体系，累计建成青创场地 25 万平方米；创新开展“两山杯”全国大学生乡村振兴创新创意创业大赛，完善“全球合伙人”计划、青来集、“DNA”数字游民公社等人才集聚平台。

大余村生态文化圈“青年集市”

目前，余村“全球合伙人计划”已吸引 60 余家合伙人项目落地入驻，吸引青年人才 2500 人左右，溪龙“DNA”数字游民公社集聚吸引 400 余名高技能、高学历、高收入的数字游民来安吉创业创新。通过制定乡村运营商能级评价指标体系，举办乡村运营招商“相亲会”等，为安吉乡村择优选录优秀运营团队。

安吉县先后落地青创项目 617 个，培训乡村主理人 5200 人次，吸引 2.3 万名大学生来安吉实习，3 年累计引进青年人才 5.1 万人。2024 年新引进青创项目 390 个、青年大学生及各类人才 1.1 万人。

2022 年 7 月，余村推出“全球合伙人”计划，向全球青年人才抛出橄榄枝，吸引了来自各地的青年。他们有的带着项目，有的带着资金，把“青年力”注入余村这片热土。相关运营团队入驻余村后，和当地政府打造了青来集社区，积极参与村里各类青年共创计划，运营了梦想大会、大自然工位、“云村民”等 IP，先后吸引了 30 多个合伙人项目落地，带动村里 300 多个就业岗位。余村“全球合伙人”计划推出后，“以伙引伙”的方式让 1000 多名青年人才来到村里，把奇思妙想变成国漫咖啡馆、骑行俱乐部、24 小时便利店、乡音小酒馆等乡村新业态。他们用生态理念重塑农业，为乡村振兴注入了可持续的智力活水。至 2024 年，60 余个合伙人项目落地余村，1200 多名大学生参与其中，“新乡人”的比例首次超过了“原乡人”。

第三节　乡村运营的典型模式

一、村企共建带动乡村运营模式

（一）“深蓝计划”的实施

安吉县梅溪镇红庙村与引入的大学生团队合作成立安吉深蓝旅游发展有限公司，通过“两入股三收益”的方式建立利益联结机制，加速盘活闲置矿坑资源，将废弃矿坑打造成为网红打卡点，推动了生态环境提质和周边群众增收。在利益联结机制模式设计中，大学生团队占股 51%，村民占股 29%，村级强村公司占股 20%，大学生团队负责运营，村集体拿固定收益，村民股东、强村公司拿股金收益，其余村民拿土地租金和薪金收益。项目初始投资 300 万元，村民和村集体以资源、资金入股达 49%，为村集体增收 200 多万元。

始于安吉县梅溪镇红庙村的“深蓝计划”，是由一个大学生团队负责的废弃矿坑改造计划——沿着爱心形状的矿坑湖改建出咖啡馆、观景平台和露营地。这座废弃 10 余年的矿坑，曾是非法倾倒建筑垃圾的堆场，周围居民叫苦不迭。红庙村实施矿坑生态修复，创新体制机制，深化“两入股三收益”模式，引入青年团队改造矿坑为露营地，村集体以土地入股，村民参与服务岗，促进生态产品提质和价值转化，促进共同富裕。如今，红庙村心形的矿坑深 108 米，被雨水填满，呈现深蓝颜色，被网友誉为“小冰岛”，成为网红打卡点。“深蓝计划”自 2022 年 5 月 1 日实施以来，游客突破 100 万人次。2023 年接待游客 70 余万人次，营收 3000 余万元，日最高接待量破万人次，点燃了乡村流量经济的新引擎。

（二）“深蓝计划”的做法

微改精提、推动好环境催生新业态 结合“微改造、精提升”行动，探索村级闲置资源提质增效路径，红庙村先后投入 900 余万元修复废弃露天矿山 5 座、土地面积 500 余亩，改造村集体闲置废旧房屋 20 余幢，新建观景平台、网红墙、露营地等基础设施，整合稻田、果园等乡村资源，打造汇集咖啡、露营、集市及采摘等多种休闲业态的“深蓝计划”。

精耕细作、推动新业态吸引好经济 坚持将绿色发展理念融入项目引推全过程，严格把关项目准入，以特色生态资源和流量热度招引匹配项目，把废弃矿坑改造成了乡村咖啡馆，契合网红经济、打卡经济，引入矿坑度假酒店、星河下森林星空露营运营团队、美维生态循环农业综合体项目，积极拓展休闲场景，延长消费链条。

抱团联动、推动好经济创造新未来 围绕西苕溪绿水经济带建设，联动周边 4 个村域，形成“红庙矿坑蓝、章湾杉林红、荆湾水乡绿、小溪口稻田黄、甲子工业橙”的“五彩共富圈”，串联钱坑桥村古银杏公园、安吉一中老校址、梅溪老电厂等区块，通过“深蓝模式输出”打造精品观光带。

（三）“深蓝计划”的实施成效

打造“村企共建”实践路径，促进村民就业增收 红庙村通过“深蓝计划”，创新村企合作、文旅产业转型升级、强村富民增收等模式，为当地部分剩余劳动力提供门槛较低的就业机会，带动周边产业发展，促进当地社会和谐稳定。截至2024年底，“深蓝计划”累计接待游客50余万人次，营收2900万元，为村集体带来营收300余万元。矿坑度假酒店、露营基地、美维综合体项目建成运营后，村集体每年再增收135万元，带动约300个剩余劳动力就业。

打造乡村振兴的人才“蓄水池”，拓展返乡人才就业途径 红庙村放弃工商资本，选择与大学生创业团队共同成立“安吉深蓝旅游发展有限公司”。其运营团队成员多是“95后”的大学生。随着“深蓝计划”的火爆，大学生创业团队成员从7人增加到28人，吸引创业人员51人。如今“深蓝计划”工会也为其他从业青年提供帮助，建立了青年人才活动之家，交流创业经验，寻求合作机会，服务更多青年人才。

打造绿色低碳共富的新路径，提供乡村发展的安吉范本 “深蓝计划”的成功，打开了地方发展的思路，也为其他地区的发展提供了可供参考的范本。通过聘请专业的摄影师为游客摄影，一方面安排专人将这些美丽的风景照片发布到小红书、抖音等流量平台；另一方面利用游客的朋友圈晒图，产生辐射效应，“深蓝计划”成了抖音、小红书的热搜打卡地。

二、生态引领驱动乡村运营模式

（一）原生态山水资源修复和转化

夏阳村位于安吉县孝丰镇，毗邻赋石水库，青山环抱，绿水穿流，环境优美，水资源丰富。夏阳村曾是个典型的偏远空心村，村民收入以外出务工及种植业为主，村集体经营性收入依赖卖资源。

2020 年新的村“两委”班子上任后，积极探索“重资源、轻资产”的发展道路，注重原生态山水资源修复，有针对性地进行转化，尽可能减少人为打造痕迹。依托优美自然风光，大力发展露营经济，吸引多家户外品牌及小红书等公司联合运营开发，盘活水资源，吸引大量游客，其优美的环境被称为“小瑞士”“小伊犁”。

村集体成立了安吉山里人乡村旅游开发有限公司，公司化运作发展露营产业，以“保底租金 + 流水分成”的模式，盘活村闲置土地和房屋，开发营地配套设施。同时，打造“小杭坑”品牌，成功吸引小红书、携程等头部公司开展合作，“小杭坑露营地”成为业界顶流营地。

通过成立赤夏赋公司，整合周边 3 个村资源（夏阳、赋石、赤坞）打造露营品牌，引入在线旅游代理商（OTA）平台，实行“保底租金 + 流水分成”模式。以市场思维运营美丽乡村，借助良好的山水环境，大力发展露营产业，就此以“一顶帐篷”一炮走红。短短两年，夏阳村跃升为远近闻名的网红村，村集体经营性收入从 67 万元增长到 320 万元，增长了近 5 倍。2023 年，村集体经营性收入达到 175 万元，村民人均增收超 2. 5 万元。新增就业岗位 45 个，低收入群体全覆盖。

（二）生态引领驱动乡村运营的主要做法

把握时代脉搏打造网红文旅产品　在互联网大浪潮中，夏阳村成功抢抓了难得的文旅发展机遇。2022 年 6 月联合互联网平台小红书成立了乡村振兴社会型企业，借助小红书平台的内容创新和运营管理能力，将小杭坑营地共同打造成以“露营 + 户外运动”新生活方式为代表的线下精品度假地。夏阳村在小红书上用自然村小杭坑的名字注册了账号：小杭坑掌柜，通过亮文案、晒风景吸引了大批露营爱好者打卡。很快一些企业、影视剧组主动上门租“风景”拍摄，一天租金几万元，让大家尝到了水环境保护带来的甜头。村里投建了2个滨水露营地，利用抖音等互联网平台宣传夏阳美景，一个月浏览量突破10万次，有1.5万人前来打卡。在互联网加持下，夏阳村一跃成为长三角闻名的“网红村”，自项目创立以来，已累计创收近2000万元，2024年累计接待游客20余万人。

创新促进村民就业实现共同富裕 如何留出空间、创造空间，让老百姓充分参与创业创富，一同分享发展成果，是乡村运营的重要内容。夏阳村通过“屋顶盒子”项目的顺利推进，让老百姓支持村庄治理，与村庄共生共荣，建立良性互动关系。村里提出由村民以闲置空间入股，村集体出资将农户房屋“削顶”，加盖一层做民宿，形成片区串起来后，就如同“空中走廊”，最终交由一家民宿订单渠道的头部企业运营。农户除了每年获得1.25万元的保底租金，还参与民宿经营，实行利益共享。村里还为60岁以上的40位老人提供了返聘机会，许多老人都通过培训学会了做咖啡、煎牛排、插花等新手艺，也能够通过这些新的技能获得新的收入。

整合资源联创夯实发展基底 围绕水库生态环境，村里还与安徽3个村开展毗邻党建，建立跨省域流域生态保护补偿机制，上下游一起提升基础设施、改善水环境。打破行政疆域，从产业出发，夏阳村走出村社，主动和周边的赋石村、赤坞村开展党建联建，组建强村富民公司，共同经营水旅融合户外综合体等项目；走出乡镇，与水投集团深度合作，盘活开发滨水资产；走出安吉，与长兴吕虹村签约党建联建，互相帮扶、共同致富；走出湖州，与中国美术学院联建，实施青年小户提升计划，通过微改精提，提升夏阳小铺的规格品质。

（三）生态引领驱动乡村运营的建设成效

创新乡村生态产品价值转换新模式 村集体以资源资产入股，村班子“退居幕后”，重点做配套优服务，小红书平台则负责专业运营。通过“保底租金 + 流水分成 + 服务经费”的方式，双方形成利益共同体。夏阳村采用了“保底租金 + 流水分成”的创新模式，成功激活了村里的闲置土地和房屋资源，并推动了配套设施的开发。通过“微改造精提升”策略，使老旧农房焕发新颜，同时保护了水杉林的复苏。夏阳村目前已经开发出 8 个各具特色的营地，包括“森林”和“房车”等主题，总面积近 200 亩。同时，夏阳村还与上海光源、爱路客等知名户外露营品牌合作，共同开发运营。村里配备了 95 套专业的户外精致露营装备供游客租借使用，每顶帐篷的平均收费为 800 多元。

打造乡村文旅产业绿色低碳发展新路径 在营地搭建过程中，建设团队最大程度地尊重原有场地风貌，选用绿色原料，尽可能减少一次性用品对环境的污染。营地还携手知名建筑工作室，打造了低碳可持续的帐篷建筑，将绿色环保、生态共栖的理念贯彻始终。而这些努力，不仅为村子赢得了荣誉，还吸引了大量游客前来，为村民带来源源不断的实际收入，达成旅游经济与村民生活的双重可持续发展。2023 年 9 月，小杭坑营地成功获得了中国质量认证中心认证的碳中和证书，成为国内首个获此殊荣的碳中和营地。

构建乡村共同富裕有效实现新机制 “群雁”回乡，搭建平均年龄达 30. 8 岁的湖州最年轻村“两委”班子，增强村级集体组织活力。村班子带头示范，积极发展露营新经济，在互联网平台自我营销，吸引服装品牌、汽车商慕名而来“租风景”商拍，陆续开发了 9 个营地。小红书平台则负责专业运营，整合资源，引入市场主体，丰富业态内容。推进“屋顶盒子”项目、实施银龄就业工程等具体举措，促进小农户和现代新经济有效衔接，促进高质量共同富裕。

“线上 + 线下”双轮驱动吸引青年入乡 依托优质山水自然资源，探索推动线上头部企业与线下场景联动，创新建立连接城市和乡村的线下体验中心，以线上流量、技术撬动线下增长潜力，推动互联网头部企业用数字技术为线下经济“硬核”赋能。如孝丰镇夏阳村借助赋石水库自然禀赋，打造露营业界顶流营地，成功吸引小红书总部、携程露营培训学院等 OTA 头部公司项目落户，通过推动流量裂变导入，吸引 7 家知名户外露营品牌及运营公司和一批创业青年团队入驻，打造乡村数字经济新业态。

三、品牌建设实现乡村运营模式

（一）“春风 · 白杨”品牌建设美丽乡村

白杨村位于安吉县孝丰镇，是一个宁静而美丽的村庄，仅有 2000 余人口。村庄房屋错落有致，毛竹山、茶园、稻田自成一景，溪、塘、水、花交相辉映，森林覆盖率达到 74.19%，是名副其实的“天然氧吧”。白杨村通过打造“春风 · 白杨”乡村振兴品牌，深耕“旅游 + 民宿”和“旅游 + 研学”，让生态环境“变现”，绘就了一幅幸福和美的乡村画卷。

白杨村以企业化经营的方式运营民宿，线上联动携程、小红书、抖音等平台，线下积极与旅行社开展合作，深入挖掘本地文化，形成村庄 IP，打造“春风 · 白杨”乡村旅游品牌。同时，通过农村土地综合整治、闲置农房租赁等方式盘活闲置资源，由村集体成立公司统一规划、统一管理、统一经营，打造共建、共享、共富的乡村旅游生态。

2021 年 5 月，白杨村组建成立了强村富民全资子公司——安吉白兰坞农林开发有限公司，专注于“旅游 + N”模式的发展，其业务涵盖了生态农业、高端民宿、精品乡宿以及青少年研学等多个领域，这些新兴产业的发展为白杨村的可持续发展奠定了坚实基础。白杨村与多个专业团队合作，推出了以农业、美学为主题的研学旅游项目。此外，村里还引入了帐篷露营和野奢住宿，为游客提供了别样的体验。积极打造“春风 · 白杨”乡村品牌，丰富经营业态，使村集体收入从 56

万元飙升至 150 万元，走出了一条独具特色的乡村振兴之路。2022—2024 年，村集体经营性收入从 300 万元跃升至 600 万元，村民年均收入从 4.5 万元增至 5.6 万元。成功入选浙江省第二批 278 个未来乡村创建名单。

（二）“春风·白杨”品牌的主要做法

准确目标定位精心打造富民产业体系　白杨村的发展，并非杂乱无章，而是在做好顶层设计后，逐步落实。白杨村生态优势得天独厚，几经考察、商定后，白杨村创建“春风·白杨”品牌，深耕“旅游+民宿”和“旅游+研学”，决心让生态环境“变现”。成立于 2021 年 5 月的安吉白兰坞农林开发有限公司是村股份经济合作社全资设立的子公司，公司业务分为农业、民宿、研学、露营四大板块，每个板块都由职业经理人进行管理。依托全村本土化、原生态休闲文旅产业发展定位，深挖生态禀赋，引入春风谷、BY366 火星营地等文旅项目，闲置农房变身精品民宿、荒芜山地化作体验乐园，“寂静山村”变身“网红打卡地”。白杨村整体业态经济突破 5000 万元，净利润达 1500 万元，实现“资源变资产、乡村变景区”的华丽蝶变，走出一条“以景带村、以业富民”的新路径。越来越多的自然资源得到高效利用，为乡村振兴和百姓共富赋能。村里重点开拓的项目——春风谷，主打亲子轻奢；BY366 火星营地则为高端玩家提供专业露营场所。春风谷营地里，帐篷沿着山势而设，咖啡、泳池、篝火，设施一应俱全。这个定位为轻奢型的露营地已经对外营业，一到周末，帐篷便被预定一空。

充分挖掘乡村资源空间发挥经济效益　在白杨村的发展过程中，用市场化的手段去经营乡村，发挥既有项目的资源、空间优势，共建共享产业化项目。“春风·乐园”有着双重身份，最初由上级政府拨款 100 万元，作为乡村幼儿园而设立，但村里上学的幼儿只有 15 人，利用率偏低。同时，村里要发展亲子研学等业态，又急需经营场所。于是白杨村果断追加投资400万元，将幼儿园改造为多功能培训基地，使其既是本村孩子日常学习的场所，又可以在节假日接待研学团队，预计5年就可收回投资，成为壮大村集体经济的一个抓手。除了春风·乐园，白杨村其他各项设施也充分考虑了村民的利益。村委会大楼一楼用于行政办公，二楼打造民宿，三楼开设健身中心以及手工课堂；正在建设的金鸡岭居家养老照料中心项目，一楼将提供居家养老照料服务，二楼、三楼则计划开发10间民宿，以接待游客。

回应村民关切打造幸福乡村 在实现共富共享的宏伟蓝图中，老年人与年轻人是不可或缺的两大群体。白杨村致力于让老年人安享晚年，年轻人勇敢追梦，两者相辅相成，共同推动社会进步。白杨村的“幸福公寓”项目为孤寡老人提供了一个安全舒适的居所，不仅设施齐全，更彰显了人文关怀。这种社区层面的关怀不仅体现在基础设施完备上，还体现在对老年人尊严的尊重和细心照顾上，真正实现了老有所依的美好愿景。白杨村不仅提供高品质住宿体验，更致力于传承当地传统文化，举办特色活动，让游客在享受自然之美的同时，深入了解乡村风情。白杨村竹编工艺精细绝伦，将自然之竹化为生活艺术品；手工茶叶制作古法传承，每一口茶都蕴含着大地的芬芳与村民的勤劳；色泽清亮、浓郁米香的米酒，展现了农民精湛的酿造手艺和对健康生活的追求。这些技艺不仅是村民智慧的结晶，也是乡村文化的重要载体，让中外游客深感震撼。白杨村不仅重视物质环境的改善，也关注教育和民居的开发。村里打造了独具特色的田园幼儿园，为当地的孩子和外来家庭提供新的教育选择。与此同时，将闲置民房改造为精品民宿，为村民带来了更多的就业机会和经济增长点。由于许多游客对自然农法种植的产品感兴趣，村里结合住宿研学特别推出了农产品配送活动，吸引了众多游客再来白杨村体验乡村旅游的魅力。

世界最佳旅游乡村联盟成立

（三）“春风·白杨”品牌的建设成效

创新思维获取发展资源　2020 年 12 月，经自然资源部批复，安吉县启动自然资源综合改革试点工作。2021 年，白杨村被列入农、林、旅产业融合发展综合体建设改革示范工程。借助浙江省自然资源综合改革试点的机遇，白杨村将村里的资源、资产经价值评估，获得了 6000 万元的贷款授信额度。白杨村还将全域农田进行整理，节省 75 亩土地使用指标，这些指标按照市场价格折算后，可为村里积累发展资金。通过村集体直接投入建设、管理、运营或参与管理、服务并按年度收取管理费用，或以村土地使用权入股与社会资本形成合作等模式，实现村集体与资方的深度捆绑。

盘活闲置低效资源　白杨村改革示范工程以土地综合整治为抓手，积极盘活闲置低效资源，集成各项改革措施，合力推进综合性改革，发展壮大村集体经济，力争成为“两山”转化的示范标杆工程。白杨村将村域内碎片化分布的自然生态资源进行集中收储整合，由村级股份经济合作社统一管理运营。通过对各类资源资产进行科学量化与价值评估，村集体成功构建了具有经营价值和市场属性的优质经营性资产包。该资产包既可作为融资抵押物，也可通过作价入股方式参与投资合作。随后，白杨村启动了全域土地综合整治与生态修复工程，建设了共享公寓、共享食堂，按照“两入股三收益”的农民利益联结模式，盘活、整合闲置或低效宅基地、毛竹林、耕地等资源，打开共富新空间。

创新打造品牌 白杨村着力打造“春风·白杨”乡村振兴品牌，以“旅游＋民宿”与“旅游＋研学”双轮驱动模式深化产业布局，开展竹林碳汇共富项目、共享宜居项目、春风农场、安置区项目等，实现从落后村到发展较快村的华丽转变。“春风·白杨”品牌让没有任何资源优势的村庄在乡村旅游赛道上实现“弯道超车”。新一届白杨村“两委”班子成员有效发挥组织引领作用：通过整合乡贤、青年等关键群体，强化其示范引领效应，显著提升村庄发展活力与环境风貌。同时，创新性地运用“乡情、亲情、友情”三重情感联结机制，系统性地激发乡贤资源要素回流，赋能乡村建设。“春风·白杨”品牌的核心理念为：“诗意栖居之地”，品牌定位为：“心灵原乡”，品牌口号为：“心灵原乡，春风白杨”，这些均体现了品牌所倡导的独特价值：不仅销售农产品，更是在推广一种回归自然、安放心灵的生活方式。“春风·白杨”品牌标识巧妙地以“白”字为设计原型，融合叶瓣、流水等自然元素，以视觉语言生动地传达出生机盎然的春风意象。一幅“村强、民富、景美、人和”的新时代美丽乡村新画卷正在白杨村缓缓展开。

“春风化雨”般的村庄治理理念 “春风·白杨”主动出资支持村民进行民宿设计，并引入第三方专业公司负责运营管理，成功推动了“旅游＋民宿”“旅游＋康养”等特色项目，使白杨村成为受欢迎的旅游目的地。此外，白杨村创新推出“特别村民”招募活动，将特色住宿、研学体验与农产品直送相结合，为游客打造了沉浸式旅游套餐。在品牌化战略引领下，一系列民生项目成功实现了市场化运作。“春风·

白杨”品牌在发展中深度融合功能复合性理念与商业价值的挖掘：通过优化空间功能配置，如在游客接待中心增设咖啡服务、将老年活动中心改造为民宿，以及紧扣招商引资与业态落地需求建设彩色森林、五彩共富路等景观项目，显著提升了乡村项目的自我发展能力。乡村旅游的蓬勃兴起进一步放大了品牌价值，产生显著的品牌溢价效应，成功吸引多元战略合作。在跨村联动方面，与孝丰镇五村联创的五谷丰登实业有限公司合作，承接其“荷马营地”后续运营；在品牌联合方面，携手Gogogo户外品牌，依托金鸡岭山顶150亩原生态石矿景观，共同打造长三角特色“春风366野奢营地”；在专业运营协同方面，联合禾森旅游，投资运营依山而建的“春风谷轻奢营地”；在镇域协作方面，与天荒坪镇强村富民公司合作，承接“五鹤村树景坞民宿村落”后续运营。这种多维度、立体化的合作格局，实现了资源高效整合、运营边界延展，并推动品牌价值与乡村产业价值链延伸形成深度互促的良性循环。

用好利益联结机制　白杨村将闲置宅基地、毛竹林、耕地等资源，交由强村公司运营，打造了一批共同富裕项目，为本村村民提供了约30个固定岗位和300多个临时性岗位。白杨村还将一个废弃石矿打造成了“火星营地”，换上宇航服，就能体验登陆火星的感觉。火星营地项目由村集体股份经济合作社下属的全资强村公司——浙江安吉博时旅游管理有限公司负责运营管理。项目采用复合收益模式：投资方需分别支付营业额的10%作为运营管理费及5%作为村集体土地入股的场地租金，两项收入合计约100万元。此外，项目运营显著带动本地就业，公司优先聘用本村村民，人均月工资达4500元；同时，项目引入的客流量每年为村内餐饮及农产品销售带来50万元的额外收益。为提高村民参与度并共享发展成果，村集体流转300亩农田并无偿分配给村民进行自然种植，旨在培育绿色农产品品牌，积极探索农民利益联结机制，确保村民共享乡村产业经营的增值收益。

第四节　乡村运营的经验启示

一、践行“两山”理念，科学有效推进乡村运营

“绿水青山”指的是优质的生态环境，同时也是我们在开展乡村运营活动过程中所需要的优质地表水质、大气、土壤等自然资源以及与优质生态环境相匹配的生态产品等物质要素的总和，同时兼具开展乡村运营所需要的物质属性和精神需求的生态属性。从发展的观点来看，“金山银山”指的是绿色可持续发展，它是指物质生活和精神世界的双重提升。“绿水青山”和“金山银山”是相互依存的，适应经济可持续发展、适应新时代生态文明要求、满足人民对美好生活的追求是“两山理论”指导乡村运营的现实实践意义。

“两山”理论为乡村运营的科学实施指明了方向，为乡村运营提供了坚实的理论支撑。乡村运营涉及乡村生态环境资源的科学利用、乡村生产绿色低碳发展以及乡村生态价值产品高效转化。在全面推进乡村振兴、加强农业现代化以及中国现代化建设的进程中，乡村运营应当采取修复生态环境、完善基础设施、发展富民产业、缩小“三大”差距、满足城乡居民美好生活需要和保护农业文化遗产等措施。在乡村运营实施过程中，应采取有利于节约资源、环境友好、绿色低碳和农耕文化传承创新等目标实现的技术手段，促进乡村运营的可持续发展。在“两山”理论的指引下，乡村运营应该充分遵循“环境有价”的原则，科学评估生态产品的潜在价值，作价入股融入利益联结机制，充分保障村民的环境权益。同时，乡村运营的终极目标应该是促进“绿水青山”

量和质的提升。

二、坚持以人民为中心，增进乡村运营的获得感

实施乡村运营的根本目标在于推动农村经济社会可持续发展，实现农民高质量共同富裕。在这一过程中，涉及广大农民切身利益以及众多建设项目，必须坚持农民主体性原则，尊重民意、维护民利、赋权于民，确保农民在村庄整治、设施建设及产业发展等重大事项中的决策权，着力解决农民群体最迫切、最直接、最现实的利益诉求。此举旨在充分激活农民群体的内生动力，构建全民共建美好乡村的协同机制。科学推进乡村运营必须坚持以民生优先为导向，强化发展成果共享：一方面加速城镇公共服务向农村延伸覆盖；另一方面推动服务供给由“扩大覆盖保基本”向“提升内涵谋发展”转变。通过持续完善美丽乡村基础设施、优化景观品质、培育生态产业、健全公共文化服务体系及提升治理效能，系统性地夯实民生根基，切实增强群众获得感与幸福感。

三、树立系统思维，加强乡村运营统筹规划

乡村运营是一项繁杂而庞大的工程，涉及层面较多，需要一个系统性思维去统筹。

做好系统规划　做好乡村发展规划的科学编制，系统梳理好乡村资源，乡村如何发展，乡村产业链条如何构建，乡村如何引钱、花钱和赚钱，多元主体如何联结等，系统指引乡村有序发展。统筹县域一体化发展格局：以县为规划单元，将城乡建设作为系统工程，注重与县域经济发展总体规划、生态文明建设规划、新农村示范区建设规划以及乡（镇）村发展规划等有机衔接。通过编制多层次、多维度的空间与产业布局规划，构建覆盖全域、贯通层级的综合性规划体系（横向覆盖不

同领域，纵向贯穿各级行政单元），致力于推动环境、空间、产业与文明协同互促，一二三产业深度融合、联动发展，实现城乡有机融合与协调发展。同时精细化推进美丽乡村建设：在村庄层面，以景区化的标准进行行政村整体设计，将农户庭院作为微观景观单元进行个性化改造提升。通过连点成线、汇线成片的方式，由“点状盆景”向“全域风景”演进，形成“一村一韵”的特色风貌，最终实现全域美丽乡村的全覆盖与整体提升。

实施系统运营 运营前置，及早引入专业的设计及运营团队参与前期策划、规划、设计工作，确保运营产品能落地实施。构建完善的系统品牌框架体系、活动体系、人才培训管理体系、渠道体系等，确保产品“走出去”，人才“引进来”。

搭建发展平台 平台是聚众聚能、整合资源的重要窗口。做好共享平台，通过平台搭建实现利益共享、风险共担；做好服务平台，通过平台引流增流。

四、强化要素保障，助推乡村运营提档升级

科学有序推进全域乡村运营，离不开强有力的支撑要素保障。

注重政策引导 进一步完善乡村运营发展的政策支持体系。合理安排用地指标，全力解决乡村运营发展用地难的问题。建立稳定的投融资机制，有效整合涉农资金，鼓励、引导和规范社会资本投资乡村运营项目，引领乡村运营高质量发展。

理顺工作机制 乡村运营管理具有显著的复杂性与系统性特征，涉及多部门协同、政策导向性强、资源配置呈分散化格局，亟须在全县层面建立统筹协调与治理协同机制。健全乡村运营发展联席会议制度和综合协调机制，组织制定促进乡村运营发展的政策措施，统筹解决乡村运营发展中的重大问题。细化明确县、镇、村三级主体及相关职能部门在

乡村运营中的权责边界，构建权责清晰、衔接顺畅、高效协同的治理架构，推动形成多元主体共同参与的协同共治格局。

构建人才引育体系 把人才队伍建设作为乡村运营发展的基础性工程，制定乡村运营人才引进、培养和使用的激励政策。持续加强乡村运营人才培养，依托高校、专业培训机构，有计划、分层次、多渠道开展专题培训，提高乡村运营从业人员的服务技能和综合素质。引导和支持大学生、退伍军人、专业技术人员返乡，投身乡村运营事业，从而为乡村运营发展培养和储备专业化、实用型人才。

上墅大本营

五、挖掘潜在价值，提升乡村运营品质内涵

有效实施乡村运营，充分挖掘乡村资源环境禀赋和资源产业现状，打造特色化、差异化乡村品牌。

突出品牌效应 具有强吸引力的乡村品牌是凝聚乡村建设信心、激发乡村人气活力、促进产业兴旺的关键。如何通过运营乡村进一步实现“绿水青山”生态价值向“金山银山”经济价值的持续转化，需要在传统“一村一景”基础上，强化“一村一品”的乡村品牌输出，拓展乡村“两山”转化新渠道。按照尊重自然美、侧重现代美、注重个性美、构建整体美的“四美”原则，体现“一村一品、一村一业、一村一景”。通过品牌培育，打造乡村赋能新载体，通过品牌规划制订、活动策划、课题研究、成果发布，让乡村品牌成为乡村赋能的无形资产。让品牌“说”故事，实现产品品牌溢价，厚植乡村本源，挖掘乡村独特魅力的核心吸引物，利用数字经济新零售等新手段为乡村发展创收，实现效益持续转化。同时，应避免“展厅式”“盆景式”乡村，鼓励积极融合年轻、新潮元素，丰富完善如沉浸式演艺、文旅研学、乡村文创等好看、好玩、好体验的乡村新场景，打造“一村一品”、百花齐放的乡村振兴新格局。

狠抓内涵提升 推进乡村运营与农业、文化、科技、体育等产业融合，充分挖掘、整理、利用各类旅游资源，大力支持乡村运营新产业、新业态发展，打造一批各具特色的传统文化旅游景点和传统文化村落，推进文化项目的活化利用和现场体验。以“文艺节目＋旅游”为依托，培育系列精品文旅 IP，推动文化资源进乡村，形成高质量的乡村运营发展模式。以旅游需求为导向，形成品种丰富、功能齐全、特色鲜明的旅游产品体系，促进乡村运营和消费升级。

以需求为导向 随着消费者需求、体验方式、产品样式不断升级变化，乡村运营需要更强大的产品思维，以确保乡村有持续的吸引力。为此，必须了解行业背景、市场行情和发展趋势。同时，明确乡村运营的市场定位和目标客户，通过市场画像和客户画像的描绘，实现从满足客户需求向引领客户需求转变。

六、注重标准体系建设，规范有序推进乡村运营

乡村运营是个新生事物，全国各地的乡村各具特色，运营基础也存

在显著差异，乡村运营领域缺乏明确统一的标准，乡村运营的水平参差不齐。标准化的框架体系可为各地的乡村运营工作提供引领性、支撑性作用。在标准化的框架下，乡村运营在挖掘乡村资源、规划产业项目、推动乡村旅游等具体实践过程中，能够遵循既定标准，注重细节、提高质量；可以确保乡村运营目标定位准确、发展策略有效，有助于乡村运营的科学规范发展。

构建综合性乡村运营标准体系：通过建立一个框架完整、体系完善、动态灵活且具有多元主体参与特征的标准化体系，将标准化的理念、方法、要求和技术系统融入乡村运营的各个环节。在此基础上，总结提炼乡村运营的共性规范与细化标准，可显著提升其可操作性、科学性与公众参与度。标准化建设可规范乡村运营的目标定位、质量要求、工作流程和主体责任，使乡村运营在具体实施中更完善、更科学、更合理。同时，标准化建设对各类乡村运营的共性领域提出了规范性参照，在一定程度上可以提高乡村运营的工作效率，降低探索成本，合理管控风险，显著加快乡村运营建设的工作进程。

七、抓好人才队伍建设，凝聚众智实施乡村运营

做好党建引领 党建促乡建，乡建带党建，是很多地方共同的经验和做法，该模式重点是做好村级干部的培养。“上面千条线，下面一根针”，上级政府的政策、资金、项目，都要通过基层村干部送到千家万户，基层干部在组织和带领群众落实这些政策、资金和项目方面至关重要。此外，团结和凝聚基层群众，共同奋斗、共建美好生活的工作，也离不开基层村干部的领导。把村支书培养成乡村建设与运营的行家里手，尽可能把乡村优秀人才选拔到村支书岗位上，或积极邀请在外经商办企业的人才回村里当书记，并且大胆使用，用心帮扶他们，让优秀的村支书成为党建引领乡村建设与运营的重要力量。

吸引青年入乡　乡村要发展，希望在于青年。吸引青年人积极投身到乡村建设与运营的宏伟事业中，在实现自身价值的同时推动乡村全面振兴，是乡村运营的创新性工作。要积极制定优惠政策大力吸引原乡青年、返乡青年和入乡青年，承担起乡村产业振兴、传统文化振兴和生产性服务等新型乡村业态高质量发展的重任，引领乡村全面振兴。同时要做好服务和培养工作，帮助青年创业者尽快适应农村生产和生活环境，及时解决他们在乡村创业过程中遇到的各类困难，让青年经营主体尽快成长，并充分发挥他们在促进乡村振兴中的积极作用。

第六章

数字治理：云端上的乡村治理

在“绿水青山就是金山银山”的理念指引下，安吉县的乡村发展步入了新阶段，数字技术成为解锁乡村善治、赋能“两山”转化的关键。安吉县以“数字乡村一张图”为核心载体，融合“余村经验”精髓，在县乡村三级治理层面构建智慧治理新范式，系统提升治理效能。安吉县的数字乡村治理以数据赋能、基础夯实、数实融合、需求导向为核心，展现了数字技术为绿水青山赋予智慧的翅膀，开拓了乡村全面振兴的新路径。

第一节 数字乡村治理的背景

一、乡村治理的提出与要求

党的十六届五中全会将社会主义新农村建设确立为国家重大战略任务，系统提出“生产发展、生活宽裕、乡风文明、村容整洁、管理民主”的二十字总体目标。依据2006年中央一号文件《关于推进社会主义新农村建设的若干意见》第七条规定，通过强化农村基层党组织在战斗力、凝聚力、创造力三维度的政治核心作用，完善农民知情权、参与权、表达权、监督权的法定民主保障机制，培育专业化、组织化的农村社会化服务主体，构建了政治引领、民主参与、服务协同的乡村治理现代化路径。

2018年中央一号文件《关于实施乡村振兴战略的意见》系统构建了以“三治结合”（自治、法治、德治）为核心的乡村治理新体系，重点推进五大基础工程：强化农村基层党组织领导核心地位、创新村民自治实践形式、完善乡村法治保障机制、深化德治教化功能、健全平安乡村建设框架。配套制定的《乡村振兴战略规划（2018—2022年）》确立了“产业兴旺、生态宜居、乡风文明、治理有效、生活富裕”的总体发展方略，通过优化村庄规划管理、建设村级综合服务设施、推动基层组织协同治理、普及村规民约、壮大集体经济等多维路径，全面推进治理体系现代化转型。《乡村振兴战略规划（2018—2022年）》第八篇“健全现代乡村治理体系”进一步细化了治理路径：构建党委领导、政府负责、社会协同、公众参与、法治保障的现代乡村社会治理体制；强化农村基层党组织对乡村振兴的全面领导；推动自治、法治、德治有机结合；巩固基层政权建设。

2025 年 1 月，中共中央、国务院印发《乡村全面振兴规划（2024—2027 年）》，提出要加强农村基层组织建设，推进乡村治理现代化。具体内容为：深入推进抓党建促乡村全面振兴，推进以党建引领乡村治理，维护乡村和谐稳定。

2025 年 4 月，中共中央、国务院印发的《加快建设农业强国规划（2024—2035 年）》提出，要系统提升乡村治理效能。其核心在于坚持和发展新时代“枫桥经验”，构建并完善党组织领导下的自治、法治、德治“三治融合”乡村治理体系。深入推进抓党建促乡村振兴，着力建强农村基层党组织，并建立以财政投入为主体的村级组织运转经费稳定保障机制。加强村党组织带头人的培养与选拔，推动基层纪检监察组织与村务监督委员会的有效衔接。推进村民自治组织规范化，强化基层群团组织，并引导乡村服务性、公益性、互助性社会组织健康发展。健全村民会议、村民代表会议等民主制度，优化农村基层公共法律服务体系。建立健全农村扫黑除恶常态化机制，依法规范管理农村宗教事务。为促进治理与服务重心下移，要求完善乡镇（街道）职责、权力与资源相匹配的制度安排，充实其服务管理力量，推广高效务实的治理方式。加强县、乡、村三级应急管理和消防安全体系的建设。

2019 年 6 月，中共中央办公厅、国务院办公厅联合印发《关于加强和改进乡村治理的指导意见》，系统构建以党委领导、政府负责、社会协同、公众参与、法治保障、科技支撑为框架的现代乡村治理体制。该体制通过三重路径实现治理体系优化：以自治实践激活基层内生动力，以法治规则构筑制度保障，以德治教化培育文明乡风，最终确立党组织统筹下自治、法治、德治的协同治理体系，全面推进共建共治共享的社会治理格局建设。

2019 年 6 月印发的《关于开展乡村治理体系建设试点示范工作的

通知》指出，试点示范工作的核心目标是提升乡村治理体系和治理能力现代化水平。其基本出发点是增强农民群众的获得感、幸福感和安全感，根本目标是健全“三治结合”（自治、法治、德治）的乡村治理体系。鼓励各试点地区结合实际，在乡村治理的关键领域积极探索与创新实践，力求形成可复制、可推广的实践经验，以发挥其示范引领效应。

2022 年，浙江省人民政府办公厅在《关于开展未来乡村建设的指导意见》中，明确将打造“未来治理场景”作为核心任务，具体要求包括：坚持并发展新时代“枫桥经验”，主动顺应基层治理体系现代化变革趋势；全面实施阳光治理工程，深入推进平安乡村建设，积极创建省级善治示范村，同时规范提升全科网格建设效能；推动自治、法治、德治与智治深度融合，广泛实行群众自我管理、自我服务、自我教育、自我监督机制，并有效发挥各类社会组织的协同作用；强化农村集体资金、资产、资源（“三资”）的数字化云监管和党务、村务、财务（“三务”）云公开体系，提升治理透明度和规范化水平；大力倡导移风易俗，切实革除陈规陋习；规范引导新乡贤在党组织领导下依法依规参与乡村治理，促进项目、人才、资金、技术、文化及公益资源向乡村回流（即项目回归、人才回乡、资金回流、技术回援、文化回润、公益回扶）；着力加快补齐乡村基本公共服务短板，加快实现“幼有善育、学有优教、劳有厚得、病有良医、老有颐养、住有宜居、弱有众扶”的发展目标。

2023 年 6 月，浙江省委、省政府在《关于坚持和深化新时代“千万工程”全面打造乡村振兴浙江样板的实施意见》中要求，迭代完善乡村治理体系。健全党组织领导的自治、法治、德治、智治相融合的现代乡村治理体系，深化全国乡村治理体系建设试点示范、全国村级议事协商创新实验试点和党建引领乡村治理试点。坚持和发展新时代“枫桥经验”。开展家事矛盾纠纷化解综合服务“一类事”试点工作。扎实推进“民生议事堂”和“协商驿站”建设扩面提质增效，推动全过程人民民主的基层实践，有效实现党建统领下的民事民提、民事民议、民事民决、民事民办、民事民评的多层次基层协商模式。加强民主法治村动态化管理，推进共享法庭建设。构建新时代乡村诚信体系，探索“诚信＋乡村治理”模式。深化党建统领网格智治，完善网格事项准入、规范运行、作用发挥等机制。

2024 年 2 月，浙江省委、省政府印发《关于坚持和深化新时代“千万工程”打造乡村全面振兴浙江样板 2024 年工作要点》的通知，文件要求推动乡村文明善治先行探索。具体要求为健全村民自治机制，加强乡村法治建设，创新乡村德治实践和提高乡村智治水平。

安吉县人民政府在《安吉县乡村治理体系建设试点实施方案》中明确提出，以实现“余村经验”推广运用全覆盖为核心目标，持续深化其内涵与外延的创新性拓展，全面提升影响力；同步推进自治、法治、德治的效能升级与融合深化；系统构建以“八个村”（支部带村、发展强村、民主管村、依法治村、道德润村、生态美村、平安护村、清廉正村）为支柱的乡村治理体系，通过完善配套工作规范，显著提升基层治理现代化水平。

由此可见，中央层面的乡村治理更多的是指乡村社会治理，安吉县域实践中的乡村治理是指结合乡村全面振兴的全面乡村治理或广义的乡村治理。

二、数字乡村治理的提出与要求

2019 年 5 月，中共中央办公厅、国务院办公厅印发《数字乡村发展战略纲要》，明确提出通过发展“互联网＋党建”推进乡村治理能力现代化。

2022 年 1 月，中央网信办、农业农村部等四部门联合印发《数字乡村发展行动计划（2022—2025 年）》，旨在进一步提升乡村数字治理能力，具体举措包括：健全农村智慧党建体系；深化“互联网 + 政务服务”在乡村的覆盖与应用；提升村级事务管理的智慧化效能；推动社会综合治理精细化；强化农村智慧应急管理体系建设，以期整体提升乡村治理现代化水平。

2021 年颁布的《中华人民共和国乡村振兴促进法》明确规定，国家将建立健全乡村便民服务体系，推进乡村公共服务数字化与智能化建设，并支持村级综合服务设施及综合信息平台的完善。

2022 年中央一号文件进一步提出“大力推进数字乡村建设”的战略部署，强调以数字技术驱动乡村公共服务能力的提升，促进“互联网 + 政务服务”体系向乡村层级延伸覆盖。该文件同时要求着力强化农业农村大数据应用场景的拓展，聚焦解决乡村发展中的现实问题。

2024 年中央一号文件《中共中央 国务院关于学习运用“千村示范、万村整治”工程经验有力有效推进乡村全面振兴的意见》中提出，要持续实施数字乡村发展行动，发展智慧农业，缩小城乡“数字鸿沟”。鼓励有条件的省份统筹建设区域性大数据平台，加强农业生产经营、农村社会管理等涉农信息协同共享。

《数字乡村发展行动计划（2022—2025 年）》明确了“十四五”期间我国数字乡村发展的目标、核心任务与保障机制，全面部署相关工作。

2021 年 12 月发布的《浙江省数字乡村建设“十四五”规划》提出，以乡村治理数字化为切入点，构建基层整体智治体系。要求深化自治、法治、德治、智治的“四治融合”，建立健全精细化的乡村环境监管治理体系，并着力推动乡村优秀文化资源的数字化保护工作，构建党建统领“四治融合”的现代农业农村治理体系。

2023 年 6 月，浙江省委、省政府印发的《关于坚持和深化新时代“千万工程”全面打造乡村振兴浙江样板的实施意见》提出，全力建设数字乡村引领区。大力发展乡村数字经济，推进物联网、大数据、人工智能等信息技术在农业领域应用，建设一批数字农业工厂、未来农场、数字灌区。推进“互联网＋”农产品出村进城越洋，培育直播电商、跨境电商等新业态，开展巾帼直播活动。深化“浙江乡村大脑＋浙农应用”建设，加快“浙农码”推广应用。提升乡村生活智慧化服务能力和水平，打造一批“乡村数智生活馆”。

2024年2月，浙江省委、省政府印发《关于坚持和深化新时代“千万工程”打造乡村全面振兴浙江样板2024年工作要点》要求，提高乡村智治水平。深化党建统领网格智治，迭代提升“141”基层治理体系，完善“线上线下实时联动、常态化管理和应急管理动态衔接”的数字化治理机制。打造“基层智治”综合应用，推广村级“线上村民说事”“智慧印章”“财务票据电子化”等模式。推进党务、村务、财务等公开事项与“浙农码”关联，实现“一村（社）一码”“一户一码”。

2024年4月印发的《数字乡村建设指南2.0》提出，积极推进农村党建数字化，有序推动智慧村务建设，构建基层数字化综合治理体系和持续加强乡村智慧应急管理。

2025年5月，印发的《2025年数字乡村发展工作要点》提出，提升乡村数字治理效能；持续推进农村“三务”信息化建设，提升农村社会治理数字化水平，增强农村智慧应急管理能力。

《安吉县国民经济和社会发展第十四个五年规划和二〇三五年远景目标纲要》提出，以数字赋能加快推进县域治理现代化，健全乡镇治理机制，推广新时代“余村经验”，构建完善自治、法治、德治、智治“四治融合”乡村治理体系。《安吉县农业农村现代化“十四五”规划》将“现代乡村治理优化行动”列入“十四五”期间实施的农业农村现代化八大行动。大力推动“四治”有机融合，提高乡村智治能力。

数字赋能 制造变“智造”（张卉 摄）

2021年6月，安吉县发布的《关于全面推进乡村振兴率先实现农业农村现代化的实施意见》提出，要推动乡村治理现代化。全面落实数字化改革的新理念、新要求，加快数字化改革在乡村治理领域的应用，积极推进乡村治理体系和治理能力现代化。

广义的数字乡村治理是一种以数字技术为手段的乡村治理模式，旨在通过信息化手段提升农村管理效能、改善农村生活品质，并推动农村可持续发展。涵盖农业生产、教育医疗、公共服务、设施管理等各个领域，通过数字化技术的运用，实现信息共享、决策科学化、服务智能化。数字乡村治理通过智能化农业手段提高农业生产效益；数字乡村治理为乡村教育和医疗提供便捷的支持；通过智能交通和物流系统，提升农村基础设施的管理水平；通过建设数字社区管理平台，实现对乡村社区的信息化管理，提高社区服务水平；将数字化技术用于环境监测，保护农村生态环境，促进可持续发展。

第二节　数字乡村治理的做法

一、安吉县探索“两山”数字化转型新路径

安吉县围绕政府数字化转型与绿色智慧城市建设目标，构建了县域政务云平台（“一朵云”）并打造“两山数据超市”，实现了数字政府框架下的平台共享、数据共治、应用共建与业务共融，推动智慧化生活方式日益普及。在乡村治理领域，安吉县依托数字乡村建设，打造了一个集“一屏集成、一图展示”功能于一体的村庄综合信息管理平台，系统构建了美丽乡村的数字化治理体系。安吉县坚持“一村一品”的发展路径，将数字乡村建设深度融入当地特色产业发展，初步探索出一条基于“两山”理念的数字价值转化的新路径。

安吉县以“数字乡村一张图”体系平台为核心载体，在技术集成路径、政策框架构建、制度机制设计及发展模式创新等多个维度展开系统性探索。其核心目标在于构建一种与乡村产业升级需求、行业管理服务效能提升以及农民生产生活方式现代化转型相匹配的数字乡村发展范式，从而整体提升县域数字化应用层级。安吉县聚焦农业生产环境监测、生产过程管控、流通营销优化、质量安全追溯及生态环境保护等关键环节，着力推进数字技术装备的系统性集成与综合性应用，旨在充分释放数字技术的综合效能，驱动乡村全域数字化转型进程。

二、推进县域治理现代化

安吉县以数字化赋能为核心驱动，着力推进县域治理体制现代化、

工作布局优化与治理方式转型。深化构建"一中心统筹（县级社会治理综合指挥中心）、四平台联动（综治工作、市场监管、综合执法、便民服务）、一网格覆盖（全科网格管理体系）"的治理架构，系统完善党委领导、政府负责、民主协商、社会协同、公众参与、法治保障、科技支撑的七位一体治理体系。通过健全"县—乡—村"三级协同机制，畅通民情传导通道，创新设立"请你来协商"多元对话平台；积极构建集多元协同、群众自治于一体的县域治理模式，致力于建设全民参与、共治共享的社会治理共同体。安吉县治理成效显著，平安建设指数、群众安全感和满意度等核心社会治理指标持续位居浙江省前列。

三、健全乡镇治理机制

安吉县全面推进乡镇（街道）治理体系与治理能力现代化建设，通过压实主体责任、夯实治理基础、强化治理根基。在机制创新方面：深化"最多跑一地"改革，建成集成矛盾调处中心、群众诉求受理平台及多元化解机制的综合平台；完成综合执法体制改革，实现"一支队伍管执法"的集约模式；构建矛盾联调、治安联防、人口联管、平安联创的跨部门协同机制，重点提升外来人员集聚区的治理效能。在治理实践层面：全域推进"零上访、零事故、零发案"乡镇创建；推动专职网格员、调解员、平安卫队与社工人才队伍协同增效；培育调解志愿者力量；持续完善共建共治共享的社会治理制度体系。

四、推广新时代"余村经验"

安吉县全面落实数字化改革的新理念、新要求，加速推进数字化技术与乡村治理的深度融合，致力于构建现代化的乡村治理体系，提升治理效能。通过开展全国乡村治理体系建设试点，安吉县成功打造了一批具有示范意义的基层治理样板，为乡村治理现代化提供了可借鉴的经验。

安吉县全面推进乡村基层组织振兴，以“余村经验”为蓝本，深化乡村治理模式，强化“党建引领、四治一体”的治理架构。充分发挥党组织的引领作用和自治组织的纽带功能，同时整合群团组织的优势资源，形成乡村社会治理的合力。通过完善党建统领的基层治理领导体制，不断丰富智慧化治理平台的内涵，推动自治、法治、德治与智治的深度融合，构建了完善的“四治融合”乡村治理体系。此外，安吉县还着重发挥基层党组织的核心作用，健全完善“支部带村、发展强村、民主管村、依法治村、道德润村、生态美村、平安护村、清廉正村”的“八个村”建设体系，全面提升乡村治理的精细化水平。

安吉县贯彻实施“双创双全”组织力提升工程，通过“头雁领航计划”和“雏雁计划”，不断壮大基层党员先锋队伍。构筑由法律顾问、村监委、村民群众组成的“三元监督”网格体系，进一步深化基层党建工作规范提升，确保基层治理的规范化与透明化。

安吉县加强农村社会治安综合治理，不断完善农村基层社会矛盾纠纷的多元预防调处化解机制，深入推进“最多跑一次”改革向社会治理领域的延伸拓展。通过深化“基层治理四平台”建设，不断充实和完善“掌上矛调”等智慧治理新平台的功能开发与运用推广，提升矛盾纠纷化解的效率和精准度。强化流动人口服务管理，开发适合流动人口的数字化管理平台。

五、“数字乡村一张图”全面赋能乡村治理

安吉县通过强化数字技术系统性赋能，构建安全、高效、开放互动的智慧治理体系，创新实践“数字乡村一张图”发展范式，实现乡村全域事项的数字化集成管理，重构以产业振兴、生态宜居、文明乡风、

治理有效、生活富裕为核心维度的管理与展示，支持管理人员通过智能中枢平台实施全域态势可视化监测、事件闭环化处置与系统智能化管控，形成可视、可控和可管的乡村治理新机制。其带来的普惠性增长、数字化变革，与安吉的生态文明建设、乡村振兴深度融合，深刻改变着安吉乡村的发展道路。通过实施“数字乡村一张图”管遍乡村大小事，不仅实现了从乡村“治理”到“智理”的蜕变，也为实现乡村全面振兴注入了新动能。

2019 年，安吉县依托浙江省首批数字乡村试点示范县的契机，聚焦乡村数字基础设施和乡村数字治理体系等关键领域，全力推进数字技术在农业农村的应用。通过推动农业全产业链的数字化改造升级，加速农业农村的数字化转型进程，为乡村发展注入新的动力。余村率先启动建设数字乡村。安吉县根据乡村治理“余村经验”的精髓，搭建了数字余村平台，为乡村治理提供了数字化的解决方案，拉开了安吉县数字乡村一期项目建设的序幕。顺应这一趋势，在余村之后，安吉县同时启动递铺街道鲁家村、灵峰街道横山坞村、孝丰镇横溪坞村、溪龙乡黄杜村 4 个村的数字乡村建设。

2020 年 4 月，余村、鲁家村、黄杜村、横山坞村、横溪坞村 5 个乡村完成数字乡村 1.0 版建设。围绕“数字乡村一张图”、乡村治理、乡村规划、乡村服务四大核心功能，结合各村实际，部署了车辆数据采集系统、人工智能视频结构化分析系统、物联设备监测系统、“一户一码”及“一物一码”溯源系统、人房地关联管理系统、数据展呈平台等基础设施，实现数据可视化与动态管理。5 月，安吉县启动天子湖镇高禹村、梅溪镇红庙村的数字乡村建设，并基于 1.0 版启动数字乡村 2.0 版建设。2.0 版聚焦乡村振兴、便民服务、邻里场景等应用深化，整合接入了垃圾分类、居家养老、“两山智选”（农村电商）等专项系统。

2021 年 7 月，安吉县“数字乡村一张图（标准版）”启动建设，覆盖 168 个行政村。“数字乡村一张图（标准版）”以“1 + 3 + N”的建设思路，建立数字乡村数据仓，以一窗展示、一窗办公和一窗受理为建设核心，融合 N 个特色应用，搭建数字乡村平台。同时，“数字乡村一张图（标准版）”依托数字大屏展示载体，以乡村规划、乡村经营、乡村环境、乡村服务、乡村治理五大板块为核心框架，构建县域数字乡村综合信息平台。平台支撑乡村精细化管理和数据集成应用。

安吉县“数字乡村一张图”紧密对接乡村振兴“产业兴旺、生态宜居、乡风文明、治理有效、生活富裕”的总体目标，以数字化改革为驱动，推动 5G、大数据、云计算、人工智能等数字技术在乡村产业、治理、服务与生活等领域的深度融合与应用。平台旨在推进农业高质高效、乡村宜居宜业、农民富裕富足，为浙江高质量发展、建设共同富裕示范区提供乡村层面的实践支撑。

数字服务 惠及乡村

安吉县“数字乡村一张图”既体现乡村的共性，又兼具各村的个性。其中，共性是指各村都建有“一张图”，即全村道路、房屋、公共设施等建筑以及党员分布、村民信息等都通过一张地图真实还原。同时，建立包含乡村基本信息管理系统、智慧旅游、智慧农业、智慧村务等模块的综合管理平台以及数字乡村管理系统的手机移动端。例如，“安吉县数字乡村大脑”主要是基于安吉县“大地图”数据，给每个村都构建2.5维或三维地图，并通过文字、数据、图片、视频等形式全面展示各村基本情况；智慧村务不仅实现了“三务”公开数据集成显示，还可以显示最新志愿活动、志愿组织介绍和大数据分析等内容。个性则指安吉“数字乡村一张图”因地制宜，呈现各村特色。

将矛盾不出村、垃圾不出村、办事不出村、创业不出村形成的“四个不出村”乡村治理模式的平台数据整合到一起，进一步发挥“四个不出村”乡村治理模式的优势。在“垃圾不出村”方面，原有的垃圾分类智慧管理系统不仅被无缝接入统一的数字乡村平台，其功能还得到了进一步升级：通过在村民家垃圾桶及公共区域果壳箱安装智能感应器，实现了当垃圾满溢或产生异味时自动报警，显著提升了处理效率。“创业不出村”板块则整合利用了多维度数据：分析村庄出入口的车辆信息为乡村旅游规划提供支撑；通过集成民宿入住信息直观呈现客房入住率；并运用“一户一码、一物一码”的区块链技术建立了白茶溯源机制，使农户和消费者均可便捷地查询产品的生产流通全流程。在“办事不出村”领域，平台系统梳理并清晰展示了村党员干部代办的百余项服务事项及流程，极大地便利了村民办事；同时，深化“三务公开”，进一步增强了村民的信任度。对于“矛盾不出村”板块，平台不仅整合了村庄内十余个监控探头的实时画面以供查看，还建立了村民矛盾纠纷线上逐级上报的通道，有效加速了村庄内部矛盾的调解进程。

安吉县实施数字乡村建设，为各级各部门及时掌握农村基层实况提供了有效抓手，是优化基层决策机制的重要依据。此举不仅强化了对“三农”工作的领导效能与乡村公共事务管理的规范化水平，更有助于促进农民增收、推动城乡经济社会协调发展，为加速美丽乡村建设进程提供关键支撑。

第三节　数字乡村治理的成效

一、提升乡村社会治理能力

深度整合数字化资源于乡村治理体系，推动治理范式由经验驱动向精准治理重构，治理主体由少数主导向多元协同拓展，从而实现乡村内外协同治理效能的集约化、智能化跃升。

以“数字乡村一张图”为代表的乡村治理平台，使乡村建设可视化、数字化、智能化。为实现高效便捷的服务，安吉县构建以网络通信为基础、以村大数据为支撑的指挥调度与数据处理中心，通过搭建“数字乡村一张图”、村民信息管理大屏、微信小程序等，既可实现“三务”公开、政策法规发布，也可为村民推送最新信息资讯、提供便民服务渠道，更为下一步的村务决策提供可靠的数据支撑。同时，“数字乡村一张图”结合各村发展特色，利用数字平台互通信息，提高了各村各项事务的办事效率。

依托 GIS 技术构建的综合管理平台，实现了对垃圾处理设施、卫生厕所、文体设施、公园广场、路灯路标、消防设施等农村人居环境基础设施及其治理工程进度与建设成果的一体化数据集成。该平台支持全域设施的精准空间展示与动态查询，直观呈现项目推进轨迹与建设成效，为美丽乡村建设提供可视化监管与成果展示载体。为实现农村宜居宜业目标，安吉县通过“数字乡村一张图”系统整合行政村基础信息及生态环保、消防安全、交通出行等多维度数据，并依托电脑端与移动端双平台实施协同管治。该体系有效破解村级治理中基础设施管理缺位、环境污染监管困难、经济发展动力不足、区域空心化加剧及垃圾处理效能低下等核心问题，在显著降低基层工作负荷的同时，驱动乡村治理向智慧化、透明化转型。

充分利用“掌上矛调”“诚信档案”等手机小程序，把积分制管理与农村集体“三资”管理、文明诚信档案、矛盾调解等紧密结合起来，实施乡村管理积分制模式，提升村民参与乡村治理的积极性、参与度。比如，为激励更多村民参与垃圾分类，在每家每户的垃圾桶上设置电子标签，收集人员通过手持扫码设备实现对厨余垃圾分类的积分管理。

余村作为浙江省未来乡村建设试点村之一，围绕浙江省未来社区“139”顶层设计和数字社会建设的具体要求，一体化推进余村数字化建设，充分挖掘当地村民、游客以及商户等各类人群的需求，迭代升级，旨在通过“数字赋能、高效协调、流程重塑”，实现数字社会优质公共服务及九大场景服务的有机融合、精准落地，缩小村镇之间在教育、卫生健康、养老等公共服务领域的差距，从而提升乡村治理水平。

通过数字化赋能，全村资源得以充分整合，最终形成余村乡村大脑，对乡村治理、产业发展、旅游服务进行综合性管理，实现了“信息一张图、保障一张网”。

依托乡村治理“余村经验”的理论精髓，余村构建了集成化数字治理平台——数字余村系统，首创“数字余村一张图”三维实景模型，精准呈现全村道路、房屋、公共设施空间分布及党员、村民信息等社会治理要素。在此基础上，系统深度融合“支部带村、民主管村，生态美村、发展强村，依法治村、平安护村，道德润村、清廉正村”的治理框架，通过平台中枢集成环境监测、垃圾分类处理、旅游接待中心停车场等多个独立运行的子系统，实现全域治理流程的数字化重构。数字余村系统的深度运营标志着数字治理模式在村级治理实践中的系统化渗透，形成实体治理与数字治理融合共生的新型乡村治理范式。

“数字余村一张图”结合安吉县“天地图”数据，建设余村的三维地图，设置县、乡、村三级权限，对全村数据进行动态监测，为党委、政府决策提供依据，为群众办事提供便捷。余村通过全方位整合信息系统，使乡村治理数字化。“数字余村一张图”将“人、房、地”信息关联，以户为单位，集中展示了党员之家、创业之家、美丽家庭等情况；把水利、消防、环保、“三务”公开、政务服务、文明实践等多种信息整合在一个平台内，从而实现精细化的数字乡村治理。

打造余村未来乡村数字孪生空间，动态展示全村建筑、环境、生产全貌，实时监测 $PM_{2.5}$、负氧离子、断面水质等生态环境指标，实现农村人居环境全闭环数字化管理。大力建设“四网”立体化社会治安防控体系，建立了浙江省首个社会治理综合指挥室，实时监控、随时调度。

利用 GIS、GPS、无人机群、VR 全景展示等新技术，解决乡村治理中“人力所不能及”的瓶颈问题。利用数字化协同发展打造“掌上矛调”，建设村级矛盾调解平台，打造村级掌上应用 App“掌上矛调”，它是基层社会治理信息化、智能化的一种探索，尝试以“互联网 +”的方式打造镇、村、网格三级社会治理结构，提高老百姓参与社会治理的积极性，努力做到基层社会治理中过程让群众参与、成效让群众评判、成果让群众共享。

村民手机上的“掌上矛调”App，包含公共法律服务、我要查询、我要学法、小蓝说法等栏目，一揽子解决群众的法律需求。同时，群众足不出户就可反映情况，申请矛盾纠纷调处，村民们还能通过 App 对村里大事小情提出自己的建议和看法。村民的意见建议可以通过“村情直通车”提交到平台，指挥中心通过平台分派给网格员，网格员通过手机 App 就可以接收并随时调度遍布全村的治安队员前往处理。

在数字平台的应用下，监控探头动态监控景区全域，结合 AI 技术，一旦发现违章停车、横穿铁路等事件就自动报警，村里不需要安排大量人员盯防，管理效率有了显著提升。

在余村的水库安装水位监测终端设备，当水位达到预警阈值，“数字余村一张图”管控平台立即自动预警。又如，村民、巡察员可以通过“爱安吉”手机移动端上的“数字乡村——余村”模块，快速上报待处理事项，“数字余村一张图”管理员通过管控平台即可下发任务。村民还可以通过“爱安吉”手机移动端联系“乡贤”“调解员”反映遇到的纠纷、困难。此外，余村还将“创业码”融入技术平台，依据“农户＋平台”的理念，允许农户通过手机移动端将其农产品发布上传，通过“数字余村一张图”审核后则可在旅游集散中心展示平台或移动平台（如小程序等）进行集中展示、推广。客户下单采购后，既可以选择到农户家自提，也可以通过村级物流平台寄送。

在余村“5G 物联网＋余村溪泉鱼”基地，通过数字化将鱼菜共生相结合，实现生产自动化、管理信息化。借助数字大屏，基地工作人员可以实时对鱼塘的水质水位、增氧机等进行监控，并通过手机端或中控电脑远程对鱼投喂饲料。在节省大量成本的同时，高效把控鱼的品质。

在余村智慧健康小屋，依托“互联网＋医疗健康”模式，有效延伸了村民医疗、健康及养老服务的“最后一公里”；智慧交通系统通过部署“安心游”“安心停”及“掌上公交”等应用，实时监测车流人流通行状态，并基于景区风险点四色管控图实现对旅游巴士、公交车辆的运行态势可视化监管；“乐居余村”小程序作为云端未来社区核心载体，为村民提供村庄资讯推送、线上市集交易及活动一键报名等综合性服务，全面覆盖居民日常生活场景。

数字余村综合管理平台通过全域数据整合与动态监测机制，实现村庄运行态势的实时管控与智慧决策。平台显著优化了游客服务体验：游客可即时获取空气质量指数、民宿可订房量等公共服务数据，依托道路监控网络与景区二维码智慧导览系统构建的立体化安全保障网络，同步提升了游客的体验满意度与安全感。

各行政村在数字乡村建设中复用数字余村平台的核心架构，并通过差异化功能模块开发实现特色化发展。这种标准化共性平台与定制化个性服务相协同的建设模式，在确保基础治理能力统一赋能的同时，显著提升了村级治理系统的适应性与创新活力。

黄杜村盛产白茶，被誉为“中国白茶第一村”，是安吉白茶产业的始发地和核心区，曾向贫困地区捐赠茶苗，帮助当地群众脱贫。白茶种植和扶贫攻坚是数字黄杜综合管理平台的特色模块。平台深度整合安吉白茶种植系统，对茶园关键数据进行实时监测与监管，动态呈现白茶生长状态，并以图文、视频等方式同步展示产业扶贫工作的实时进展与成效。

近年来，田园嘉乐比乐园以及村内的各类精品民宿为横山坞村带来了许多游客。结合村里的“共享发展，共享生态，共享治理，共享服务”4个共享模式，再加上特色亮点工程“平安360”，横山坞村打造了数字横山坞平台，围绕旅游和治安，实现旅游监控、外来人口数据分析和治安维保的数字化管理。

横溪坞村围绕“垃圾不出村、矛盾不出村、创业不出村、办事不出村”的治村理念，建立数字横溪坞平台，建设“四个不出村”特色模块，实现垃圾分类处理情况实时显示，村民线下办事流程全部植入线上，从而提升各项事务的管理和办事效率。

五鹤村基于移动端平台构建的智慧党建系统——“五鹤慧生活”，通过设立“最美党建”“清廉五鹤”“民主村务”“信访代办”“村民办事”等八大功能模块，创新拓展党务公开渠道与基层治理场景。该平台支持党员、群众实时参与村级事务、动态反馈诉求，村综合信息指挥室依托数据中枢实现诉求的即时响应与精准化治理服务。平台运行以来，村级信访量显著降低，矛盾纠纷化解成功率持续提升，村级事务群众满意度也大幅提升。

二、促进乡村产业高效发展

数字技术作为新型生产要素深度介入农业经济体系，通过对生产、运营、流通等全产业链环节的赋能改造，催生农业新质生产力并重构乡村产业生态。这种技术经济范式的转型，不仅成为乡村振兴战略实施的核心驱动力，更实质性地加速了农业农村现代化进程。

安吉县以数字赋能，促进农业提质增效。“数字乡村一张图”采用5G、物联网、云计算、大数据等技术，在GIS地图（即基于地理信息系统技术，将各类地理数据呈现在一幅地图上）基础上进行主体信息的地理定位，使农业产业数据一图可视。基于“浙里办”，开发了农民掌上办事入口，老百姓通过手机上报信息完成相关事项的数据提交，实现办事不跑路。推进应用系统互联互通，打通各应用系统数据，通过应用场景的使用可以做到数据留存、整合、互通，实现数据的更新和有效分析，使各业务信息互融互通。

为实现农民富裕富足，安吉县针对各村的农业、旅游、民宿等不同的产业特色，按照“一村一码、一户一码、一物一码”的标准，将互联网与特色农业深度融合，打造“安吉优品汇”等平台，不仅实现了线上、线下销售渠道融合，还有效解决了产品的溯源、跟踪、原产地认证问题。

在安吉县，白茶作为“一片叶子富了一方百姓”的支柱产业，其产值占农业总产值的60%，产业从业人员达10万人，但一直受困于仿冒问题。围绕破解消费者辨识难、市场管控难、行业管理难等痛点堵点，安吉县大力推进安吉白茶产业全域、全程数字化转型升级，构建了“安吉白茶产业大脑”平台，形成了白茶生产、流通、销售、服务等各环节的数字化应用场景，构建了从生产到交易的全链条数字化闭环监管模式，有力提升了地区特色农业质效发展。

“白茶产业大脑”，就是区块链上的“茶叶元宇宙”。安吉县运用“产业大脑 + 超级工厂”模式，全面启动白茶数字化生产管理系统，通过大数据整合应用建成“一图一库、一户一码、一园一证”的大数据综合管理体系，打造安吉白茶可视、可控、可追溯的全程全域管理格局。并在原有标准化清洁生产线的基础上扩产能，有效降低成本。该创新举措采用数字化方式推动整个产业升级，解决农民增收难题。

安吉白茶产业大脑（张卉　摄）

安吉白茶产业大脑是一个“海陆空网”四位一体的综合体，是一个集“监控、调度、展示”等功能为一体的数字化公共服务中心，包括安吉县白茶产业地图、产业链、*N* 个产业应用以及一个数据中心，实现对全县 20.06 万亩茶园、1.7 万户茶农的实时观测管理。通过区块链技术，将茶园降水、加工温度、产品流通等“茶园到茶杯”的全链条信息整合写入防伪码，切实保护安吉白茶原产地的品牌价值。

安吉白茶产业大脑整合气象、土壤、市场等 792 万条数据，构建“种植一加工一流通”全产业链数字化管理体系。通过数字化平台，深化订单茶农管理，指导茶农开展茶园精细化操作，实现数据的即时更新与管理，从而提高产业效率和透明度。

安吉白茶产业大脑聚焦白茶产业监管和农事服务，以安吉县20.06万亩白茶产业地图为数据底座，叠加白茶生产、流通、销售、服务等各环节数字化应用场景，提供全链条式数字化管理模式。将白茶从种植、生产到仓储、流通所有环节的各种信息整合写入区块链，有效保障整个产业的数据真实、安全、共享，形成安吉白茶产业区块链联盟，基于区块链技术，实现安吉白茶全产业链追溯信息的闭环与可信服务。

安吉县对全县20.06万亩茶园开展数字测绘图斑入库，完成1.7万多户茶农确权登记，将茶园面积和茶园主体进行关联，合理确定每户茶园的茶叶总量，实现总量控制目的。基于安吉白茶测绘确权，核定安吉白茶生产总量，茶农凭“码”交易。该码统一归集不同农业信息系统中的数据，为安吉白茶建立数字身份，实现展示信息、产品品质管理可控。对县域内140家农资店实现信息一屏掌握、实时监管，农资店网点信息手机可查。依托水肥一体化设备，实现灾害信息推送预警，提前预防，实现茶园科学精准施肥用药。

全县有1900多个气象服务站，构建“智能网格预报+农业气象”业务服务体系，将相关数据融入安吉白茶产业大脑数字茶园管理系统，不仅实现了茶园的有效管理和精准化管理，更为茶叶的品质保障提供了有力支持。一旦发现茶叶病虫害问题，专家团队能够第一时间通过摄像头监控到情况，并迅速介入处理。同时，该体系还能够监控茶园的施肥和用药情况，保障茶叶的绿色健康。

安吉白茶还打通了浙农优品、浙农码、安吉县肥药两制等7个系统，归集土地信息、农户信息、企业信息、农资施用信息等14类792万条数据，建设形成“113*N*”基本架构（即建设1个驾驶舱，1个数据中心，“3个放心系”和*N*个服务功能模组）。

安吉白茶产业大脑应用贯通“浙农码”平台，为茶农茶企设立电子账户，结合茶园测绘确权数据，发放相应数量的防伪码，并绑定在相应的产品外包装，整合写入茶园降水、加工温度、产品流通等信息，实现实物交易与防伪码同步流转。

消费者只需扫描包装上的二维码，就能一键查阅产出基地以及采摘、分选等各加工环节的溯源信息，确保安吉白茶总量可控、全程可溯、品质可信，切实保护产地品牌价值。形成一个连贯的数字化管理体系，有迹可循。消费者可以看到茶叶是在哪一座山、哪一个人采的；在哪个厂制作，又通过哪个经销商，来到自己手里。让消费者喝得放心。

安吉白茶的产业大脑，建立了安吉白茶从茶园、种植、加工、包装、储运、销售全产业链可追溯管理闭环，确保安吉白茶总量可控、全程可溯、品质可信，精准展示生产主体信息，实现品牌和展示信息的可控管理。通过数字化赋能白茶产业，书写了“一片叶子再富一方百姓”的生动故事。

三、促进乡村公共服务水平提升

数字技术通过重组农村生产要素配置体系，拓展数字化生活应用场景，建立精准化、智能化的乡村综合服务体系。数字乡村平台集成多维度生态气象监测数据，依托数据一张图，系统构建高精度村情动态模型，为灾害预警与应急响应提供决策支持，显著提升乡村治理效能。

安吉县以余村为样板，建成 9 个各具特色的村级数字化管理平台。实现“数字化 + 政务服务”。构建以网络通信为基础、以村大数据为支撑的指挥调度与数据处理中心，数字乡村治理体系通过集成化平台（含数据大屏及移动端应用）构建透明的“三务”公开与政策传导机制；建立村民信息精准推送与便民服务渠道；依托全域数据整合推进治理智能化。该体系以“人户房”基础数据库为根基，深度融合生态环保、消防安全、交通出行等多元数据，在统一数字平台上实现可视化呈现。通过监管端与移动端的协同治理，在显著降低行政负荷的同时，同步达成治理智慧化、过程公开化及垃圾分类100%闭环管理目标，全面实现垃圾不出村治理效能。实现“数字化＋网络兴农”。针对各村的农业、旅游、民宿等不同的产业特色，按照“一村一码、一户一码、一物一码”的标准，将互联网与特色农业深度融合。先后上线特色产品173种，开展直播销售221场，销售金额超千万元，点击量破亿次。

面向政府行政管理主体，构建乡村政务管理信息平台架构，重点实现行政办公协同化、智慧党建系统化、廉政监管动态化及精准扶贫精准化四大核心功能。平台通过构建“数据驱动型”管理范式，即以数据支撑决策、优化管理流程、激发创新机制，显著提升政务信息资源整合共享水平与行政服务效能。在增强政府公信力的同时，深度释放政务信息共享对深化行政改革、加速职能转变、创新治理模式的关键赋能价值。安吉县基于“浙里办”，开发了农民掌上办事入口，老百姓通过手机上报信息完成相关事项的数据提交，实现办事不跑路。应用系统互联互通。打通各应用系统数据，通过应用场景的使用可以做到数据留存、整合、互通，实现数据的更新和有效分析，使各业务信息互融互通。

灵峰街道上线安吉县首个乡镇级智慧城管指挥执法平台，运用AI技术、视频结构化分析等手段，实现人工智能赋能环境整治；安吉县综合执法局打造智慧犬类综合管理应用，通过数字化手段实现养犬数据“一库”共享，实现犬只免疫、养犬登记、犬牌申领等便民事项“一网”通办，极大地提升基层治理现代化水平。安吉县大数据局联合全县各部门，在“浙里办”App上架多个领域数字化应用场景，涉及医疗卫生、城市管理、助残扶弱等，让市民掌上办事更方便。

红庙村通过广电和数字赋能，依托“雪亮工程”、应急广播，结合“三屏整合”技术，建立数字红庙综合管理平台，集成乡村相关的产业经济、乡村治理、乡村经营、乡村服务等多个领域的基础数据，让数据开放共享、上联下通，使村务管理智慧化、便民服务数字化、乡村振兴多元化、居家养老平台化、垃圾分类规范化。

高禹村的数字高禹综合管理平台以党建引领为核心，结合村情基础数据和安吉县各部门业务数据（如文明实践、最多跑一次等），通过数据报表来展现高禹村的发展现状。例如，代办事项线下提交（如窗口登记系统、身份证读卡器系统等）、线上查询，将处理结果反馈给用户，并形成代办事项数据归集。

四、促进乡村生态产品价值高效转换

安吉县拥有丰富的生态资源，但在转化过程中也碰到了资源底数不清、数据分散、资源集聚度低等难题。基于此，安吉率先在全国开展“两山银行”试点，对生态资源进行收储和交易，实现资源变现。“两山银行”是安吉综合改革试点的资源转化平台，在省市指导支持下，2021 年入选浙江省数字政府最佳应用，是浙江省首批数字政府“一地创新、全省共享”应用项目。

在“两山银行”框架下，安吉县构建全域资源“一盘棋”，率先实现县域多部门数据贯通融合。通过系统集成 289 个多维数据图层，创新构建以 GEP（生态系统生产总值）核算体系为支撑的生态资源时空管理图谱，科学量化区域生态资产价值维度，为绿水青山贴上“价格标签”。

安吉县“两山银行”生态资源价值实现平台累计集约化归集重点资源点位 500 余个，涵盖存量建设用地 2000 亩、集体经营性建设用地 5000 亩、林地 10 万余亩、水域约 1500 亩、闲置农房 200 余幢。平台通过市场化转化机制成功开发五谷丰登花园驿站、抱竹山庄等 22 个生态产业项目，实现村集体经济增收 1800 余万元，创造就业岗位 2100 余个。该转化通道的多元化实践，标志着县域生态资本化路径的成熟演进，为绿色发展范式注入可持续发展动能。

“两山银行”机制不仅成功实现生态资源资本化转化，更深度重塑了社会对生态资源价值的认知范式。居民可以将农房、竹林、茶园等名下用不上的生态资源存入银行，实现了数字赋能生态产品价值的高效转化，而乡镇治理主体则依托生态资源数据库及可视化平台，实现全域资源的动态监管与项目精准调控。2020 年 12 月 28 日，全国首个县域竹林碳汇数字化交易平台——安吉县“两山”竹林碳汇收储交易中心正式运行，其首发的碳汇交易金及碳汇生产性贷款，标志着生态资源价值量化体系的实践突破。该机制以市场化路径生动验证了“绿水青山就是金山银山”的科学论断。

第四节　数字乡村治理的经验启示

一、重视数据赋能，提升数字治理实效

乡村数字治理工程，最宝贵的不是“乡村大脑”的大块数字显示屏，而是通过集成自然资源、主体信息、产业分布、文化空间及治理要素等多元数据图层，“数字一张图”系统构建了全域空间治理中枢平台。该平台兼具数据聚合分析、智能区域治理、事件闭环处置与可视化应急调度等核心功能，在推动虚拟空间与现实场域深度耦合的基础上，实现了治理能效的跃升式突破。

同时，要打破“信息孤岛”，实现数据资源整合应用。数字乡村平台建设需遵循“工具理性与价值理性统一”原则：既要依托技术载体赋能治理，更须防范技术异化导致的系统冗余。应实施三重整合策略：

平台架构集成化、业务流程简约化、用户覆盖全域化。通过构建一站式数字治理中枢，实现三大转变：多源平台向单点入口收敛、复杂程序向极简交互转型、专业操作向普惠应用演进，最终实现行政服务智能化与人文关怀的辩证统一。

二、注重数字基础设施建设

要着力完善乡村信息基础设施，通过部署高带宽、低时延的5G乡村全域覆盖网络，驱动农业生产、加工、销售全链条智能化转型，同步赋能远程医疗、环境监测、应急响应等治理服务场景，实现数字基础设施与乡村发展需求的精准耦合。

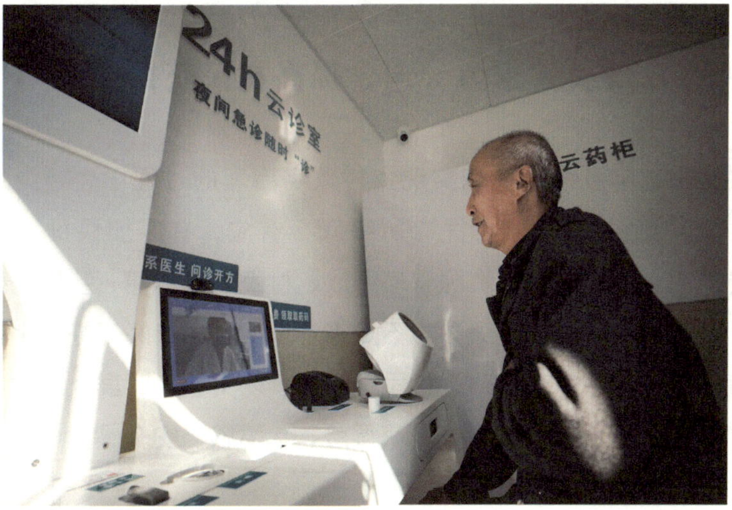

智慧医疗在安吉（张卉　摄）

通过构建适老化数字能力提升体系，针对智能终端使用障碍群体实施场景化多模态培训（视频教程、图文手册、语音指导），系统性增强农户基础数字操作能力并促进其社会参与度。

三、注重数实融合发展，助力乡村产业振兴

数字乡村治理的深层意义是要通过数据赋能产业发展，实现共同富裕。农业科技发展日新月异，从“人管地”到“数管地”，从“靠天吃饭”到“科技种田”，以物联网为代表的数字化技术正在全面改变传统的农业种植模式。与此同时，5G、大数据、人工智能等新兴技术与农机装备深度融合，打造出无人农业作业场景，让过去“面朝黄土背朝天地弯腰挥锄”变成了“数字农机矩阵的高效作业”。在乡村数字治理的过程中，要将现代农业数字化发展的新科技成果和管理模式有效植入乡村数字治理平台，将小农户与现代农业、传统农业与现代科技有机结合，实现乡村产业的高质量振兴。

四、以现实需求为导向，提高村民获得感

在推进数字乡村建设和实现乡村数字治理的过程中，要围绕村民“急难愁盼”的需求痛点，民有所呼我必有应，有序加快推进工作进程。针对服务响应滞后、资源管理粗放、村民办事不便、基层党建活力不足、公共服务薄弱、村民参与不足等重点问题，管好用好数字技术这一治理工具，让数据多跑路、村民少跑腿，切实让人民群众在数字乡村建设和数字乡村治理中拥有更多获得感、幸福感、安全感。

第七章

人才振兴：青年入乡创造乡村未来

安吉县20年来坚持践行“绿水青山就是金山银山”理念，凭借得天独厚的生态资源优势，持续深耕美丽乡村建设的成果，不仅实现了从“靠山吃山”到“养山富山”的绿色转型，更将良好的生态环境视为吸引人才、集聚要素的核心竞争力。安吉县将“招引10万青年大学生”确立为县域经济社会发展的“第一战略目标”，不仅彰显了安吉引进人才方面的坚定决心，也使其青年人才引进工作在全国范围内具有了鲜明的辨识度和示范效应。安吉县深厚的“两山”文化底蕴和勇于先行先试的改革创新精神，为青年人才入乡发展提供了广阔的舞台。

第一节　安吉人才振兴的主要成效

一、青年人才集聚效应显著，乡村活力持续迸发

（一）青年人才数量与结构实现双重优化

安吉县凭借强有力的政策支持和优越的生态创业环境，正迅速成为青年人才向往的“磁力场”，人才集聚效应日益显现，为乡村发展持续注入“青春活水”。2019 年以来，安吉县新增入乡就业创业的青年人数已接近 5 万人，这一庞大的人才增量直接带动了全县常住人口的显著增长，新增人口数量近 10 万，增幅超过 20%。安吉县已连续 3 年实现每年新增青年就业创业人数超过 1 万人，充分体现了安吉引才政策的持续效力和不断增强的吸引力。2022 年以来，安吉县已成功引育“青创”项目 617 个，引进新经济企业 60 余家，集聚高校毕业生 3000 余人。安吉县在青年人才引进方面的“加速度”与“高质量”，为区域经济社会发展注入了强劲动力。

在人才结构优化方面，安吉县吸引的青年人才呈现出高学历、高技能、高素质的鲜明特征。安吉县创新推出的“数字游民公社”项目，吸引的数字游民平均年龄为 28 岁，其中本科生占比 59%，研究生及以上学历占比 30%。此外，余村打造的青年创业空间“青来集”已吸引 1200 余名青年人才常态化办公。安吉县通过实施针对不同学历的差异化补贴政策，积极引导人才结构优化。这些青年人才的到来，不仅带来了先进理念和技术，更有效缓解了乡村人才结构单一、老龄化等长期问题。

余村全球合伙人项目国漫咖啡（张卉 摄）

（二）青年人才创业就业领域多元拓展

青年人才的涌入极大地促进了安吉乡村产业的多元化发展和新经济业态的蓬勃兴起。凭借开阔的视野、创新思维和娴熟的技能，青年们在乡村广阔天地中开辟了多元化的创业就业路径。

文旅融合与创意经济 依托安吉的绿水青山，青年人才打造了众多富有创意的文旅项目。例如，“深蓝计划”将废弃矿坑改造为网红咖啡店，年接待游客超 60 万人次，运营团队以大学生为主。设计师返乡将“空心村”蝶变为民宿集聚的“小瘾·半日村”。此外，“稻田瓢虫”咖啡馆、大麓音乐品牌等项目，将文化艺术与乡村风光巧妙融合。

数字经济与远程办公 安吉依托生态环境和政策优势，吸引了大量从事媒体、信息技术、设计等行业的数字游民。溪龙乡“DNA 数字游民公社”已集聚上千名数字游民，形成独特的“大自然工位”集群。这不仅为乡村带来高素质人才，也促进了城乡间信息与要素的流动。

乡村运营与社区营造 越来越多的青年以“乡村主理人”身份参

与乡村整体运营和社区建设。余村“青来集”青年人才社区主理人丁文文通过市场化运营，集聚了 60 多个合伙人和新经济项目，吸引了 1200 余名青年人才常态化办公。

现代农业与科创项目 部分青年利用现代农业技术和创新理念，投身特色种养殖、农产品精深加工、生态农业等领域。例如，福建青年团队在赋石村开展苔藓种植和微景观制作，探索“小苔藓”里的大商机。

多元化的创业就业实践，不仅为青年提供了广阔的发展空间，也为安吉乡村注入了前所未有的创新活力，推动了产业结构的优化升级。

（三）“青年力”成为安吉发展新标签

随着大量青年人才的涌入和深度参与，“青年力”正逐渐成为安吉县的一张亮丽的新名片和推动区域发展的新引擎。

创新创业氛围的营造 青年群体带来的新思想、新模式和新业态，在安吉乡村形成了浓厚的创新创业氛围。“青年理想集结地”等标签的出现，生动体现了这种氛围。安吉县通过举办各类青创大赛和论坛沙龙，为青年提供了展示才华和交流思想的平台。

社会认同感的提升 青年人才在乡村的创新创业活动取得了显著成效，逐渐赢得了当地政府和村民的广泛认可与支持。创办“稻田瓢虫”咖啡馆的返乡青年，成为村民眼中的“有本事的人”，并被选为村后备干部。这种认同感极大地增强了青年的归属感。

发展模式的引领示范 青年主导或参与的成功项目，如“深蓝计划”和“小瘾·半日村”，不仅实现了良好的经济和社会效益，更为其他乡村和青年提供了可复制、可借鉴的经验模式，发挥了良好的示范引领作用。

青年人才的集聚正深刻改变安吉乡村的面貌，使其焕发出勃勃生机。曾经的“空心村”正转变为充满希望与活力的“青春主场”。

二、未来村落建设加速推进，人居环境与功能品质整体跃升

青年人才的深度参与为安吉未来的村落建设注入了强大的智慧和动能，推动了乡村基础设施、公共服务、产业发展、人居环境和治理能力的全面升级。城乡面貌焕然一新，功能品质显著提升。

（一）基础设施与公共服务持续完善，城乡差距有效缩小

未来村落建设的核心目标之一是提升乡村的宜居性，缩小城乡在基础设施和公共服务方面的差距，青年人才在这一进程中发挥了重要作用。

基础设施的数字化与智能化升级 掌握现代信息技术的青年人才积极推动5G网络、物联网、智慧交通和智慧能源等新型基础设施在乡村的布局与应用，从而提升乡村基础设施的现代化水平。如他们参与开发和应用的乡村智慧旅游导览系统、智慧停车系统和环境监测系统等。

优质公共服务资源的引入与创新供给 青年人才利用自身专业知识和外部资源，将城市优质的教育、医疗和文化资源引入乡村。青年人才通过在线教育平台弥补乡村教育短板，引入远程医疗服务，并组织高品质的文化艺术活动。余村的“青来集”青年人才社区内配置了食堂、咖啡馆和共享电动车等便捷生活设施，提升了青年人才及当地居民的生活便利性。

生活配套设施的完善 青年创业者也成为乡村生活服务业态的供给者，开设特色餐饮、便利店和文创商店等，丰富了乡村商业配套，使乡村生活更加便捷舒适。

通过不断努力，安吉未来村落的基础设施条件和公共服务水平得到了显著改善，城乡一体化特征愈加明显，为吸引和留住更多人才奠定了

坚实基础。

（二）产业植入与业态创新激活村落内生动力

青年人才凭借敏锐的市场洞察力和创新能力，在盘活乡村闲置资源、引入新兴产业、创新商业业态等方面展现出强大动能，有效激发了村落的内生发展动力。

新业态与新场景的集中涌现　“深蓝计划”将废弃矿坑改造为集咖啡消费与观光体验于一体的复合型文旅空间，年营收超过 2000 万元。余村“青来集”在 1 年多时间内集聚了 60 余个合伙人和新经济项目，涌现出 50 多处新业态和新场景。这些创新业态不仅吸引了大量游客，也为当地创造了众多就业岗位。

“空心村”的蝶变重生　一位青年设计师回归家乡，将原本凋敝的“空心村”打造为高端民宿集聚的“小瘾·半日村”，通过市场化运营，实现了村落空间的复兴和产业的兴旺。2023 年，横山坞村实现收入 1.12 亿元，吸引百余名创新创业人才入驻，成为未来乡村建设的典范。

农文旅的深度融合发展　青年人才善于挖掘乡村的自然生态、历史文化和当地生活方式的独特价值，通过创意设计和市场化运作，推动农业、文化、旅游等要素的有机融合。例如，安吉的“千家乡宿”“百村万帐”等培育工程，以及咖啡经济、露营经济、研学旅行等新业态，均离不开青年的策划与运营。

这些产业的成功植入，不仅提升了乡村经济活力，也增强了对外部资源和人才的吸引力，形成了“产业兴旺—人才集聚—村落繁荣”的良性循环。

（三）人居环境与乡村风貌展现新魅力

青年人才的审美情趣、设计理念与环保意识，为提升安吉乡村人居环境质量、塑造独特乡村风貌发挥了积极作用。

村容村貌的精细化整治与提升 返乡青年带领村民从环境整治入手，亲自参与垃圾清理，使村庄环境焕然一新。这类由青年主导的整治行动，不仅改善了村容村貌，也提升了村民的环保意识和家园认同感。

乡村风貌的特色化设计与塑造 越来越多的青年设计师、建筑师和艺术家参与乡村规划与民居改造，尊重乡村自然肌理和文化传承，同时融入现代设计元素和审美理念，打造出兼具乡土韵味与时尚气息的美丽乡村。许多网红民宿、咖啡馆、艺术空间的设计均出自青年之手，这些地点也成为乡村独特的风景。

生态理念的融入与实践 作为“两山”理念的践行者，青年在创业和生活中更加注重生态环保，推动绿色生产和生活方式在乡村普及。例如，发展生态农业、推广可再生能源、倡导垃圾分类减量等。

通过上述努力，安吉乡村不仅“面子”更美，“里子”更实，人居环境整体改善，使乡村真正成为“推窗见绿、出门见景、记得住乡愁”的美好家园。

（四）乡村治理现代化水平显著提高，青年参与治理成常态

青年人才的回归和入驻，为传统的乡村治理体系注入了新的活力和智慧，推动了安吉乡村治理的现代化转型。

乡村治理结构的年轻化与专业化 一位“85 后”企业高管回乡担任村党支部书记后，安吉村“两委”班子的平均年龄从 58 岁大幅下降到 30.8 岁。自 2018 年实施“乡村振兴新青年”行动以来，安吉已招引 1.2 万余名有大学学历、经营经历、阅历丰富的青年人才回村创业，并从中择优为每个村常态储备 3～4 名后备力量。目前，安吉县村党组织书记中 35 岁以下的人员占比为 25%，数量是 5 年前的 3 倍，有企业高管从业经历的人员占比为 20%。这种结构的优化，为乡村带来了新的管理理念和治理方法。

治理效能与民主化水平的提升 年轻的村干部和入乡青年更善于运

用现代信息技术和互联网思维参与村务管理、社区服务和矛盾调解。例如，他们可能建立村民微信群、开发村务公开小程序、利用大数据分析村民需求等，这些方法提高了治理的效率、透明度和精准度。一位村书记通过“一杯粗茶解民意”的方式倾听民声，体现了亲民务实的工作作风。

社区组织与公共精神的培育 青年人才积极发起并参与各类乡村社区活动和志愿服务，有力推动了乡村公共文化建设，提升了社区凝聚力与居民的公共精神。与此同时，青年群体带来的新思想和新活力，潜移默化地促进了乡村社会风气的转变。青年力量的注入，使安吉乡村治理更加充满活力、富有成效、贴近民心，为村落的和谐稳定和可持续发展提供了坚实的组织保障。

三、赋能区域经济社会高质量发展，共同富裕迈出坚实步伐

青年人才的集聚和创新创业活动，不仅直接推动了乡村的繁荣，也对安吉县域整体经济社会的高质量发展及共同富裕目标的实现产生了积极且深远的影响。

（一）经济效益：新动能培育与村级集体经济壮大

青年入乡为安吉的经济发展注入了强劲的新动能。

新兴产业的培育与带动 青年创办的“千家乡宿”“百村万帐”、咖啡经济、数字游民经济等新业态不断涌现。这些新兴产业不仅具备良好的成长性，还带动了设计、营销、物流、农产品供应等上下游产业链的发展，形成了新的经济增长点。

村级集体经济的显著壮大 青年人才通过参与乡村运营、开发乡村资源、引入外部投资等方式，有力地促进了村级集体经济的发展。以夏

阳村为例，在青年干部的带领下，发展露营等新兴产业，使村集体经济年经营性收入从 8 万元跃升至 320 万元，全村旅游收入也达到 800 余万元。这为乡村公共服务、基础设施维护和民生改善提供了坚实的财力保障。

农民收入的多元化增长　青年创业项目为当地村民创造了大量就业岗位，尤其是在民宿、餐饮、景区服务等新型服务业领域。同时，乡村旅游的兴旺带动了农副产品销售，增加了农民的经营性和财产性收入。浙江省超过 6.8 万名农创客带动了超百万名农民增收致富，安吉作为其中的佼佼者，对农民增收的贡献尤为突出。安吉县通过探索全域乡村运营新模式，累计开展乡村运营项目 45 个，吸引投资 18.2 亿元，招引 3 万余名青年人才到乡村创业就业。

（二）社会效益：文化传承创新与城乡融合发展

青年下乡对安吉的社会发展产生了积极且深远的影响。

乡土文化的传承与创新　青年人才具备较高的文化素养和创新意识，能够深入挖掘和梳理当地乡土文化资源（如传统手工艺、民俗风情、历史故事等）。通过现代创意设计、文创产品开发、沉浸式文化体验项目和新媒体传播等方式，赋予传统文化新的时代内涵和表现形式，焕发出新的生机与活力。这不仅增强了乡村的文化魅力，也提升了当地居民的文化自信和认同感。

社会观念的更新与文明程度的提升　青年人将城市的新思想、新理念、新知识和新生活方式（如环保意识、契约精神、数字生活、健康生活方式等）带入乡村，潜移默化地影响和改变乡村居民的思维模式和行为习惯，推动乡村向更加开放、包容和文明的方向发展。

城乡要素的双向流动与深度融合　青年人才作为城乡交流的桥梁，带来了城市的信息、技术、资本和消费模式，同时将乡村的优质生态产品、特色文化和田园生活方式推向城市。这种双向互动促进了城乡要素资源的优化配置、产业的协同发展、文化的交流互鉴以及生活方式的融合，有力推动了城乡关系从二元分割向一体化融合发展转型。

社会资本的积累与社区网络的构建 青年入乡者往往会形成新的社群网络，彼此之间的互助合作、信息共享。他们与本地村民的良好互动，有助于乡村社会资本的积累，增强社区的韧性和活力。安吉县通过成立青春社团、举办交友活动等方式，积极促进社区网络的构建。

青年人才的涌入和深度参与，不仅为安吉的经济发展注入了新动能，壮大了村级集体经济，增加了农民收入，更在文化传承创新、社会观念进步和城乡深度融合等方面产生了积极的社会效应，为安吉实现更高水平的共同富裕奠定了坚实基础。

第二节　安吉人才振兴的具体举措

一、安吉县“5+”模式吸引青年人才返乡创业

自2022年以来，安吉县深入贯彻习近平总书记关于就业工作的重要指示精神，充分发挥美丽乡村建设所积累的资源优势，以“一村一品”为核心，积极创建平台、拓展渠道、开辟新赛道，并通过政策支持，探索实施品牌引流、艺术引流、体验引流和产业引流等6种模式，推动青年人才在乡村创业与就业。安吉县致力于打造“美丽乡村发源地、乡村创业首选地”的品牌。截至目前，安吉全县15个乡镇（街道）已实现“一村一品”特色产业全覆盖，成功吸引284个大学生创业项目入驻，吸纳大学生2038人。

“强核赋能+辐射带动”，以品牌加持助推青年人才创业 安吉县

充分发挥明星村品牌的价值，积极吸引、整合和调动多方资源参与乡村振兴建设，构建青年人才“朋友圈”，不断吸引新的人才合伙创新创业，形成支持乡村振兴的人才链，打造全域共享的青年人才乡村创业新模式。例如，天荒坪镇余村利用“两山”理念的优势，推出“余村全球合伙人”计划，并设立首期1亿元的余村产业发展基金，成功招募了涵盖品牌策划、乡村运营等领域的22个团队和96名成员，全面助力余村产业经济发展。此外，递铺街道鲁家村发挥国家级田园综合体的作用，启动“鲁家农创令”新农人计划，成功邀请来自全国各地的15个团队和63名大学生到鲁家村就业创业。

“产业主导＋资本注入”，以优势互补助推青年人才创业　充分发挥美丽乡村特色产业的积淀优势，积极吸引优质社会资本和工商资本深度参与乡村产业发展。在产业融合、城镇规划和人才聚集等方面共同发力，推动资本、资源和人才深度融合，打造青年人才创新创业的新路径。例如，溪龙乡溪龙村依托白茶文化特色资源，与上海爱家集团合作打造茶旅融合综合体“白茶原”项目，进而创建安吉DNA数字游民公社。该项目成功吸引了400余名高技能、高学历、高收入的数字游民来安吉创新创业，催生了乡村全新业态。

“线上头部＋线下基地”，以网红流量助推青年人才创业　安吉县依托优质的山水自然资源，探索线上头部企业与线下场景的联动，创新建立了连接城市与乡村的线下体验中心。通过线上流量和技术的撬动，激发线下增长潜力，推动互联网头部企业利用数字技术为线下经济提供强有力的支持。例如，孝丰镇夏阳村利用赋石水库的自然优势，打造了露营界的顶流营地，成功吸引了小红书总部、携程露营培训学院等OTA头部公司落户。通过推动流量裂变，该项目吸引了7家知名户外露营品牌及运营公司和一批创业青年团队入驻，形成了乡村数字经济的新业态。

“独特风貌＋山水风景”，以资产唤醒助推青年人才创业　安吉县有效利用矿山、矿坑等农村废弃资源，充分叠加优美的原始生态景观，通过青年人才在文旅创意业态方面的加持，唤醒沉睡资产的商业价值，形成独具特色的青年创业网红新业态。例如，梅溪镇红庙村充分利用矿坑等独特风貌资源，联合 21 支大学生创业团队共同启动“深蓝计划”一号营地建设，打造包含咖啡馆、观景台、麦田和废墟等网红打卡点。

“闲置村落 + 艺术融合”，以业态植入助推青年人才创业 加快引导乡村存量资源的功能转型和改造升级，通过招引一批善于经营乡村、富有乡村情怀的青年人才，撬动乡村风貌提升和产业升级，使“沉寂”多年的厂房和仓库转变为文化体验、旅游休闲等新产业、新业态的重要载体，以青年创业推动老建筑焕发高质量发展的新活力。例如，上墅乡上墅村将闲置的卫生院和民房改造成民宿，吸引文化音乐领域的人才返乡创业，打造以“音乐 + 文旅 + 社交 + 孵化”为主要发展模式的大麓书院，成功引入树下咖啡、夕露四季、仓隐茶室等网红业态，人才集聚推动产业发展的成效初步显现。

“网络科技 + 场景应用”，以数字赋能助推青年人才创业 积极探索“互联网 + 人才”乡村产业振兴模式，通过引进优质互联网企业，将数字思维融入乡村产业发展，全面培育乡村数字经济中的“新农人”。例如，灵峰街道成功引进民宿互联网平台头部企业“订单来了”，推动新增民宿 60 余家，吸纳超过 800 个商家使用，交易额超过 7 亿元，服务人次超过 100 万，酒店民宿的平均收益提升了 25%。

二、安吉县天荒坪镇余村：“全球合伙人”计划

2022 年 7 月，余村启动了“全球合伙人计划”，并联动周边的天荒坪镇、上墅乡和山川乡等 3 个乡镇的 24 个村，聚焦研学教育、乡村旅游、文化创意、农林产业、数字经济、绿色金融、零碳科技和健康医疗等领域，诚挚邀请致力于乡村建设的青年参与。

为吸引青年来到乡村，余村采取了以下措施：（1）守护绿水青山。提倡大自然工位，营造良好的工作环境。（2）完善生活配套。提升人居环境，建设合伙人“5分钟生活服务圈”系列设施，重点打造青年人才公寓、青年旅社和精品民宿集群。同时，培育网红打卡地，布局乡村新业态，集聚小而美的休闲业态，全方位满足青年人才的合作交流和休闲接待需求。（3）推出支持政策。设立余村产业基金，推出涵盖创业空间、餐饮住宿、项目运营、人才引育和金融政策等方面的50余项支持政策。入乡青年人才可申请生活补贴，创业用房享受“三免两减半”政策并提供硬件装修服务，同时可申请创业启动贷款。（4）优化交通出行。打造便捷的通勤交通保障，在余村范围内设立多个共享单车站点，连接公共交通资源，增设城乡公交站点，以更好地满足青年需求。

为持续聚集资源和人气，安吉推出了青年人才社区、百人楼（园、村）等青创聚落空间。目前，已建成运营的30幢“百人楼”吸引了约3000名大学生。占地3.7万平方米的核心人才社区“青来集”已入驻邻汇吧、云梯科技等50多个项目，提供高品质青年公寓和数字游民公社等设施，设有1200多个工位和4000多个床位，吸引了千余名青年人才。此举持续拓展了“众创空间+孵化器+加速器+园区”的创业创新发展空间。

为实现稳定的人才“流量”转化为乡村发展的“常量”，余村瞄准了“数字游民”这一新经济群体，打造了集住宿、生活和办公于一体的“DN余村”数字游民公社。公社内建成了4000平方米的联合工作区，设定最短租期为7天，并提供千余个沉浸式、风景式“大自然工位”，在短短半年时间就吸引了400多人入驻。为促进人才的驻流与合流，余村通过“O”生态文化圈组建了500人的社交新社群，开展“余村夜话”“余梦大会”“共创活动”等一系列活动，为青年人才提供丰富的链接、碰撞和交流机会。这些举措不仅激活了原乡人的资源，留住了归乡人的情感，还激发了新乡人的灵感，为数字游民提供了更多在乡村尝试和体验的机会，吸引越来越多的“游民”转变为“新村民”。

首批“余村全球合伙人”正式签约

青年为乡村注入了活力，而乡村也为青年提供了广阔的舞台，越来越多的年轻人开始探讨在乡村发展的可能性。“余村全球合伙人”计划以乡村振兴为宗旨，秉持“共建、共创、共享”的理念，致力于从零开始搭建乡村运营、青年创新和在村生活的综合平台，探索形成“村受益、企发展、民增收”的乡村人才集聚新模式。在短短 3 年内，该计划已签约合伙人项目和新经济项目 60 余个，落地乡村新业态 20 余个，成功打造了首个全国乡村青年人才社区——青来集。园区改造在 83 天内完成，吸引了 1200 多名青年入乡，并组织了 486 次乡村公益活动和其他各类活动，全媒体曝光累计超过 1 亿次。

三、安吉县梅溪镇红庙村：深蓝计划

2022 年，一支大学生团队通过改造废弃矿坑和老厂房，发起了

“深蓝计划”，成为“村咖”概念的起源地。“深蓝计划”共富工坊位于湖州市安吉县梅溪镇红庙村，由红庙村党委与深蓝旅游发展公司合作开发。工坊充分利用村内300余亩废弃矿坑资源，打造集咖啡、餐饮、露营、摄影等多元业态于一体的网红“村咖”。工坊的日常运营由青年大学生负责，村集体则负责项目的政策协调，并联合农户以资产资源入股的方式共同参与。目前，该项目已集聚青年120余人，累计接待游客超过100万人次，实现营收5000万元，自建成以来带动村集体经济年均增收200万元。

盘清家底，让闲置资产统起来 工坊所在地原为安吉第一国营水泥厂采矿遗留的废弃矿坑。为彻底消除矿坑的安全隐患和环境问题，村党委在梅溪镇党委的支持下，全面梳理矿坑及周边的产权关系，收储了170余亩青山石矿和2000余平方米老旧房屋，修复了5座废弃露天矿山，改造了20余幢村集体闲置废旧房屋。通过资源收储、生态修复和环境整治，工坊以心形“小冰岛”的初始形态对外整合招商。

青年入乡，让乡村产业活起来 共富工坊项目聚焦青年群体，以咖啡为切入点，于2022年成功引入青年创业团队合作开发与运营。为加快工坊建设，镇村党委牵头推进政策处理和项目实施，青年创业团队负责规划设计与运营管理。双方协作完成了晓南线1.2千米沿线土地政策处理，新建沥青道路、停车场等基础设施，仅用18天便建成工坊一号营地，将废旧房屋改造为咖啡馆，并建设了观景平台、网红墙、露营地等打卡点。工坊推出咖啡、集市、西餐等多元业态，聘请摄影师为游客免费拍照，并通过小红书、抖音等平台进行推广。昔日的废弃矿山由此焕发新生，成为“披绿生金”的典范。

产业联动，让村民集体富起来 工坊建立了“土地租赁、保底分红”的入股模式，通过村企联营，鼓励村集体和村民入股参与，推动村集体增收。村民在家门口不仅可以获得租金，还能挣取薪金和分红。为带动更多村庄共同致富，红庙村党委依托工坊的人气，联合周边4个村开展党建联建，推动产业协同发展与迭代升级，打造红庙矿坑蓝、章湾杉林红、荆湾水乡绿、小溪口稻田黄、甲子工业橙的“五彩共富圈”。预计每年将为各村增加村集体收入40余万元，吸引游客达10万人次。

四、安吉县孝丰镇夏阳村：露营经济

安吉县夏阳村地处浙皖交界，曾因交通闭塞、资源匮乏而发展滞后，集体经济年收入仅8万元，青壮年大量外流。2020年，“85后”村支书带领年轻团队实现村“两委”全面换届，以露营经济为突破口，成功引入小红书社会价值项目，落地全国首个小红书线下营地——“微拂·小杭坑”营地，打造了具有代表性的露营产品，为村庄带来巨大流量并在露营产业中占据一席之地。通过流量裂变，吸引了100余名青年返乡创业，携程、订单来了等OTA头部企业及多家知名户外露营品牌相继入驻，推动7个青年创业项目在村里落地。2023年，夏阳村共接待游客15万人次，生态旅游总产值超过1500万元。

动员吸引年轻人回乡 回乡青年在放弃高薪工作后，响应镇党委书记的号召，与发小们共同组建了湖州最年轻的村班子，平均年龄仅30.8岁。他们首先着手进行环境整治，改善村容村貌。洞察到户外经济的机遇，团队率先引入露营产业，开发营地，并通过互联网营销吸引品牌商和影视剧组，提升了村庄的知名度。积极招募专业人才，规划打造“户外体育村落”，构建一个吸引乡村原住民、归乡人员及新乡人的活力平台。

鼓励村民发挥才干 村班子注重让村民参与创富。通过举办厨娘大赛选拔餐饮人才，为露营产业提供配套的餐饮服务；鼓励村民改造闲置空间创业，涌现出“志玲超市”“等风来”咖啡店等特色小店；推出“屋顶盒子”项目，农户以屋顶入股共建民宿，享受保底租金和分红。一位年过半百的家庭主妇成功转型为“烤饼师傅”，日销烤饼200个；一位返乡青年从营长助理成长为营地负责人，带动全家投身创业。

组建专业运营团队 为防止“昙花一现”，夏阳村引入小红书平台进行整村运营，采用“保底租金+流水分成”的合作模式，整合资源打造“小杭坑”“向阳而生”等IP。村庄与斯凯奇、挪客等十余家国际品牌推出联名产品，并拓展亲子、骑行等多元业态。村集体转型为配套服务提供方，专业团队助力产业升级。2023年，夏阳村旅游收入同比增长三倍，帐篷住宿单价高达数千元，依然供不应求。

五、安吉县上墅乡上墅村：“音乐乡村”

上墅村位于安吉县南部，拥有深厚的人文底蕴，艺术与音乐为其增添了独特的浪漫气质。近年来，上墅村以“音乐乡村”建设为核心，强化组织领导，拓展艺术空间，重点打造以大麓书院为中心、音乐山谷为主平台、“未来乡村青年社区”音乐部落为配套的新业态。通过农户入股入社的利益联结机制，带动村民在家门口实现就业，音乐产业已成为当地经济的主力军。大麓音乐节由三位青年音乐爱好者发起，联合200余家音乐团队，致力于推动中国原创音乐发展，创新融合自然与音乐，依托安吉优美的自然风光，提供独特的户外体验。自举办以来，已成功举办6场大麓音乐节和3场艺术节，吸引超过50万乐迷，带动游客超300万人次，全球传播热度近50亿。通过“音乐人驻留计划”，上墅村吸引了6家青年艺术家工作室和4个驻唱团队落地安吉。两届安吉大麓青年音乐节共吸引18万乐迷，带动全域游客超50万人次，实现旅游消费6.5亿元。

人才与IP共振 实施“音乐人驻留计划”人才政策，吸引老狼、痛仰、声音玩具、低苦艾等6组知名音乐艺人常驻上墅村，常态化举办乡村民谣音乐会和主题论坛，持续提升“大麓音乐”IP影响力。同时，村内组建了“春蕾梦想合唱团”“夕阳红合奏团”等6支本土群众艺术团队，由省级艺术乡建带头人、县级文化特派员等专家常年驻村指导，常态化开展村民艺术普及教育。

从“网红”到“长红” 未来上墅村将持续引入音乐人才，满足音乐人在驻留、生活和创作等方面的需求，拓展艺术衍生业态，提升文化与旅游的融合附加值，推动音乐文化成为区域特色名片，实现“让山谷回荡创作声，让村民共享产业红利”的乡村振兴愿景。

六、安吉县灵峰街道横山坞村：全国集群民宿村落

“小瘾·半日村”民宿村落位于安吉灵峰国家级旅游度假区北部，占地161亩，总建筑面积13500平方米，总投资1.3亿元。项目在保留原始村庄生态的基础上，改造和提升现有民居，形成风格多样、个性鲜明的民宿集群，集高端休闲旅游与艺术文化创意于一体的综合社区。2024年，横山坞村已接待游客超过38万人次，接待考察团超过1800批次，实现营收超1亿元。作为全国集群民宿村落和新生代民宿样板区，“小瘾·半日村”吸引了百余名青年创新创业人才。为了进一步吸引年轻人回乡创业，“小瘾·半日村”创始人创新了合作经营模式。每个主题由设计团队根据民宿主人的个性、擅长领域和兴趣进行定制，打造独特的装修风格和特色主题，形成集“书”“花”“茶”“餐”“宿”为一体的民宿村落。同时，项目注重村民再就业，已为230多人提供就业机会，其中超过160名为安吉本地居民。

集群品牌塑造与EPCO模式深化运营 自2019年起，横山坞村多数民宿陆续投入运营，形成了显著的集群效应。“小瘾·半日村”作为整体品牌进行推广，同时突显各民宿的独特主题。设计师深入参与从设计到运营的全过程，强调EPCO模式中运营端（O）——市场定位、产

品策划和运营管理的重要性。例如，设计师指导入驻商家根据自身特长和市场需求确定业态方向和门店特色，如“睡到午后咖啡小院”和“黄妈妈家宴”等。

“民宿 +”多元业态融合与深度体验营造 在横山坞村 161 亩的土地上，除了特色民宿外，还引入了 30 多种配套业态，构建了完整的“吃住行游购娱”乡村度假产业链。这些业态包括高端餐饮（如黄妈妈家宴、深夜食堂）、主题咖啡馆（如睡到午后）、乡村图书馆（如 i - 晴堡）、文创与手工艺品店（如囍番山国风原创体验店、NAFU 纳福木作）、亲子活动中心以及艺术工作室等。

精细化运营管理与长效利益共享机制完善 持续深化“街道 + 合作社 + 专业运营公司 + 农户”的四方共赢模式，由专业运营公司负责统一品牌推广、服务标准制定、人才培训及日常管理。村民不仅可通过房屋出租获得租金收入，还可通过参与民宿经营、在村内就业或成为股东等多种方式共享发展红利。

七、“两山杯”全国大学生乡村振兴创新创意创业大赛

安吉以“两山杯”全国大学生乡村振兴创新创意创业大赛为契机，迭代升级人才政策，全力打造“一听就心动、一看就行动、一来就感动”的优质人才生态，不断吸引广大人才和青年大学生来到安吉、留在安吉、在安吉创业，积极打造“青年入乡首选地”品牌。目前，已成功举办两届大赛，吸引了 1967 支团队参赛，累计报名学生达 1.3 万名，参与高校 389 所，其中包括北京大学、清华大学、伦敦大学等 30 余所重点高校，已有 68 个项目和创意在安吉落地实施。

强化项目落地导向，推动成果有效转化 大赛从赛制设计之初便高度强调用途导向和成果落地。在创业赛道中，参赛团队通常需提交详尽的实施计划，或鼓励已在安吉等地注册的成熟项目参赛。赛后，组委会

与地方政府将积极跟进，提供政策咨询、场地支持、融资对接等一系列服务，全力推动获奖项目在安吉及其他协办区县落地孵化和注册运营。例如，在首届大赛闭幕式上，举行了落地项目代表与赛点乡镇的签约仪式，标志着一批优秀创意正式扎根乡村。

精准导入青创项目，赋能特定区域发展 大赛注重将赛事组织与地方发展规划紧密结合，实现青年创新创业资源的精准导入。例如，在安吉县全力推进“两山”未来科技城和“青年入乡百人村”等重点项目建设的背景下，第三届“两山杯”大赛的赛题设置与这些重点项目深度契合：“两山”未来科技城板块聚焦跨境电商、短视频制作、动漫设计、直播带货等数字经济新业态，旨在为科技城建设注入创新活力；“青年入乡百人村”板块则围绕农村闲置资产盘活、公共空间改造运营、农文旅特色业态培育等主题，旨在为百人村计划引进和集聚一批有想法、有能力的大学生创新创业项目及具有市场竞争力的业态项目。

塑造“乡村创业首选地”品牌，构建人才洼地 “两山杯”大赛自创办之初，便肩负着助力安吉打造“全国乡村创业首选地”的战略使命。首届大赛即明确提出了“乡村创业首选地”的目标。通过连续、高规格、大规模地举办赛事，并依托地方政府不断优化的创业扶持政策、日益完善的综合配套服务以及日渐浓厚的创新创业氛围，安吉等地正逐步成为全国青年大学生向往和汇聚的乡村创新创业高地。

总结提炼“安吉经验”，贡献乡村振兴中国方案 “两山杯”大赛不仅注重安吉本地的实践探索，还致力于将成功经验系统化、理论化，以期为全国其他地区的乡村振兴提供借鉴。在“两山杯”大赛举办过程中，组织方和参与者积极探索大学生有效参与乡村创新创业的多元模式、精准有效的扶持政策以及健全有力的保障机制，努力将这些经验总结提炼为可复制、可推广的“安吉经验”和“安吉样板”。

第三节　安吉人才振兴的经验启示

一、“生态优先、绿色发展”，吸引与留住青年

（一）“两山”理念的生动实践与人才吸引力

安吉县作为“绿水青山就是金山银山”理念的发源地和模范实践区，核心竞争力在于持续保护和优化优良生态环境。新一代青年人才更加关注生活品质、健康福祉和精神满足。安吉县“推窗见绿、出门见景、四季皆宜”的生态环境，正好契合了他们对理想工作和生活环境的向往。实践证明，良好的生态环境不仅是一种稀缺资源，也是区域发展的最大优势，更是吸引高素质人才的“金字招牌”和天然“磁石”。

（二）生态价值向人才价值、经济价值的转化逻辑

安吉县的智慧在于探索将生态优势高效转化为人才优势，进而转化为经济优势和发展优势的有效路径。

生态环境吸引人才集聚　优美的自然风光、清新的空气和宜人的气候，为青年人才提供了理想的栖居地和创新创业的灵感源泉。

人才智慧提升生态价值　青年人才凭借知识、技术和创意，开发出生态旅游、健康养生、文化体验、数字游民社区等与生态环境高度融合的新业态和新产品，进一步提升了生态资源的附加值和品牌影响力。

生态经济反哺生态保护　通过发展绿色产业和生态经济，安吉获得了可持续的经济收益，从而增强了对生态环境保护和修复的投入能力与

意愿，形成“保护—发展—再保护”的良性循环。

生态、人才和经济之间的良性互动与协同增效，构成了“安吉模式”的核心内涵之一。

2024 年安吉“十城百企千岗万人”高校毕业生暨技能人才新春招聘大会（张卉　摄）

二、“政府主导、市场运作、青年主体”的高效协同机制

（一）政府角色的精准定位：引导者、服务者、赋能者

在安吉县的人才振兴实践中，政府发挥了至关重要的作用，但并非事无巨细、包揽一切，而是精准聚焦。

战略规划与顶层设计　安吉县政府明确提出“招引十万青年大学生”的战略目标，并制定了配套的宏观规划，为全县人才工作指明了方向，提供了清晰的行动纲领。

政策供给与制度创新 政府出台具有吸引力、普惠性和创新性的引才、育才、留才政策，并通过制度创新（如共有产权房）有效破解体制机制障碍，提升人才政策的实际成效。

平台搭建与环境营造 政府投资或引导社会资本建设人才公寓、创业园区、孵化器等基础设施，持续优化营商环境、政务服务环境和法治环境，为人才发展提供坚实支撑。

资源整合与协调推动 政府充分发挥组织协调优势，整合各部门、各层级及社会各界资源，形成推动人才工作的强大合力。

（二）市场机制的充分激活：资源配置的决定性力量

安吉县在政府有效引导的基础上，高度重视发挥市场在人才资源配置、产业项目孵化和创新要素流动中的决定性作用。

市场化运营平台 余村“青来集”“小瘾·半日村”等一批青年创业空间和乡村运营项目，均采用市场化运作模式，通过市场竞争和服务创新吸引人才与客户，提升了项目活力和可持续性。

资本撬动作用 通过设立“两山梦想基金”、推广专项创业贷款、鼓励社会资本参与等举措，充分利用市场化金融工具，为青年创业提供有力的资金支持，激发了创新创业活力。

需求导向的产业发展 青年人才在乡村的创业方向和业态选择，更多基于对市场需求的敏锐洞察，而非行政指令。这种对市场机制的尊重和有效利用，保障了人才流动的合理性、产业发展的可持续性以及创新活动的高效性。

（三）青年主体性的充分尊重与发挥：激发内生动力

安吉的人才工作始终秉持“以青年为中心”的理念，充分尊重青年人才的主体地位，激发其内生动力和首创精神。

政策设计贴近青年需求 在补贴标准、安居方式和创业支持等方面，政策力求与青年的实际需求和偏好相契合。

赋权赋能，避免包办代替 政府提供平台和机会，而非直接指定项目或干预一切，鼓励青年自主选择创业方向、组建团队和进行管理。

营造宽容失败、鼓励创新的文化氛围 对青年在创新创业过程中的探索和尝试给予充分理解与支持，允许试错，宽容失败，从而营造良好的创新生态。

搭建青年发声与参与治理的渠道 鼓励青年参与乡村规划、社区治理和文化建设等公共事务，既让他们为乡村发展贡献智慧，又增强了他们的主人翁意识和归属感。

三、“产村人文社”融合共生，未来村落的可持续发展

（一）乡村多元价值的系统开发与整合提升

安吉县在未来村落建设中，摒弃了传统的单一发展模式（如单纯追求经济增长或仅关注环境美化），而是立足于乡村作为复杂生态系统的整体性，系统开发和整合提升其多元价值，推动产业、村落、人文、社区的融合共生。

产业为根基（产） 依托当地资源禀赋和市场需求，植入生态旅游、文化创意、数字经济、现代农业等新兴产业，为未来村落提供可持续的经济支撑和就业机会。

村落为载体（村） 注重村落物理空间的优化提升，完善基础设施，改善人居环境，塑造特色风貌，打造宜居、宜业、宜游的美好空间。

文化为灵魂（人/文） 深入挖掘和活化乡村优秀传统文化、乡土风情和人文精神，同时引入现代文化元素和时尚创意，提升村落的文化内涵与吸引力。

社区为纽带（社） 加强社区建设，培育守望相助的邻里关系、健康向上的社群文化和多元参与的治理格局，增强村民的归属感、认同感和幸福感。

通过“产村人文社”一体化推进，安吉的未来村落建设实现了更强的韧性、活力与可持续发展。

（二）青年在融合发展中的催化与链接作用

青年人才凭借其跨界思维、创新能力和资源整合优势，在推动“产村人文社”融合发展中发挥着关键的催化和连接作用。

产业创新的引领者 青年是乡村新产业、新业态和新模式的引入者与实践者，将先进技术、理念和商业模式带入乡村，推动产业转型升级。

空间品质的提升者 青年设计师和艺术家积极参与村落规划与风貌改造，显著提升了乡村的空间美学和环境品质。

文化传承的活化者 青年运用现代传播手段和创意表达方式，使传统乡土文化焕发新生，并与现代时尚元素融合创新。

社区活力的激发者 青年积极组织和参与各类社区活动，营造更加开放、多元、包容的社区氛围，增强社区凝聚力。

城乡资源的连接者 青年作为城乡之间的桥梁，有效促进资金、技术、信息和人才等要素的双向流动与优化配置。

正是由于青年人才的积极融入与深度参与，安吉未来村落的“产村人文社”融合发展得以更加高效、富有创意地推进。

四、迭代创新、精准滴灌的政策撬动人才集聚

（一）政策工具的组合性、创新性与精准性

安吉县在人才政策工具的运用上展现出高度的灵活性、创新性与精

准性，形成了一套行之有效的“政策工具箱”。

政策工具的组合化 安吉县的人才政策并非单一补贴，而是覆盖了青年人才从求职、就业、创业、融资、安居、生活到发展等全生命周期的多元化需求，形成了包括财政补贴（如生活补贴、创业补贴、房票补贴）、金融支持（无息/低息贷款、创投基金）、空间保障（人才公寓、创业园区）、服务供给（培训辅导、社群活动）等在内的综合政策组合。

政策工具的创新性 在具体政策设计上，安吉县不断创新。例如，“人才共有产权住房”通过创新产权结构，有效解决了青年人才，尤其是大学毕业生购房的首付款难题，这一政策对青年人才极具吸引力；“按月领工资”模式简化了补贴发放流程，提升了青年的获得感；“青年入乡发展专项创业贷”以“三无”或低息为特色，突破了传统信贷模式的限制。

政策工具的精准性 安吉注重“靶向施策”“精准滴灌”，针对不同学历层次、不同阶段（初创、成长）及不同领域的创业青年，制定差异化支持标准和措施。对于数字游民、乡村主理人等新兴青年群体，也探索了有针对性的引育措施。这种精准性确保了政策资源能够高效配置到最需要、最具效益的领域。

安吉县制定的一系列灵活、创新且精准的人才政策，有效激发了青年人才的活力，推动了“产村人文社”融合发展。

（二）政策实施的有效性保障机制

好的政策不仅在于设计，更在于落实。安吉在保障政策有效实施方面采取了切实有效的措施。

广泛深入的政策宣传解读 过多种渠道向目标青年群体精准推送政策信息，确保他们知晓并理解相关政策，包括专门的政策解读会、宣传册和线上问答等形式。

便捷高效的申领兑现流程 “按月补贴”和“银行超市”等措施，旨在简化申领流程、缩短兑现周期，从而提高政策的可及性和便利性。

跨部门协同与信息共享 人才工作涉及组织、人社、财政、住建、金融等多个部门，安吉县注重加强部门间的协调配合和信息共享，避免出现政策壁垒和推诿扯皮的情况，形成“统一协调”的工作格局。

动态评估与反馈调整机制 定期或不定期地对政策实施效果进行评估，收集青年人才及社会各界的反馈意见，及时发现问题、总结经验，并对政策进行动态调整和优化，确保政策始终保持活力和适应性。

安吉县有效提升了政策的实施效果，确保政策能够真正服务于青年人才的发展需求。

（三）对其他地区的借鉴意义

人才政策是区域人才竞争的核心武器，其他地区在制定和实施人才政策时，可借鉴安吉的成功经验。

由“大水漫灌”向“精准滴灌”转变 人才政策应紧密结合地方产业发展方向、人才结构需求及青年群体的实际痛点，量身定制、精准施策，避免“一刀切”和盲目攀比。

勇于在政策工具上创新突破 围绕人才引进、培育、使用、激励和服务等关键环节，积极探索制度设计和模式创新，推出具有地方特色和比较优势的“硬核”政策。

高度重视政策落地执行与用户体验 政策出台后，要加大宣传力度，简化办理流程，优化服务供给，强化监督管理，确保政策红利真正惠及人才，切实提升人才的满意度和获得感。

建立动态调整与迭代升级机制 鉴于人才需求和外部环境不断变化，人才政策必须与时俱进，持续评估、反馈和优化，保持政策的竞争力和有效性。通过上述举措，能够有效提升区域人才政策的针对性、创新性和执行力，增强区域人才竞争优势。

制度破壁：体制机制的创新密码

绿水青山就是金山银山的发展之路，是一条经济社会发展的创新之路，是对传统发展方式、生产方式、生活方式的根本变革。20年来，安吉县坚持把生态文明制度建设融入经济建设、政治建设、文化建设、社会建设各方面和全过程，以"千万工程"为牵引，不断创新完善生态文明体制机制，倾力呵护绿水青山，走出了一条生态美、产业兴、百姓富的高质量绿色发展之路，制定并推行了"一揽子"硬制度，为生态文明建设各项任务落地落实夯实制度保证。

第一节　制度建设的发展历程

一、探索突破（2005—2012 年）

（一）“两山”理念开启山乡生态蝶变之路

20 世纪末，作为浙江贫困县之一的安吉县，为脱贫致富走上“工业强县”之路，尽管经济在短期内快速增长，顺利摘掉了贫困县的“帽子”，但当地的生态环境遭到严重破坏。在环境整治任务倒逼之下，安吉县果断抉择，放弃开山取矿的粗放模式及高污染矿山、水泥厂等支柱性矿产业，率先提出了“生态立县”理念。但要实现生态环境保护与经济社会发展并进，实现“农业强、农村美、农民富”的综合性发展目标，应如何破题？2005 年，“绿水青山就是金山银山”科学论断的提出，为安吉县经济社会发展指明了方向，更坚定了安吉实施生态立县、绿色发展的信心。在“两山”理念的指引下，安吉以“千万工程”为抓手，组织实施“双十村示范、双百村整治”工程，大力开展农村环境整治。2006 年，安吉县被国家环保总局授予“国家生态县”称号，成为全国首个国家生态县，“生态县”成为安吉一张亮丽的名片。2007 年，安吉县成为环境保护部唯一的“全国新农村与生态县互促共建示范区”。2008 年，安吉县被环境保护部确定为全国首批生态文明建设试点地区之一。

（二）以“中国美丽乡村”为载体的生态文明建设之路

2008 年，安吉县深化“千万工程”建设，在全国率先全面开展以生态文明建设为内涵，以“中国美丽乡村”建设为载体的新农村建设，围绕“村村优美、家家创业、处处和谐、人人幸福”的目标，实施环境提升、产业提升、服务提升、素质提升“四大工程”，从规划、建设、管理、经营四个方面持续推进美丽乡村建设，创新体制机制，激发建设内在动力，逐步实现了生态保护和经济发展的双赢，成为中国美丽乡村建设的成功范本。同年，安吉率先将标准化创新应用于美丽乡村建设。2010 年，国家标准化管理委员会授予安吉县“国家级美丽乡村标准化创建示范县”的称号，安吉县成为中国美丽乡村的发源地。2012 年，制定《美丽乡村建设规范》县级地方技术性规范，提出纵深推进“优雅竹城、风情小镇、美丽乡村”联动的“县域大景区”建设。到 2012 年底，安吉县 95.7% 的村完成首轮美丽乡村创建，为持续推进乡村振兴、实现城乡统筹发展摸索出一条路径。2012 年 9 月，安吉县获得联合国人居署颁发的“联合国人居奖”，成为中国首个“联合国人居奖”获得县。

二、深化创新（2013—2019 年）

（一）聚焦共建共享，开展美丽乡村升级版建设

2013 年，安吉县在美丽乡村建设成果的基础上，开展美丽乡村升级版建设，以打造“美丽乡村全国示范”为目标，以精品示范村创建为抓手，实施连片提升工程，深化“中国美丽乡村”建设，在原有精品村的基础上打造 29 个精品示范村，并实现美丽乡村行政村和规划保留点全覆盖，做优做强“美丽乡村”品牌。同年，率先在浙江省开展农村生活垃圾分类工作，制定《农村生活垃圾不落地收集实施办法》，通过完善垃圾收集设施，规范垃圾收集方式，改善村庄卫生环境。2014 年，安吉县确定每月第四周的周三为区域环境综合治理集中推进日，清

除卫生死角，消除环境污染行动，为美丽乡村建设保驾护航[①]。2015年，以安吉县人民政府为第一起草单位的《美丽乡村建设指南》成为推荐性国家标准。2016年11月，安吉县制定《农村生活垃圾不落地收集实施办法（试行）》，通过完善垃圾收集设施，规范垃圾收集方式，不断改善村庄卫生环境。同年，安吉县被环境保护部确定为全国首个“绿水青山就是金山银山”理念实践试点县。2017年，安吉县提出建设“中国最美县域”的发展目标，把美丽乡村建设上升为美丽县域战略。发布全国首个《美丽县域建设指南》。安吉县探索开展以乡村经营为重点的美丽乡村建设，策划引导建设方向，通过经营反推建设和管理水平，打造一批美丽乡村经营示范村，向着全域美丽的目标迈进。2018年底，安吉县187个行政村和所有规划保留点全部完成美丽乡村创建，真正实现100%覆盖，建成精品示范村44个。

（二）创新体制机制，以全域旅游打通两山转化通道

安吉县坚持把整个县域作为一个大景区来布局，全县域推进、多部门联动，从优雅竹城到风情小镇再到美丽乡村，串城连村，集聚发展，推动景点旅游模式转变为村庄景区化的全域旅游模式，有效促进城乡旅游要素配套的完善。率先出台建设县域大景区的实施意见，统筹开展旅游行业管理和产业促进工作；率先强化旅游规划统筹职能，设立“总规划师”职位，出台《休闲旅游产业导向目录》，对旅游项目招商开展预审评估，做到了资源统筹“一盘棋”；率先实施乡镇个性化分类考核，创新开展全域旅游示范乡镇、乡村旅游示范村、特色民宿村落三级联创，打造各具特色的旅游特色功能区。安吉县以建设中国最美县域为统领，按照产业兴旺、生态宜居、乡风文明、治理有效、生活富裕的总要求，全力打造全国乡村振兴先导区。2018年，安吉入选浙江省首批

① 2019年更名为生态文明建设（环境综合治理）集中推进日。

全域旅游示范县，2019 年 9 月 ，以全国第一的名次入选首批国家级全域旅游示范区，截至 2024 年，已经连续 6 年位居“全国县域旅游综合实力百强县”榜首。

（三）厚植生态优势，筑牢生态安全防线

2013 年，成立区域环境综合治理工作领导小组，设立 520 办公室，统筹推进“三改一拆”“四边三化”“五水共治”、治气治霾等工作，先后创新设立“五级河长”“五级路长”“三级林长”等机制开展专项管理。在此基础上，推出“三长两员 + 法检”协作机制、“党政主导、水利牵头、部门协同、社会共治”的河湖长制工作联席会议制度、生态联勤工作制，为生态保护筑牢司法屏障，破解水库水域生态保护执法力量薄弱、执法手段单一、部门协调难等问题。2017 年 8 月，在全省率先实施林区警长制、林长制等制度。2017 年 9 月，原浙江省林业厅将安吉县列为全省唯一林长制改革试点县，实现县域林长全覆盖。2017 年，编制《安吉县国家森林城市建设总体规划》，纳入城市发展总体规划。2018 年，安吉县成为全国首批县级“国家森林城市”，先后被授予“全国森林旅游示范县”“全国森林康养试点县”等称号。

三、再起征程（2019 年至今）

以改革思维护好绿色生态、探索生态价值实现机制是安吉制度改革的“必答题”。安吉县聚焦“共同富裕先行”，以进一步全面深化改革为动力，拓宽生态优势转化为经济优势的路径，立柱架梁，搭起生态文明制度的“四梁八柱”，以生态价值转化助推新时代生态文明建设，高水平打造生态文明典范城市先行区，开启高质量建设国际化绿色山水美好城市的新征程。

（一）规划统领，争做生态制度先行示范

2019 年，安吉县全面启动建设新时代浙江（安吉）县域践行“绿水青山就是金山银山”理念综合改革创新试验区，绿色发展指数位居湖州市第一，并成功入选浙江省第一批大花园示范县。2020 年，浙江省深改委发文批准成立新时代浙江（安吉）县域践行“两山”理念综合改革创新试验区。2022 年，安吉县建立生态文明总体督导工作机制，进一步健全和完善生态文明体制建设的“四梁八柱”。同年 4 月，生态文明总体督导推进领导小组成立，通过实行“总督制度设计、总推工作落实、总管督查评价、总揽提炼总结”的生态文明建设“四总融合”总体督导，全方位推进安吉县生态文明建设。

（二）价值转化，实现环境要素市场化交易

2020 年，安吉县制定出台《“两山银行”试点实施方案》，探索“两山”转化新通道，拓宽生态资源变资产资本的转换途径，构建生态产品价值高水平实现机制，首创“两山合作社”，构建“评估确权—资源收储—整合提升—产品交易—收益分享—生态反哺”的全过程工作机制，以“两山合作社”为载体，建立资源摸底、统筹规划、流转储备、整合提升、招商运营、生态反哺的生态产品价值实现闭环机制。2021 年 12 月，安吉县成立县级竹林碳汇收储交易平台——安吉两山竹林碳汇收储交易中心，鼓励各村将村集体及村民林地使用权交由中心集中经营，并按照相关政策开展碳汇交易，收益用于村集体建设及村民增收。2022 年，安吉县深入开展工业全域治理，破解土地存量难题，优化改善产业结构。2023 年，推行“两入股三收益”改革，创新“国资投建 + 民企运营 + 利益联结”强村富民利益联结机制。同年，安吉县启动林地空间综合治理项目，在杭垓、孝丰、章村、报福 4 个试点乡镇造林 2 万亩。同时出台《安吉县林地占补平衡管理办法》，建立安吉县

内林地指标交易机制，推进林地占补平衡指标跨县市调剂交易，实现生态治理与保护的可持续发展。

（三）机制创新，统筹自然资源管理与生态保护补偿

2020 年 7 月，在浙江省率先成立县自然资源行政执法队和乡镇（街道）自然资源所，全方位加强生态监管，颁布实施《安吉县“三线一单”生态环境分区管控方案》，建立功能明确、边界清晰的环境管控单元和生态环境准入清单，实施分类管理。2021 年，自然资源部批复同意《浙江省安吉县深入践行“两山”理念推进自然资源综合改革试点方案》，安吉率先开展国家自然资源综合改革，探索形成自然资源数字化管理机制。2021 年 7 月，安吉县“数字乡村一张图（标准版）”启动建设，覆盖 168 个行政村。2022 年，出台《安吉县生态保护补偿机制改革实施方案》，成立黄浦江源生态保护基金，对产业发展帮扶、流域生态保护、耕地生态保护、绿色低碳生活方式等 12 个方面进行补偿。

乡村振兴的制度创新

2023 年，安吉县被列为浙江省唯一的省级生态综合补偿试点县，上线安吉县“生态保护补偿一本账”应用平台，发布“以竹代塑”倡议。2024 年，《安吉县水土保持生态产品交易管理办法》施行，同年发布《浙江省安吉县水土保持生态产品价值核算研究报告》，安吉县黄浦江源石门坑生态清洁小流域河垓区块水土保持生态旅游资源完成交易，成为我国首单水土保持生态产品价值转化案例。

（四）乡村运营，探索乡村现代化实现路径

2023 年，出台《关于全域提升乡村能级 全面推进乡村振兴探索中国式乡村现代化安吉路径的实施意见》，创新推动运营革命，打造乡村运营策源地，以市场化改革为牵引，因地制宜打造强村富民公司矩阵，撬动村级集体经济壮大跃迁。推动人才革命，打造乡村创业首选地，全面构建吸引人才的政策体系、承载人才的平台体系、培育人才的机制体系和服务人才的数智体系，创新“县领导 + 产业链 + 平台 + 国企 + 基金”招商引才模式。聚焦打造“青年入乡发展首选地”，创新推出余村“全球合伙人”计划、“大自然工位”计划等新模式，全力打造中国式现代化乡村样本。

第二节　制度建设的做法与成效

一、擦亮“美”的底色：制度筑基守护美丽乡村

（一）突出规划引领示范

结合县域实际、产业规划、土地规划和建设规划，统一整合，坚持

不规划不设计、不设计不施工的原则，始终把高标准、全覆盖的建设理念融入规划中，以规划设计提升建设水平。

加强体系化 坚持全县一张图，做到一张规划管全县。注重与县域经济发展总体规划、生态文明建设规划、新农村示范区建设规划、乡（镇）村发展规划等相对接，安吉县以《安吉县生态县建设总体规划》《安吉美丽乡村总体规划》为总纲，在此基础上编制生态农业、工业、旅游、文化、人居、城镇六大生态专规和产业发展、土地利用、环境保护规划，形成总规、详规、专规，设计层层配套的规划体系。

突出融合性 实施“四规合一”，创新建立平台、乡镇规划、国土联合办公机制，编制村土地利用规划，划定生产、生活、生态用地空间。2015 年，安吉调整完善全县土地利用总体规划，充分融合规划体系、战略目标、控制指标、规划时序、空间布局、信息系统和实施机制，探索出“一张蓝图干到底”的多规融合模式，成为首个省级规划调整完善试点样板区。2017 年，安吉全县禁止建设区由原规划的 19% 提高至 52%，规划建设占用耕地比例由原规划的 65% 下降至 51%，坡度 6 度以下优质基本农田净增加万余亩。

增强执行力 坚持“无规划不设计、无设计不施工”原则，同时建立安吉全县规划编、管“一张图”工作体制，实行一体规划、分步实施，避免发生“一届干部一规划、一任领导一蓝图”情况。

（二）实施标准化建设

在美丽乡村建设中，安吉努力做到“建有规范、评有标准、管有办法”，确保整个建设过程协调有序，科学有效，形成“一中心、四个面、三十六个点”为元素的“中国美丽乡村”标准体系。主导制定《美丽乡村建设指南》国家标准，发布全国首个《绿色乡镇建设指南》地方标准规范，牵头制定《乡村美丽庭院建设指南》国家标准，在浙江省率先推出“无废城市”“无废乡镇”“无废乡村”等建设标准，构建科学评价体系。

分层布局、分类共建　安吉县创设美丽乡村建设指标体系，做到美丽乡村创建，考核标准一致、奖补标准一致、项目审核一致，村村有份，体现了规则公平。采用指令创建与自愿申报相结合的办法，分步实施，循序渐进，美丽乡村创建根据每个村的基础和实力，按特色村、重点村、精品村、精品示范村四个阶段性创建目标梯度推进，抓点连线扩面，最终达到村村精品。到2013年，实现美丽乡村全覆盖。到2016年底，实现美丽自然村全覆盖。到2018年底，187个行政村和所有规划保留点全部完成美丽乡村创建，真正实现100%覆盖，建成精品示范村44个。

均衡推进、服务共享　整合涉农资金，加大公共基础设施建设向农村倾斜的力度，从根本上改善安吉县乡村的基础设施条件。通过美丽乡村建设，实现了农村生活污水治理设施、垃圾分类、农村社区综合服务中心建设等行政村的全覆盖，每个村都建有劳动保障信息平台，拥有农民广场、乡村舞台、篮球场、健身器材等文体设施。农村联网公路、城乡公交、卫生服务、居家养老、学前教育、广播电视、城乡居民社会养老保险等13项公共服务实现了全覆盖。

城乡并举、环境共治　把建设与城镇化融合，推动美丽乡村、美丽乡镇、美丽县城“三美共建”一体化。以小城镇环境综合整治为抓手，以点带面、串点成线，打造4条精品旅游观光带。美丽县城建设以道路畅通、景观提升、公共服务和民生保障“四大工程”为抓手，促进市容市貌、交通出行、综合承载力、城区管理水平的大幅提升。

（三）创新保障机制

美丽乡村建设是一项系统工程，涉及政府、农民以及各类资源要素，安吉深入推进农村各项改革攻坚，全面激发美丽乡村建设的内生动力，努力提高参与创建的积极性和效率。

多元化投融资机制 安吉县财政部门每年安排专项资金，实行“以奖代补”，变“给钱”为“奖钱”，发挥财政资金“四两拨千斤”的作用。截至2023年底，安吉县直接用于美丽乡村的资金达35亿元，同时通过向上争取、盘活资源和经营乡村等方式加大投入，引导农户投工投劳参与美丽乡村建设，鼓励吸引工商、民间资本投入；共撬动近200亿元社会资本投入乡村建设。

美丽乡村长效管理机制 安吉县编制涵盖保洁、园林绿化、公共设施管理、污水处理设施管理四大类28个子项的美丽乡村长效管理办法，实行美丽乡村警告、降级、摘牌制度，取消美丽乡村终身制，建立动态评价机制，强化过程监管。多个职能部门联合成立督查考核办公室，实行月检查、月巡视、月轮换、月通报和年考核5项工作机制，考核结果纳入对行政村的年度长效管理综合考核，通过扩大考核范围、完善考核机制、加大奖惩力度、创新管理方法等途径，巩固和扩大美丽乡村建设成果。制定美丽乡村物业管理办法，落实“月督查、季通报、年考核”机制，县级设立“美丽乡村长效物业管理基金”，建立“乡镇物业中心”，实施警告、降级、摘牌制度，推进物业管理进乡村。安吉全县行政村物业管理覆盖率达98%，污水处理设施委托专业公司运维率达95%。

全民共建共享创建机制 加大创建力量的整合，调动各方积极性参与美丽乡村升级版建设。坚持政府主导。美丽乡村建设县、乡镇、村三级全部落实“一把手”责任制，将建设目标任务逐项分解到人、到点，实行县领导联系创建村制度，并不定期组织人大代表和政协委员进行专项视察。突出农民主体。按照“专家设计、公开征询、群众讨论”的办法，确保村庄规划设计科学合理、群众满意。创建工作按照“村民大会集体商量、村级组织自主申报、农民群众全员参与”的原则，把主动权交到农民手中，变“为我建”为“我要建”。开通美丽乡村长效管理网络投诉举报平台，开设“美丽安吉找不足”媒体曝光平台，引导全民参与。实施每月固定的“集中推进日”“主题党日”，形成以生态自醒、自觉、自律、自强为内涵的全民生态意识。

完善的要素保障机制 积极探索新农村建设投融资体系创新，成立“中国美丽乡村”建设发展总公司，设立县财政专项资金以奖励资金担保、信用社专项贷款，实施拟奖资金担保融资“镇贷村用”模式，构建起商业性金融、合作性金融、政策性金融相结合的现代农村金融服务体系。探索推行动产抵押、林权抵押、土地使用权抵押等多种担保形式，依法建立完善乡村旅游融资担保体系，鼓励农民以土地使用权、固定资产、资金、技术等多种形式入股乡村旅游发展。完善财政、投资、产业、土地、价格等相关政策，建立吸引社会资本投入环境保护和基础设施建设的市场化机制，引导和支持发展绿色生态经济。创新柔性引才引智机制，研究完善人才激励政策，着力引进环保、规划、旅游等专业人才。

绿色考核评价体制机制 加大生态资本保值增值力度，探索把资源消耗、环境损害、生态效益纳入经济社会发展评价体系。建立健全生态领域改革“考、评、奖”等机制，创新实施自然资源资产离任审计、绿色 GDP 考核等，将结果与生态补偿、绿色奖补等转移支付比例挂钩，作为领导干部奖惩和提拔使用的重要依据。制定《安吉县生态文明先行示范区建设工作实施方案》和《部门目标责任考核办法》，将直属机关单位分为 A、B 两类，根据考核内容细化考核指标和分值，由县生态文明办对牵头部门目标任务完成情况进行考核，考核结果纳入县综合考核。根据功能定位，将乡镇分为工业经济、休闲经济和综合 3 类，设置个性化指标进行考核。推行乡镇（街道）GEP 综合奖补办法，以乡镇（街道）GEP 年度测算结果为重要指标，综合考虑生态效益外溢性、生态功能重要性等因素，按照分类分级、重点倾斜生态保护功能区的原则，对乡镇（街道）分类实施差异化考核奖补。

制度创新带来绿水青山和金山银山

二、做好“富”的文章：制度创新引领绿色发展

（一）以绿色发展“管护”机制守护美丽环境

推行全链条生态治理制度　建立健全“千村示范、万村整治”工程长效推进机制，实行“财政补一点、镇里配一点、村里凑一点”三级资金筹措模式，设立5000万元财政引导资金，有效推动以改路、改房、改水、改厕、改线及环境美化为主要内容的村庄环境整治。全面实施城乡垃圾分类制度，超过60%的村庄实现垃圾不落地。高标准推进“五水共治”，率先落实河长制，全面剿灭劣V类水。支持打好蓝天保卫战，协调安排专项资金用于秸秆综合利用工作，进一步提高全县秸秆利用率。创新“森林法官”“森林检察官”“森林警长”制度，形成“三长两员+公法检”的森林资源保护工作体系。2022年，“浙江安吉

法院‘森林法官’守护森林竹海”被写入《最高人民法院工作报告》。

实施生态保护责任制度　探索构建以绿色 GDP 为主导的考核体系，生态文明建设权重占乡镇党政实绩考核 40% 以上，对以生态保护为主的乡镇，不再考核财政收入、招商引资等指标。实施乡镇党政领导干部自然资源资产离任审计，全面落实生态环境保护“党政同责”“一岗双责”等，以制度约束强化环境监管治理。探索推行企业环境污染责任险制度，将企业环境污染损害风险纳入保险机制。建立环境公益诉讼制度，发出浙江省首例“补植令”。

探索多元化生态保护补偿机制　自 2012 年起，设立每年 2500 万元的水源地保护专项资金，用于重大水源地的水质保护、封山育林补贴及库面保洁等方面；2018 年将专项资金提高至 4500 万元。探索创新生态补偿机制，建立多元化生态保护补偿机制，设立 4.8 亿元生态保护补偿金，对产业发展帮扶、生态移民安置、流域生态保护、耕地生态保护、生物多样性保护、绿色低碳生活方式、污水固废高效处置等 12 个方面进行补偿。

（二）以绿色发展“转化”机制发展美丽经济

建立健全绿色产业培育机制　一是积极发展生态循环农业和观光休闲农业，按照“一乡一张图、全县一幅画”的总体格局，加快农业“两区”（现代农业园区、粮食生产功能区）建设。安吉县成为浙江唯一的“国家林下经济示范县”，形成林下培植、林下养殖、林下休闲三大模式，竹林生态化经营、合作化经营、全产业链经营取得发展，竹产业年产值达到 190 亿元。二是大力发展生态旅游，每年安排休闲旅游产业专项资金 3500 万元，助力探索“全域旅游”模式，创新开展“全域旅游示范乡镇、乡村旅游示范村、民宿村落”三级联建，大力推进休闲农场、森林康养、田园综合体等旅游新业态发展。发起设立总规模 2 亿元的白茶产业基金，引导社会资本投向现代农业，促进安吉白茶产业全面发展。三是健全绿色金融机制，引导绿色产业发展。2016 年 5 月，安吉农商银行在全国地方性小法人金融机构中率先成立首家绿色金融事业部，以绿色信贷的全流程管理作为突破口，通过探索构建绿色组织体系、绿色指标体系、绿色考评体系，不断创新绿色信贷产品，引导全社会更加注重生态环境保护和绿色产业发展。

高效推进要素市场化配置 实施企业亩均效益综合评价与资源要素差别化配置，推动资源要素向优质高效领域集中。建立健全新上项目“6 + X”联审、“环评一票否决”等制度。加快推进企业对标竞价“标准地”改革，全面推广“区域能评、环评 + 区块能耗、环境标准”改革，打好高质量发展改革组合拳。安吉县通过税收政策调整产业和企业布局。2012 年，安吉县开展调整城镇土地使用税政策，以“亩产税收”衡量企业项目效益，淘汰高能耗、高污染、低产出的落后产能和劣势企业，依据“亩产税收”贡献，综合企业排污、安全生产等因素，实行“分类分档”“高征高奖”的城镇土地使用税政策，将征收范围按行政区域进行等级划分，提升适用税率，并按照区域、行业、亩产税收等情况，给予 0、30%、50%、100%四档减免。

推进生态产品价值实现机制 聚焦生态价值难核算、闲置资源难开发、评审机制不完善等堵点难点，建设迭代“两山合作社”应用，整合环境准入等“一件事”场景，推动生态资源高质效转化。以竹林碳汇改革为突破口，在全国率先探索构建生态产品评估体系，探索形成“两入股三收益”农民利益联结机制，探索推进企业股权激励、集体土地入市、产业发展基金等一批硬核举措，健全生态文明建设总体督导等机制。建设全国首个“以竹代塑”应用推广基地，深化“以竹代塑”改革，拓宽生态产品价值实现路径。

（三）以绿色发展“共享”机制创造美好生活

创新基层社会治理模式，构建基层社会治理新格局 全面推进

“民主法治村”建设，探索建立“支部带村、发展强村、民主管村、依法治村、道德润村、生态美村、平安护村、清廉正村”的乡村治理新模式。建立健全“众人事情众人商量”“群众说事室”“两山议事会”等基层协商议事机制，引导村民有序参与、依法自治。黄杜村党员主动捐献白茶苗，帮助带动湖南、四川和贵州等地建档立卡。贫困人口增收脱贫，实现生态文明改革成果输出。

建立完善生态惠民机制，共创共享绿色发展成果 一是依托美丽生态优势，探索打造生态惠民的“一带一路”（美丽乡村精品观光带、四好农村路），深化农村产权制度改革，撬动社会资本进入绿色生态产业领域，其中鲁家村以3亿元的财政配套资金撬动几十亿元社会资本参与田园综合体项目建设，用一辆“小火车”串起村庄“大景区”。二是大力发展绿色普惠金融，创新成立浙江两山农林合作社联合社，通过“财政资金+配套资金”形成风险资金池，为绿色农业产业主体信贷提供保证，积极探索林地、耕地保护补偿（奖励）机制，推动经济林变成生态公益林，每亩补贴从7元增加到30多元，让生态涵养区农民享受到实惠。三是创新“绿币”应用，引导绿色消费。将“以竹代塑”产品嵌入“两山绿币”体系，联动个人金融服务享惠、实物兑换和场景消费。累计发放“两山绿币”4500万个，引导居民参与“以竹代塑”消费5万人次。

三、打牢“治”的基础：制度现行探索基层治理体系现代化

（一）新时代乡村治理的余村经验

作为“绿水青山就是金山银山”理念诞生地，余村以建设“民主余村、法治余村、平安余村、幸福余村”为目标，探索出了以“支部

带村、发展强村、民主管村、依法治村、道德润村、生态美村、平安护村、清廉正村”为主要特点的“八个村”乡村治理经验。

支部带村 倡导党员践行“十带头十不准”，建立党员“民主议事、责任落实、党性体检”等“三张清单”，坚持党员群众建议—村党组织提议—村务联席会议商议—党员大会审议—村民代表会议决议的村务决策“五议法”，定期研究村庄规划、环境整治、产业发展、民生改善等重要事项。

民主管村 成立“两山议事会”村民说事平台，下设“村民议事会、道德评议会、健康生活会、红白理事会”4个组织。做到议事过程充分体现民主、议事结果充分体现共识，并形成会议纪要作为村内重大事项实施推进前置条件。大到全村规划建设，包括先后关停矿山、水泥厂和竹制品企业、转而集中精力发展美丽经济的决策，小到自来水收费、垃圾桶管理，大家的事大家参与、众人的事众人商量，使村民真正成为村庄的主人。

生态美村 先后关停矿山，出清低、小、散企业，对废弃矿坑、拆后空地全面复绿，大力实施村庄绿化、沿线亮化、道路硬化、庭院美化的绿色环境提升工程，建设多样生态景观，植入碳汇馆、绿色研学基地、后巷乡愁产业街等新兴业态，发展生态低碳的观光休闲农业，打造余村生态旅游大景区，流转余村580多亩农田、6000多亩山林，实行统一管理经营，发展林下经济，打造绿色农产品，形成“余村农耕”区域公用品牌，实现绿色生态资源变现。整合“大余村”全域生态资源，深化“两山合作社”运作机制，实现资源、村民、村庄三蝶变，形成了可游可赏、亦耕亦采、有趣有乐的新型乡村生态经济。

发展强村 联合周边5个村建立强村富民公司，签约项目20余项，年均为各村创收超20万元。创新推出“余村合伙人”，建立资产资源量化入股的“两入股三收益”机制，引入社会资本、科技人才，形成“5G物联网+溪泉鱼”、文旅研学等生态绿色产业链，实现百姓在家门口挣薪金、拿租金、分股金。

依法治村　法治宣传凝共识，以全国民主法治示范村建设为契机，全面打造高标准的法治文化公园、法治文化广场、法治文化街区、法治文化长廊、法治文化墙、法律图书角、法治学校等法治设施，足不出户收看《王义说法》《竹乡警视》《法庭直击》等本土化普法节目，学法知法用法守法成为村民的思想自觉和行动自觉。2017 年，余村“两山”巡回法庭成立。2021 年，迭代升级为“两山”共享法庭。2017 年，湖州市以余村民主法治建设实践为蓝本，发布全国首个《美丽乡村民主法治建设规范》市级地方标准。2020 年，颁布实施全国首部法治乡村建设地方性法规《湖州市法治乡村建设条例》，填补了基层民主法治建设标准化的空白，实现了美丽乡村民主法治建设有标可依、有据可考、有章可循，“美丽乡村、无法不美”新格局悄然成型。

平安护村　率先开展数字乡村和雪亮工程建设，建立全县首个社会治理数字乡村管理平台，建成防控人网、数据智网、全科地网、监控天网的“四网”立体化社会治安防控体系。建立余村未来乡村数字空间，动态展示村庄全貌，实时监测生态环境指标，接入智能垃圾回收、智慧公厕和水质监测等系统。村民足不出户就可以通过数据平台关联的手机、电视等终端实时知晓村里大小事情。同时打通线上线下反馈渠道，实时发现、解决村民矛盾，实现“一屏观全景、一图治全村”。

道德润村　余村坚持法德同行、文化兴村、以文化人，积极引导村民认同和践行社会主义核心价值观，不断推进破陋习树新风活动。借助乡贤群体的力量，体现家规家训的功能，带动村民树立良好家风，塑造充满正能量的乡风文明。创新性地采取“调解员联村、法官驻村、家园卫士护村”模式，深入开展上门调解、送法下乡、巡逻守护等工作，实现群众办事、矛盾调解、法律服务、信息咨询、致富求助“五不出村”。

清廉正村　建设各具特色的清廉文化阵地，厚植清廉乡村文化土壤，净化党风民风村风，始终保持零诉讼、零事故、零刑案、村“两委”干部零违纪。推行小微权力清单制度，规范村干部办理村级事务，建立村务监督委员会、村务公开栏、“村村通”电视平台等，村民可以在电视上、村务公开栏、手机端“爱安吉”App看到村里每一笔收入支出。村委在村务公开栏设立“民情回音壁”，对村民反映的问题、什么时候反映、什么时候予以处理、结果如何等情况进行公示。

（二）矛盾终点站——安吉县社会治理中心

乡村治理是国家治理的基石。安吉围绕基层治理体系改革和社会矛盾纠纷调处化解综合机制改革，不断推广矛盾纠纷多元化解的“安吉经验”，积极探索现代社区规范化治理新路径，努力打造“社会治理+共富”县域样板。2019年，安吉成为首批全国乡村治理体系建设试点县。2020年3月30日，习近平总书记在浙江省湖州市安吉县社会矛盾纠纷调处化解中心，了解一站式接收、一揽子调处、全链条解决模式运行情况，强调基层是社会和谐稳定的基础。要完善社会矛盾纠纷多元预防调处化解综合机制，把党员、干部下访和群众上访结合起来，把群众矛盾纠纷调处化解工作规范起来，让老百姓遇到问题能有地方“找个说法”，切实把矛盾解决在萌芽状态、化解在基层。安吉县社会矛盾纠纷调处化解中心迭代升级为社会治理中心，承担运行监测、矛盾调解、分析研判、协调流转、应急指挥、督察考核职责，依托基层治理“大脑”指导协调乡镇（街道）承接党建统领、经济生态、平安法治、公共服务4项任务。安吉县通过党建引领、社会参与、依法调解、德治融合、数字赋能，不断健全共建共治共享的社会治理制度。2021年，孝丰镇横溪坞村“四个不出村”[①] 制度，推动乡村服务升级模式入选中央农办、农业农村部、国家乡村振兴局联合开展的第三批全国乡村治理典

---

① “四个不出村”是“垃圾不出村”“矛盾不出村”“办事不出村”“创业不出村”。

型案例。2024 年，通过线上受理、精准流转、全流程督查等方式，成功协调处置网格上报事件和浙里人大代表履职、110 报警服务台等各级应用协同治理类事件 8.58 万余件。

多元化协同化 抓牢矛盾化解，筑牢主防根基。充分发挥三级社会矛盾纠纷调处化解中心调解职能，做到以调为主，把调解案件压实至乡、村，发挥乡、村调解员作用。在功能集成方面，社会治理中心与进驻部门（单位）建立“同心圆”党建联盟，聚焦“学思想、强党性、重实践”，通过党建互学、资源共享、工作共抓，凝聚各方力量、优化跨行业跨领域联调机制。在一个地方，老百姓就可以享受到矛盾纠纷调处、法律援助、司法确认、诉讼引调、代理诉讼等多项公共服务。在层级集成方面，安吉建立县、乡、村三级上下联动的递进式矛盾纠纷调解模式，简单矛盾由村级中心处理，复杂矛盾由乡镇中心处理，疑难矛盾由县级中心处理。在全方位加强政府内部协同的同时，重视依靠广大人民群众解决问题，强化公众参与和社会协同。分类别建立调解专家库，吸纳退休党员干部、行业专家、乡贤、热心群众等融入调解队伍，加强乡贤和党员队伍培育建设，对疑难复杂矛盾纠纷有针对性地挑选合适的调解专家进行调解。

制度化法治化 完善“选、育、管、爱”全链条网格力量管理机制。整合县域范围内的人民调解资源，打造巡调工作室，按照“一月一巡回、一季一汇总、一年一评价”，赴各乡镇（街道）、农科区开展调处工作，力争把矛盾化解在萌芽状态。开展下沉式巡回调解，变“群众往上访”为“干部往下跑”，制定县领导接访下访制度，实行定时、定点、定人制，严格落实县领导包案办理制度，从包案到督办，再到反馈、核审，形成信访举报和矛盾化解的闭环机制。安吉县社会治理中心通过与信访局、法院、检察院等多部门协同，将信访纳入法治化轨道，依法维护群众权益、规范信访秩序。坚持制度化、法治化原则，最大限度地整合资源，提升接访办件和矛盾化解的合力。

数字化智能化 抓牢网格治理，建强智慧大脑。强化数字赋能矛盾纠纷调解，县级指挥中心和15个乡镇（街道）基层治理四平台、214个村（社区）社情民意联络站（点）、505名全科网格员实现工作联动。有效整合基层治理App、公安警情系统和社会矛盾纠纷调处化解秘书等数字化收集渠道以及安吉全县18个部门（单位）信息资源。推广“解纷码”数字化应用，与调解员线上交流、反映诉求，上传证据材料，开展视频调解。实现矛盾纠纷全流程有迹可循、有据可查，村民解纷在村里、居民解纷在社区、异地群众解纷在线上，矛盾纠纷调处从“最多跑一地”转变为“一地都不用跑”。通过智慧治理将工作重点由事中、事后转到事前，每月定期、不定期开展数据分析，梳理反映频次多、涉及群体多、社会风险大等突出问题，推进源头分析，找准问题产生的根源，提出预测预警性建议①。

（三）基层治理根基——村级小微权力运行体系

村级“小微权力”清单制度加强村级权力监管 2018年，安吉县发布《关于推行村级“小微权力”清单制度的实施意见》，全面提升农村基层党风廉政建设水平，明晰村（社区）干部的权力事项，规范“小微权力”运行流程，强化各乡镇（街道）的监督执行力度，严格落实“小微权力”问效奖惩制度。2019年，制定《村级事务精细化管理实施办法》，将原有清单修订为11个方面39项。2020年，开展“无证明”村（社区）创建，取消高龄津贴领取、申领犬牌等行政审批及公共服务领域涉村（社区）证明事项74项。同时依托公开栏、电视端、手机端“爱安吉App”“浙政钉”，实现所有村（社区）党务、村务、财务公开；建立“民情分诊”平台，对群众的问题限时办理，及时回复，

① 光明日报调研组．有地“找说法”矛盾纠纷不闹心——浙江省湖州市安吉县社会治理中心的实践与启示［N］．光明日报，2023-06-09（5）．

做到村级事项“码上知”、权力运行“码上督”、群众诉求“码上办”。

“正村八条”推进清廉乡村建设 安吉县深入推进清廉乡村建设，围绕规范村级小微权力运行，以制定落实《清廉正村八项要求》为抓手，通过明确权力边界、织密监督网络、创新监督路径、完善评估方法，着力健全基层公权力监督体系，进一步厘清小微权力边界，确保村级权力始终沿着正确的轨道运行。2017 年 10 月，安吉县正式下发《安吉县建设清廉乡村的实施意见》，并制定了创建方案和考评细则，在浙江省率先探索开展清廉乡村建设。2019 年 7 月，制定出台了《清廉正村八项要求》，以清单的方式对村级政治建设、村级决策、“三资”管理、工程项目、“三务”公开、村级监督、队伍管理、乡风文明八个方面内容作出具体规范。

“四全”模式推动基层政务公开标准化规范化 安吉县以规范村级小微权力运行为核心，以健全村级“三务”公开信息平台为载体，进一步细化公开内容，优化公开形式，升级公开板块，强化公开监督，以全覆盖推进、全方位公开、全闭环管理、全天候监测“四全”模式推动基层政务公开标准化规范化向农村和社区延伸，促进村级权力阳光运行，打通政务公开“最后一公里”。

第三节　制度建设的典型模式

一、“两山合作社”：提升资源价值链

安吉县立足生态资源优势和农业政策性金融资源优势，围绕生态资源价值链提升，积极探索生态产品价值实现机制，创新打造“两山合

作社”应用，打造全省首个“两山合作社”示范基地，固化形成生态保护综合补偿、GEP 核算、竹林碳汇改革等制度规范体系，通过创新生态资源权益机制对生态资源进行产权界定、价值量化，通过市场交易平台建设将生态资源转化为经营性物品进行交易，实现资源价值转化，推动各类生态资源经营和新业态发展，不断完善政府主导、企业和社会各界参与、市场化运作、可持续的生态产品价值实现路径，以绿色低碳创新引领高质量发展。

（一）建立生态产品价值实现路径及其政策支撑体系

2020 年 4 月以来，安吉率先在全国开展“两山合作社”建设，发布《“两山合作社”建设与运行管理指南》（DB3305/T227－2022），通过借鉴商业银行“零存整取”理念，探索建立健全管理一盘棋、服务一条龙、政策一揽子、衡量一把尺、分配一本账、减碳一平台的“六个一”工作协同机制，有效实现了生态资源“变零为整”、项目开发“多跨协同”、资源资产赋权活权、资源转化精准可控、转化利益多方共享、“双碳”目标多路径实现。“两山合作社”作为生态产品价值高质量转化服务平台，通过固化形成 GEP 核算、生态保护综合补偿、“两入股三收益”利益联结等制度规范体系，有效破解生态产品价值实现过程中的难度量、难抵押、难交易、难变现等问题。

截至 2022 年底，已整合资源 388 个、入库项目 168 个，成功转化项目 30 个，带动投资超过 50 亿元，带动村集体经济增收 5000 余万元，提供就业岗位 3500 余个，“两山合作社”生态产品价值实现机制被全国 7 个省 32 个县区复制推广。

（二）推行多元化生态保护补偿机制

在全面推进绿色低碳共富综合改革背景下，安吉县持续进行生态保护补偿机制的有益探索和实践，建立促进生态、生产、生活“三生融

存入绿色行为　喜换“两山绿币”

合”的生态保护补偿机制。以“保护者受益、使用者付费”为导向，健全利益分配和风险分担机制，通过探索市场交易模式，制定环境权益重点领域收储交易改革机制，并将相关溢价收入纳入生态保护基金，真正发挥补偿机制促进保护责任共担、环境共治、效益共享的作用。

2022 年 6 月，《安吉县生态保护补偿机制改革实施方案》正式印发，该方案提出十个方面 25 个具体补偿方向，推动生态保护补偿从较为单一的流域、公益林、耕地等自然资源保护补偿向均衡发展综合补偿、生态资源保护分类补偿、生态环境治理激励补偿和创新多元生态权益市场交易等方面拓展，极大丰富生态保护补偿的内涵。在补偿范围上，除了涵盖县域内全部乡镇（街道）、行政村及有关个人外，还积极与相邻区县开展合作，形成了跨省市县的区域合作立体化补偿体系；开创乡镇（街道）GEP 综合奖补、茶山茶园生态修复补偿、饮用水源地经济林林权流转补偿、水稻湿地生态补偿、以竹代塑新材料采购补助等 6 项具有安吉特色的原创性补偿实施方案，在湖州市率先发起成立了黄浦江源生态保护基金；细化制定《安吉县水域补偿等效替代工程实施管理办法（试行）》《安吉县生态保护基金资金筹措和管理使用试行办法》等制度，通过引入市场调节机制与公益捐赠，积极推动社会资本参与生态保护，逐年降低生态保护基金对财政资金的依赖度；出台《安吉县土地出让领域生态产品价值实现与生态保护补偿实施方案（试行）》，创新性地将生态产品价值纳入土地出让价格评价指标，探索开展土地出让领域生态产品价值实现与生态保护补偿机制试点，在土地出让前，将“单位排放增加值”“单位能耗增加值”纳入土地初始出让金，提前将生态补偿成本纳入土地附加增加值中；运用市场化手段，制定环境权益纳入土地收储交易，2022 年已累计增加生态环境保护补偿基金 3.9 亿元，2023 年 1 月，出让第一批附带“生态环境增值”的地块，在浙江省率先实现项目级生态产品价值核算出让；印发《安吉县 2022 年度乡镇（街道）GEP 综合奖补办法（试行）》，构建以水源涵养、土壤保持、洪水调蓄、固碳、释氧、气候调节、调节服务等为核心的乡镇（街道）GEP 综合奖补指标体系，分 5 档开展考核并发放财政奖补，推动乡镇（街道）在生态保护中受益，推动生态环境高水平保护和城乡资源双向流动、互利共赢、融合发展。

（三）建立三级 GEP 核算体系

与浙江省发展规划研究院、浙江大学、中国科学院生态环境研究中心等机构共同探索，研究发布《生态系统生产总值（GEP）核算技术规范陆域生态系统》（DB33/T2274－2020），明确陆域生态系统生产总值（GEP）的核算步骤、生态产品功能量核算方法、定价方法和价值量核算方法等，形成森林和湿地生态系统生产总值（GEP）专项核算成果。依托“两山合作社”应用，通过算法模型实时核算县域、乡镇 GEP，实现实时结果、各乡镇年度 GEP 数值分布、年度产值对比和排名、分类分项排名等内容量化可视。

以县域 GEP、乡镇 GEP 为基础，加快构建特定地域单元项目级生态产品价值（“项目级 GEP”）核算应用体系，探索从项目管理、价值评估、项目评价、支持项目金融服务等方面进行项目级 GEP 核算，并结合项目背景、项目类型、项目规划、红线范围、周边资源等因素，对收储进项目库的生态资源转化项目逐一开展项目级 GEP 核算，明确项目生态产品具体价值，构建县域生态资源转化项目实时核算结果数据库，通过搭建生态资源转化项目“一张图”信息平台，直观、定量地反映项目基本情况和生态影响，为提升生态资源转化项目管理科学化、精准化、便利化奠定基础。

（四）全域推进竹林碳汇改革

深度协同绿色金融改革，创新竹林经营模式，推动竹林碳库资源生产、收储、交易实现闭环运行。

推进全域竹林资源集聚 加快毛竹林规模化、集约化经营，建立合法、合规、合理的竹林资源资产量化流转机制，遵循入社自愿、退社自由原则，在原有承包方式和产权不变的基础上，对竹林资源价值进行股份量化，将经营权入股至村组建的专业合作社，实行属地管理、统一经营，实现全域竹林资源从分散到集中的转变。竹林资源价值经核证后形成碳汇产品包，通过“两山合作社”进行收储交易，竹林碳汇交易所得净收益的 70%，将反哺给被收储的村集体和乡镇。推动国有企业与竹林资产资源深度对接，企业优势与农民需求全面融合，形成村企合作、互利互惠的良性循环。

构建竹林碳汇区域交易市场 抓实竹林碳汇收储、核证、备案等工作，创新突破碳汇交易机制，疏通交易壁垒，全面畅通交易内外循环。2021 年 12 月，上线全国首个集内外循环于一体的县级竹林碳汇收储交易平台，开发碳汇空间、碳汇收储、增汇工程、交易分配等四大场景，构建了林地流转—碳汇收储—基地经营—平台交易—收益反哺的全链条闭环管理体系，打通竹林碳汇从生产到收储、交易的渠道，实现碳汇

"可度量、可抵押、可交易、可变现"①。2022年，安吉县被浙江省列为全省首批林业增汇试点县和竹林碳汇交易试点县，获得在浙江省范围内打造竹林碳汇"生产—收储—交易"全链条样板的先机。竹林碳汇改革启动以来，带动安吉县119个行政村、4.9万户农户和17.15万名林农取得长久性收益，每年帮助村合作社社均增收100万元以上，通过竹林带来的年收益从原来的最高200元/亩上升到了500元/亩。

二、"两退出三保障"：强化土地要素链

推进农村"三地联动"改革，稳定供给。统筹推进农村"三地联动"集成改革，探索农民土地承包权、宅基地使用权、集体收益分配权"带权进城"或自愿退出机制，盘活更多农村闲置资源，加强土地要素保障。

一是有序落实建立进城落户农民依法自愿有偿转让退出农村权益制度，进一步深化承包地改革，探索农村闲置宅基地利用及有偿退出机制，深入推进农村集体产权制度改革。安吉县探索建立"两退出三保障"农村宅基地退出机制，2022年9月，安吉县人民政府出台《关于建立"两退出三保障"农村宅基地退出机制的指导意见（试行）》，进一步探索宅基地所有权、资格权、使用权"三权分置"改革，创新农村宅基地退出机制，促进城乡之间资源要素双向流动、优化配置，全方位激活主体、要素和市场，助推乡村全面振兴，为高质量建设国际化绿色山水美好城市提供坚实保障。

二是扎实推进探索建立农村集体经营性建设用地入市规则，研究制定合理的收益分配制度，建立健全土地增值在国家、集体和个体之间的

① 吴兆维，徐胤，张周婷．安吉深推绿金改革"碳"索共同富裕新路径［J］．浙江林业，2022（7）：14－15.

收益分配机制。自2020年以来，安吉县先后出台《安吉县农村集体经营性建设用地入市管理办法》及《安吉县集体建设用地基准地价、农用地基准地价及城镇标定地价》，在明确集体经营性建设用地入市的方向和范围的同时，对土地市场地价水平进行宏观引导和管理，颁发农村集体经营性建设用地使用权不动产权证书，让农村产权资本“动”起来，让沉睡资产“活”起来，让乡村产业“旺”起来，进一步盘活金融资源助力农村产业发展，开辟城乡融合路径，助推共同富裕。

三是率先在全国探索农业“标准地”出让模式，统筹其与数字农业、绿色农业、品质农业以及农产品仓储冷链物流、“互联网＋”农产品出村进城等项目，加速招引、推进一批科技尖、产业新、档次高、业态新、理念超前的农业项目，形成点上开花、面上集聚的农业产业新格局。严格执行农业“标准地”亩均带动农户、亩均吸纳劳动力准入标准，构建农业“标准地”项目与村集体经济组织的利益联结机制，通过土地出让费收入及相关土地规费县所得部分返还、集体土地使用权入股联营等手段，盘活农村集体建设用地。推进农业“标准地”制度闭环体系建设，逐步完善农业“标准地”精准抵押贷款政策。通过农业“标准地”改革，改变以往常规的征收集体土地形式，有效解决一二三产业融合发展建设用地难题，实现农业经营主体、农民、村集体多方共赢，有利于深入挖掘农业的多种功能，推动乡村产业结构优化，推动农业高质高效和绿色发展，提升农产品品牌价值和市场竞争力，促进农民增收和乡村振兴。

三、“两入股三收益”：完善主体利益链

安吉县探索建立“两入股三收益”农民利益联结机制，农民以资源、资产入股，拿租金、挣薪金、分股金，形成“资源归集—确权评估—精准招商—商定入股—收益反哺”的闭环式运行模式，通过资源

资产入股的方式来增加财产性收入，合理有效解决单纯引进社会资本经营乡村带来的增长和分配问题。

（一）完善运行机制，提高乡村资源产出效益

开稳开远农民利益联结共赢共富班车，建立完善的农民利益联结共赢共富机制，通过实施“两入股三收益”改革，把“小农户”与“大市场”对接好，为农业增效赋能、为农民增收助力，建设民富村强的共同富裕乡村示范单元，输出安吉经验模式。

一是建立要素清单，摸清资源底数。以行政村（农村社区）为单位，对乡村资产资源进行全面核查，按照资产资源分类标准，摸清资产资源存量，登记造册、建立台账，形成包括自然资源、文化资源等在内的最广泛的生态资源要素体系。同时建立自然资源动态监测和管理制度，实时跟踪掌握各类资产资源变化情况。

二是核算资源总值，全面量化入库。根据《生态系统生产总值（GEP）核算技术规范陆域生态系统》等标准，对村域内的资产资源进行核算量化，通过“数字乡村大脑”进行场景展示。厘清生态家底，构建智库、媒体、金融、政策、主体五大矩阵，全面推行资产资源“一张图”、改革集成“一盘棋”、强村富民“一本账”、乡村运营“一条链”，实现农村的“有形资产”向“有效资产”的转化。

三是放大资源优势，推动精准招商。利用村庄良好的生态环境和深厚的人文历史等资源，积极发展智慧农业、研学教育、乡村旅游、数字经济、零碳科技、健康医疗等新产业新业态，因地制宜按照规模化、集约化、产业化的要求，选择一批市场前景好、发展有基础、带动力强的优质项目，作为资产资源量化入股的首选项目，实现面向新需求收租金，催生新业态分股金，激发新供给挣薪金。

四是探索乡村全域运营改革，激发活力。探索乡村运营“O + EPC + O”模式，突出运营前置。选择专业水准高、行业影响力大、发展前景

好的运营团队作为乡村运营“操盘手”，将运营团队与运营区块、国企平台进行“一对一”联结，对乡村进行经营定位、策划、规划、设计、运营，推动美丽乡村向美丽经济跃升。以国有企业为主的国资平台，负责设计、采购、施工总承包，并持有区域内部分存量和增量固定资产所有权，构建“国企+民企+村集体、农民利益联结”的“三位一体”模式，国企投建体现“政府有为”、民企运营体现“市场有效”、村集体利益联结体现“百姓有利”。

（二）探索收益分配，推动乡村建设共赢共富

遵循“既要做大蛋糕，又要分好蛋糕”的内涵要义，强化农民利益联结，健全收益分配制度，探索乡村振兴与实现共同富裕的长效管理机制。

一是托底保障村集体和村民收益。村集体或村民不参与企业生产经营活动，资产资源的经营权、使用权和租赁权等遵循“保底收益+效益分红”，负盈不负亏。将项目直接利用或间接利用的资产资源设为优先股或劣后股，优先股在项目土地使用权、经营权确定后，按照“授薪合伙人”的模式享有租金和红利；劣后股在项目投资方收回成本后（可在3~5年内），享有租金和红利，获得的红利纳入村集体统一分配。

二是兼顾保障低收入农户权益。深入开展“提低”工程，提倡按照不低于其他股民1.5倍享受分红。健全“六无六有”综合救助体系，持续强化低保补助、健康保险等保障式精准帮扶力度，大力推广订单农业、公益性岗位就业等多种帮扶模式，全力拓宽低收入农户增收致富路径。

三是维护保障经营者主体利益。严格把关资产资源质量，坚持优质资源优先入股，劣后资源提升优化后再入股，保障项目稳定开展，维护经营者主体利益。积极调整经营主体补贴和政策支持方向，加强农村基

础设施和公共服务设施建设，集体经济和国资企业主动发挥统筹协调服务功能，解决项目发展融资难、平台小、纠纷多等问题，为经营主体发展提供优良营商环境。村级经济合作社、村民等作为乡村社会化经营的利益主体，通过享有资产资源的经营权、使用权和租赁权等取得直接收益或以持有的投资运营公司股份获得分红等方式取得间接收益。

“两入股三收益”改革落地以来，安吉在机制创新的同时搭建起运营主体矩阵、政策矩阵、金融矩阵、智库矩阵和媒体矩阵，各村基于原有产业发展基础，在打品牌、盘资源、精准招商等方面群策群力，首批遴选 25 个典型案例，累计吸引各类投资 13.7 亿元，预计村集体收益达 2077 余万元，吸纳周边劳动力 2100 余人，带动就业增收 7500 余万元，成功入选省级“数字化 + 强村富民”乡村集成改革实践试点。力争 4 年内完成双“十百千万”目标，即打造十个美丽乡村振兴示范区、百个振兴示范村、千个示范点、万个示范岗，吸引十家中字头国企、百名乡村运营师、千名农创客、十万名“云村民”深度参与乡村经营，成功打造乡村车间、农业工厂、乡创集群、乡宿集群、乡旅集群等多个特色鲜明的乡村产业集群和乡村经营样板，成为全国全域化、高水平开展乡村运营的示范区和引领区。

第四节　制度建设的经验启示

一、聚焦资源利用，全面推动集成改革

通过绿色发展推动分工结构的绿色转型，将自然生态视同基础性生产要素，公平地进行要素的初次分配；同时将资源、生态、环境等作为

经济活动的投入要素，在有限的资源约束下挖掘自然价值潜能，实现自然资本增值①。安吉县充分挖掘乡村先天生态资源优势，积极参与绿色分工。

一方面，通过生态农业、生态旅游、生态康养等特色生态产业，盘活生态资源，拓宽参与发展和共享成果的渠道与途径，形成新的内生比较优势和后发优势，收敛区域差距②。

另一方面，通过生态补偿、碳排放权、排污权、生态资源权益等市场化交易，健全环境要素市场化配置体系，获取更多生态环境收益和碳收益，实现生态环境可持续发展的惠益分享。全面推行闲置农房调查摸底和收储准备工作，联动县镇两级政府研究出台“两退出三保障”农村宅基地退出机制指导意见，加快推动农村承包地、农村宅基地和农业“标准地”的“三块地”联动集成改革。通过有偿收回、租赁等形式，对闲置房屋应收尽收，加快盘活利用空闲资源。对片区化退出的农村宅基地进行统一规划设计、统一开发改造，利用农业“标准地”建设小微产业园，确保其在壮大村集体经济、吸纳劳动力就业、带动农户增收，助推乡村振兴和共同富裕中发挥应有的更大作用。

二、聚焦强村富民，全面构建利益联结

安吉县聚焦产业兴、集体强、农民富，纵横延展探索“两山”转化新路径，推进品牌IP赋能、“两山”银行运行机制、利益联结全方位共建，促进强村富民。

一是推动乡村品牌赋能发展。厚植乡村本源，围绕产业振兴与业态

① 成升魁，沈镭，封志明，等．中国自然资源研究的发展历程及展望［J］．自然资源学报，2020（8）：1757－1772.

② 李彦军，宋舒雅．“两山”转化促进共同富裕的逻辑、机制与途径［J］．中南民族大学学报；人文社会科学版，2022（10）：136－145.

创新两条主线，用“IP爆点”思维催生品牌，通过对乡村农产品、生活方式、乡村旅游等各类资源的品牌化打造，充分释放产业发展潜能，构建起多元IP矩阵。打响“余村农耕”农产品品牌，依托“笋菌茶稻药”为主的系列特色农产品，通过文创化、精品化、品牌化、故事化，实现农产品品牌溢价，提高村民收入。

“烟火山川”夜集市

二是健全“两山合作社”的运行。坚持生态优先、绿色发展原则，全面开展农村闲置资产、资源调查，持续推进重点优质资产资源梳理入库，统一流转、统一管理、统一经营。持续深化“两山合作社”机制，破解资源“低散乱”问题，释放农村劳动力，降低生产经营成本，持续推动资产资源集约经营，壮大村集体经济，增加村民工资性、经营性和财产性收入。

三是深化利益联结机制。发挥国企资本优势，全面拓展五子联兴等强村富民公司覆盖范围，通过资源收储（租赁）、规模化经营、投资提升等，提高资源资产使用价值，确保农户租金保底收益，为强村富民公司拓宽增收渠道。强化村企合作，通过“两入股三收益”机制，依托项目招引和余村全球合伙人计划，逐步实现占有村级资源的新引进项目原则上都按照“两入股三收益”模式合作并提高分红比例，村民每年以资产资源的经营权、使用权和租赁权等取得直接收益或以持有的企业股份获得分红等取得间接收益，有效推动“扩中”“提低”改革，加快形成橄榄型分配结构。

三、聚焦人才集聚，全面实施青创活县

以“一村一品”为抓手，主动创设载体、拓宽途径、开辟赛道、政策加持，探索实施以品牌引流、艺术引流、体验引流、产业引流为主要撬动点的青年人才乡村创业模式，全面推进青年人才就业创业，常态化开展各类青年共创、社群活动，推广深受青年欢迎的多元化生活新方式，打响“美丽乡村发源地、乡村创业首选地”品牌。

一是筑牢人才要素支撑。加速推进创业平台建设，纵深推进“全球合伙人”计划，建设核心启动区面积达5平方千米的乡村青年人才社区，逐步打造数字游民工作区、数字经济培训基地、数创综合服务中心、“年年有余”研学中心和余村合伙人共创空间。全面打造阅读、娱乐、个性餐饮、社交等多重空间，健全完善“吃住行游购娱”配套业态招引和便利服务打造，加快推进青年公寓、青年食堂等基础配套设施建设，为创业者、大学生提供良好的工作、生活环境，全方位实现乡村高质量就业、高品质服务、高辨识度品牌。

二是不断深化“两进两回”政策。用好用足余村产业发展基金和合伙人专项资金的撬动作用，面向全球招引人才、项目，做细做实青年人才集聚、数字经济领域企业项目对接，通过培育、孵化项目达到引人、聚人、留人的目标。借力行业主管部门，对接高校专业人才引进和专业大学生招聘，同时依托引进的人力资源公司定向招引现代农业、文旅等专业人才。

三是全面优化运行机制。优化余村“全球合伙人”专项支持政策，加大宣传，持续更新合伙人招募及活动动态，加快研学教育、文化创意、乡村旅游类意向合伙人项目的路演，保持“余村全球合伙人”计划热度，创设良好的创业氛围。打造由政府主导、专业团队支撑的项目运营专班，一对一配齐服务专员，在项目选址、公司注册、人才招聘等环节提供支持，为合伙人提供一站式落地服务。加强村内基础设施建设力度，在养老、医疗、教育、就业等方面投入更多资金，吸引更多人才长期落户。

四、聚焦业态布局，全面引领经济发展新赛道

安吉县聚焦“双碳”目标的绿色低碳转型，衍生出大规模的新产业、新业态、新模式，促进了绿色低碳产业发展和绿色低碳竞争力形成，实现经济发展与惠民增收的有机融合，推动经济高质量增长和社会的可持续发展①。一方面，通过绿色发展优化就业技能结构，创造出新的绿色低碳就业机会，提高社会工资水平和劳动收入份额，扩大全社会就业容量。另一方面，通过绿色发展扩大绿色技术创新效应。实施多元化环境规制策略，形成激励与约束相容机制。通过金融产品和信贷资源配置手段助力绿色发展，以绿色信贷刺激的间接环境规制策略，缓解企业绿色转型的“遵循成本”压力②，促进企业增加创新研发投入，促进绿色技术创新驱动，提升企业的生产率和市场竞争力，实现生态改善与经济发展的双赢。

通过数字化改造、新技术运用，促进传统产业转型升级，创新

---

① 郭春丽，易信．“双碳”目标下的中国经济增长：影响机制、趋势特征及对策建议［J］．经济学家，2022（7）：24－33.

② 何广文，陈晓洁．金融机构助力绿色发展的可持续路径与启示——基于湖州的个案研究［J］．北京联合大学学报：人文社会科学版，2022（2）．

“股权 + 基金 + 项目”模式，发展新经济、新零售、总部经济，招引创新中心、研发机构和产业孵化器，竞跑经济发展新赛道。坚持“项目为王”的理念，精准定位、全面发力，全面落地优质项目。以大余村建设为抓手，整合优质资源，全面布局咖啡、音乐、露营等乡村旅游新业态，优化提升银坑民宿村落建设。

第九章

绿色共富：共同富裕的安吉样板

生态产品的普惠性保证了共同富裕人人平等的发展和共享机会，能够在更广空间实现价值增值。安吉县从资源驱动向内涵增长转型，从“两山”理念“诞生地”到践行“样板地”，通过建设美丽乡村，以创新生态资源资产化、资本化为手段，向社会提供更多的优质农产品、生态调节服务和生态增值服务，实现生态效益、经济效益与社会效益相统一，从生态宜居、产业兴旺、生活富裕、精神富足等层面推动全体人民共同富裕，奋力打造共同富裕先行示范。

第一节　绿色共富的背景

一、生态治理守护“绿水青山”底色

（一）生态立县：笃定“两山”之路

安吉县生态治理的发展历程，经历了从改革开放初期的“污染大户”到首个“国家生态县”的转变，也实现了从“国家生态县”到“全国生态文明试点”的跨越。2003 年，安吉县将“生态立县”确定为发展战略，探索以最小的环境资源代价谋求经济、社会最大限度的发展。“两山”理念的提出，深刻揭示了经济发展和环境保护的关系，坚定了安吉走“生态立县”发展之路的决心。安吉县痛下决心，放弃原本倚重的矿山产业，开展环境整治，通过积极践行“两山”理念，在权衡保护、改善生态环境与促进经济发展的关系问题上不断探索实践，逐渐走出了一条经济发展与生态环境互促共进的科学发展之路。

生态立县战略的持续实施，显示出“绿水青山就是金山银山”的优势。生态环境越好，对生产要素的吸引力、集聚力就越强。

（二）美丽乡村：生态优势转化为产业优势

作为中国美丽乡村的领跑者，安吉县美丽乡村建设经历了从“农村人居环境整治”到“产业发展”，再到“村庄治理和幸福感提升”的变化。在“两山”理念指引下，出于高度的使命意识和担当精神，立足于“生态立县”的发展战略，安吉县美丽乡村建设提出了较高的建

昔日矿坑成美丽景区

设标准，从县域层面通过政策激励自上而下统筹整合各种资源要素，超越乡村建设单一项目制固有的事本主义①，使“美丽乡村”不局限于“美丽”；同时，以生态文明建设为总抓手，通过自下而上市场运作模式的制度创新和机制创新，将生态优势转化为产业优势，实现从农村人居环境整治到打造中国式乡村现代化示范县的迭代升级，走出了一条“生态美、产业兴、百姓富”的可持续发展之路②，获得了联合国人居奖唯一获得县、全国首个生态县、全国首批生态文明建设试点地区、国家可持续发展实验示范区、全国文明县城、全国卫生县城、美丽中国最美城镇、全国首批休闲农业与乡村旅游示范县、首批联合国世界旅游组织“最佳旅游乡村”等多项称号。2021 年 6 月，在浙江省高质量发展

① 渠敬东．项目制：一种新的国家治理体制［J］．中国社会科学，2012（5）．

② 徐维祥，李露，黄明均，等．浙江县域“四化同步”与居民幸福协调发展的时空分异特征及其形成机制［J］．地理科学，2019（10）：1631－1641.

建设共同富裕示范区领导小组办公室下发的《关于公布高质量发展建设共同富裕示范区首批试点名单的通知》中，安吉获评“建设共同富裕现代化基本单元领域”首批试点单位，为湖州市唯一获评单位。在开创新时代生态文明建设新局面中，继续推动生态环境治理体系和治理能力现代化，推进全方位治理、全过程防控、全领域保护，全面开启全域生态富美新征程①。

（三）制度保障：构建生态治理共同体

生态文明建设离不开全社会共同参与。安吉县通过实践探索逐步建构起“政府为主导、企业为主体、社会组织和公众共同参与的环境治理体系”，保证生态治理制度体系有效运转。

从实现“既要绿水青山，也要金山银山”，进阶到“绿水青山就是金山银山”，安吉县认识到绿水青山可以源源不断地带来金山银山，绿水青山本身就是金山银山，将生态优势变成经济优势，并将这种优势转化为促进经济社会可持续发展的不竭动力，就需要构建一种系统有效、良性循环的行动体系和保障体制。安吉县根据自身的资源禀赋和经济、社会结构，不断推进环境、空间、产业和文明的相互支撑，统筹协调城乡全域范围内环境资源分配，通过生态保护补偿机制明晰环境保护权利和义务，实现从生态经济化向经济生态化的转型、从资源商品化向资源资本化的层级跨越；通过建立健全环境社会互动机制和公众参与表达机制，不断强化环境信息公开制度的完善和落实，明确环境权益责任，增强社会主体参与环境治理的能力，规范引导公众理性有序有效监督参与环境保护和治理，逐步形成一种现代文明与自然生态高度融合的生态治理共同体。

---

① 杨卫东．切实践行“绿水青山就是金山银山”理念——奋力推进生态宜居城市建设的安吉实践［J］．国家治理，2023（4）：76－77.

二、绿色发展做足“金山银山”成色

（一）两山转化：美丽环境转变“美丽经济”

生态治理与经济发展协同推进，要注重打开转化通道，将生态理念深入每个村落，关涉每位村民。安吉县注重激发内生动力，通过绿色发展实现将绿水青山转化为金山银山。一方面，依托优美的生态环境和良好的人居环境优势，积极探索绿水青山转化为金山银山的路径，对产业布局和工业产业结构进行重新定位，重点发展具有地方特色的绿色产业，推进一二三产业生态化协调发展、产业实现“绿色”转型，形成以生态农业、生态工业和生态旅游业为主的绿色产业体系。产业内部结构呈现“绿色融合”发展趋势，农业发展从传统种植业向现代农业转变，工业实现了由污染高耗向生态低碳转变，服务业趋向结构优化的转变，以金融、信息服务业、科技服务业为主的生产性服务业比重不断上升，美丽环境转变成了“美丽经济”，实现了生态保护和经济发展的双赢。另一方面，通过强化领导能力、执政能力和治理能力，不断改善乡村公共服务能力和配套设施建设，增加农民的获得感；增加生态产业多样化业态，盘活农村资源，使原本低效使用或者闲置的资产尽可能最大化地激活，促进农民增收；将引进工商资本与集体经济发展相结合，合作共建促改善、合作共赢促增收，深入做好“两山”转化的文章，实现可持续发展。

（二）内生发展：壮大村级集体经济

农村集体经济就如同杠杆，它的发展壮大，既能盘活各类资源，也能激发农村自我发展的能力，更能成为撬动共同富裕的支点。安吉县通过不断深化“千万工程”到乡村振兴的演进逻辑，聚焦“两山”转化，聚力绿色发展，优化布局产业发展新业态，大力发展村集体经济，以改革之力构建生态文明新秩序，打通“两山”转化新通道，共筑民生福祉新格局。

实施乡村振兴新青年行动，建立健全农村党组织书记选育管用全链条机制，持续推动村干部队伍结构功能优化、素质能力跃升，培养出一批能带富、善治理的村书记先进典型，形成村级“头雁”示范集群。推动乡村新业态加速涌现并发展壮大，为乡村集体经济发展注入新活力。一是注重特色鲜明做产业。结合自身资源、区位、文化等特色优势，因地制宜地发展种植、农产品加工、生态旅游等美丽经济产业，利用自然风光、文化风俗、历史传说、传统饮食等资源，全方位挖掘村庄发展优势。二是注重龙头带动延伸产业链条。注重发挥市场主体作用，积极培育和引进龙头企业，推动特色产业标准化、规模化、产业化、品牌化发展，促进一二三产业融合发展、链式发展，探索出以企兴业、以业活企的良好发展格局。三是注重区域联动谋共赢。安吉县各村镇注重区域联动发展，将“一村”概念扩展到周边几个村、甚至“一镇”范畴，凝聚合力、扩大规模，联合开展投资项目。深化强村富民乡村集成改革，因地制宜打造强村富民公司矩阵，统筹推进强村富民公司经营业务和增收渠道拓展路径，抱团壮大集体经济，激发农村资源配置的市场活力。四是注重文化浸润塑品牌。注重挖掘历史文化、传统文化、乡土文化、生态文化等资源，强化以文润产、以文塑品牌，将特色文化与特色产品、特色产业、特色经济有机结合，提升文化底蕴和市场价值。五是注重联农带农促共富。通过壮大集体经济、带动村民就业增收、完善利益联结机制、建设共富工坊等方式，让村民收租金、挣薪金、分股金，带动集体增收、农民致富。

（三）制度设计：实施强村富民改革

一方面，强化乡村组织建设。推动构建资源资产入股、拿租金、挣薪金、分股金的“两入股三收益”共同富裕机制，建立农村土地承包经营权流转服务体系，加快推动农村资源变资产、资本变资金、村民变股民。突出资源整合。另一方面，整合行政资源建立纵向到底的领导机制，整合项目资源建立涉农惠农的政策机制，整合财政资源建立逐级配套的激励机制，整合社会资源建立上下联动的共建机制，拓宽产业发展融资渠道，争取各方支持推动乡村经济滚动式发展。

三、乡村治理提升“金山银山”亮色

（一）统筹机制：促进基层协商和多元共治

坚持党建引领，打造多元共治格局，优化党组织指导下的基层民主协商机制，引导群众开展自我管理、自我教育和自我服务等活动，实现治理主体在城乡社区充分聚合。安吉县构建了“党委领导、政府负责、社会协同、公众参与、法治保障”的社会治理新格局，社会治理的社会化、法治化、智能化、专业化水平明显提升，人民群众的获得感、幸福感、安全感稳步攀升，基层（乡村）社会治理工作已经自主向现代化迈进。

（二）协同机制：打造社会治理共同体

安吉县在加强和创新基层治理模式的基础上，坚持“共建共治共享”机制，打造了社会治理共同体。加强边界县区间的治理联动机制，建立跨区域执法协作机制，着力推进信息共享、工作共抓、队伍共建，形成长三角（一地六县）一体化协同发展共建新格局。聚焦资源整合、政策供给和数改集成，基本完成全国农村社区治理实验区建设，获批省共同富裕示范区建设“暖心服务标杆区”试点，争取未成年人保护、慈善、养老等省民政厅数字化改革试点，探索出了具有安吉标识的城乡社区治理和发展之路。

（三）驱动机制：高水平建设乡村现代化

安吉通过生产、生活、生态联动赋予乡村发展新动能，通过乡村治理内化融合为乡村振兴赋予新活力，通过城乡融通赋予乡村振兴新格局①。从外生驱动力层面看，通过“千万工程”的启动示范效应，充分利用乡村资源建设美丽乡村，有效动员市场主体、社会组织、文化与科研机构等各种主体资源下沉到乡村；从内生动力层面看，重视村两委和党员的引领、示范作用，重视乡村引入产业和发展集体经济强村富民，重视通过“内培外引”调动新乡贤的积极性，发挥其引领、带动作用，重视农协、村级议事组织的发展，在资源下乡背景下实现基层管理与村民自治的均衡②，推动乡村人居环境、基础设施、公共服务、文化风尚融合治理。探索三产联动、城乡融合、农民富裕、生态和谐的科学发展道路，高水平建设中国式乡村现代化示范县。

第二节　绿色共富的做法与成效

一、夯实生态家底，保障绿色公共福利

（一）生态保护补偿惠益共享

随着生态环境“使用者付费、保护者受益”的价值导向越来越深

① 李勇军，黄柏青．美学经济赋能乡村振兴机理、路径与机制研究——基于浙江省美丽乡村建设的经验分析［J］．财经理论与实践，2024（5）：83－89.

② 王海娟．国家资源下乡与过程管理：乡村治理转型的内在逻辑及其效应［J］．云南民族大学学报：哲学社会科学版，2024（5）：115－124.

入人心，生态产品交易体系正在不断成熟与完善。作为“两山”理念发源地，安吉县坚持生态优先、绿色发展、造福于民，进一步打通“绿水青山”与“金山银山”双向互通的转化通道，在推动绿水青山入市“变现”的过程中，围绕生态占补平衡机制，探索生态保护补偿领域的市场化交易机制，建立、健全以优质生态资源为纽带的持续性惠益分享机制，形成跨省市县的区域合作立体化补偿体系。开展生态综合性补偿注重“造血”型探索，从政策、人才、技术和产业扶持等层面出发，提高生态保护区的造血功能。通过健全分类与综合兼顾、横向与纵向协调、政府与市场结合、激励与约束并举的生态保护补偿制度，协同推动生态环境高水平保护和经济社会高质量发展，持续健全生态产品价值实现机制，扎实推进绿色低碳共富改革。

2022 年 6 月，安吉县出台《安吉县生态保护补偿机制改革实施方案》，以“政府主导、社会参与”的方式，统筹财政资金、工商资本、社会力量等各方资源，聚焦生态保护地区与受益地区均衡发展、生态资源保护、生态环境治理、生态权益交易等领域，统筹开展生态保护补偿工作；打造涵盖山水林田湖草各类生态资源，促进生活、生产、生态“三生融合”的生态补偿体系，建立健全生态补偿一本账，发起成立黄浦江源生态保护基金，实现基金有效运转、领先示范；完备与国际化绿色山水美好城市相匹配的生态保护补偿体系，健全以生态保护成本为主要依据的生态资源保护补偿制度，全面形成以受益者付费为根本原则的生态权益交易市场化、多元化生态补偿资金筹措机制，确保以提升公共服务保障能力为基本取向的美丽环境治理补偿和以推动绿色共富为主要目标的区域协同发展补偿有力有效，财政性补偿资金稳步增长，非财政性补偿资金规模持续扩大，建成适应新时代生态文明建设要求的生态保护补偿制度。

2023 年 12 月，安吉被列为全省唯一的省级生态综合补偿试点县，为全国生态保护补偿机制改革提供安吉经验。同年，推进农村集体山塘水库水权改革，成功实现22座农村集体山塘水库的流转交易；2024年，完成全国首单水土保持生态产品价值转化。

（二）“全域景区化”助力城乡一体化

安吉全县187个村“一盘棋”统一规划，全域景区化发展。一体推进美丽县城、美丽城镇、美丽乡村、美丽园区“四美”共建。加快推进城乡交通一体化发展，持续加大农村公路改造提升，实施精品观光带、“四好农村路”、骑行绿道网、西南山区“511”工程等专项行动，建成“七纵七横”全域旅游风景主干道及覆盖乡村的网格化旅游道路。持续发展微改造精品示范带，围绕五彩共富路建设，提升沿线道路景观，串联形成“线有美景、片有精品、带有特色”的微改造示范环线，入选首批“四好农村路”全国示范县。成功创建国家级、省级美丽宜居示范村，开展国家新型城镇化标准化试点，发布全国首个美丽县域建设地方标准规范。开展低（零）碳镇村省级试点创建。天荒坪镇开展低（零）碳镇首批省级试点建设，融入并深化未来低碳社区、低碳场景设计。“余村印象”项目建成并通过国家级碳中和建筑铂金级认证，成为全国首个铂金级乡村碳中和建筑。2020年3月，《“两山”理念指引下的安吉美丽县域综合改革创新》入选浙江省十大改革创新特别贡献案例，浙江省24个省级部门出台专项支持政策，24项省级以上改革创新试点落地安吉。

（三）制度创新保障生态福利供给

安吉县强化规划引领，编制实施《生态功能区规划》《生态保护红线划定方案》等，创新成立生态办、矿资办，以县人大决议形式设立全国首个“3·25生态日”和环境治理集中推进日。实行最严格的生态环境保护制度，着力健全生态文明总体督导机制。优化项目环评审批，2020年，安吉率先启动“强县扩权”改革工作，实行“区域环评+环境标准”改革，推行“零见面”服务，在湖州市环评全过程管理“领跑者”三县两区排名中持续领先。深化排污许可改革，基本实现固定污染源发证登记全覆盖，基本实现排污许可“一证式”监管模式。开展排污权指标“五未项目”统筹，集中清理调剂“五未项目”污染物排放量，腾出余量集中保证优势项目落地。安吉县发布首份《自然资源保护禁止令》，积极探索司法力量介入常态化生态保护制度。贯彻数字赋能生态环境保护要求，全力开展“两山”生态空间协同管理平台项目建设，其中饮用水水源“一张网”协同保护应用项目成功争取省级试点。在浙江省率先启动自然生态空间用途管制试点，创新构建“多规合一”空间规划体系，实施天际线、山脊线、水岸线，人口密度、开发强度、建筑高度和色彩和谐性、风貌融合性、环境协调性“三线三度三性”全域美丽空间管控机制，限制开发和禁止开发区域保持在县域国土空间的80%以上，提升全域建设的整体性、系统性和协调性。率先开展全国生态保护红线智能化监管，以开展自然生态空间用途管制试点为契机，深入实施生态保护红线勘界定标和智能化监管，让生态保护红线“划得了、守得住、用得好”。

二、壮大绿色产业，激活共同富裕新动能

（一）生态优势向产业优势提升

好山好水孕育好经济，在加快建设共同富裕绿色样本的征程中，安吉县坚持绿色发展，聚力绿色引领，坚定不移抓改革、优产业、促赶超，充分发挥首批国家创新型县（市）的叠加效应，通过将生态优势向产业优势转化，诠释出生态优势释放出的强大力量，以科技创新的竞相突破赢得未来发展的战略主动，全速扩张总量、全力提升质量，持续推动绿色产业发展重点领域改革综合集成、迭代升级，跑出赶超发展加

速度，跻身浙江省工业大县，产业结构持续优化，新旧动能加快转换，绿色发展指数越来越高，战略性新兴产业、高新技术产业、装备制造业占全县规模工业比重逐年提高。

郸吴镇以扇艺共富工坊擦亮竹扇“金名片”

（二）打造新时代绿色产业集聚地

安吉县立足资源禀赋和区位条件，坚守生态工业底线，不断深化“8 + X”项目评审机制，实行项目招引“环评一票否决”制，从源头保障绿色产业高质量发展，促进产业与生态融合发展、共生共存。持续推进现代产业振兴，推动“椅茶竹旅”四大富民产业提质增效，抓好产业集群、产业园区、产业项目和规上企业，完善产业链条，做大经济总量。把现代产业振兴作为推动全县经济社会发展的主攻方向之首，向高端产业和创新资源要动力、要未来、要人才，坚持一手引进“链主型”企业，一手导入上下游企业，在好风景中集聚新人群、布局新经济，让新兴产业成为高质量发展的新引擎。聚焦“生态碳汇、低碳能源、低碳智治”三大重点领域，提升科创实力，着眼现代产业体系建设，建设绿色工厂，开发绿色产品，发展绿色工业园区，打造绿色供应链，培育绿色制造体系试点示范，打造一批具有国际影响力的绿色制造业集群，撑起安吉县工业经济的“四梁八柱”。围绕竹制品、转椅、旅游三大产业的发展，从市场组织和生产组织两个层面探索城乡空间网络布局，加快建设安吉绿色家居产业园、笔架山农业高新区，高质量建成白茶小镇，全面推进灵峰街道未来社区试点。2022 年设立长三角（湖州）产业合作区，打造“万亩千亿”大平台，打造绿色共富标志性区域。

（三）打造全国绿色金融试点工作的先锋样板

安吉作为绿色金融改革创新试验区的桥头堡，将绿色金融作为全县金融发展的首要任务，“将金融、生态、休闲、人居”发展理念进行有机融合，以县城规划区为重点，打造安吉金融中心、两山创客小镇等金融集聚平台，以发展绿色产业金融化和金融产业绿色化为主线，优化金融产业培育激励政策，提升综合服务能力，努力建成长三角金融人士休闲度假首选地、金融新业态汇聚地、绿色金融产业空间集聚区。

（四）打造绿色科技服务体系

一方面，发挥科技智库作用，做强“绿色”长线战略，激发“2 + 5”产业服务动能，凸显科技服务绿色力量，把专精特新企业作为重要主体，在土地、资金、能耗、人才等方面给予政策支持，根据亩均税收、亩均增加值、单位能耗增加值等评价指标，引导企业向高质量绿色发展转型，壮大绿色产业整体实力。围绕产业链部署创新链，构建政府、学会、企业、高校、科研院所之间协同互动、相互融通的新发展模式，深化政、产、学、研、用协同，建设科技创新平台和城乡产业协同平台。争取环境学会等国家级学会对安吉“2 + 5”产业的技术支持，在安吉国千环境公司设立“山水林田湖协同治理创新基地”。紧扣科技、发展、生态三大主题，充分发挥联动优势、资源优势、人才优势，吸纳涵盖科技、文化、教育、卫生、农业等专业领域1500余名科技工作者，打造浙江省首支“两山”科技志愿服务队伍。以绿色发展为导向，推动企业向科技型、创新型发展，实现科普、人才、服务等三大资源的成果转化。

另一方面，大力推进国家创新型县创建，着力打造营商环境的“绿水青山”，把生态环境优势转化为对高端人才和“大好高”项目的吸引力优势，让安吉县的“绿色颜值”源源不断地转化为“金色价值”。围绕新经济、新产业、新业态、新模式，精心编制招商引资资源图、人脉图和产业图，招引一批补链、强链、扩链、建链的龙头型项目，实现全县招商资源共享，确保招商引资精准性。依托“两山”未来科技城和灵峰智慧谷建设，推进数字经济、总部经济类项目招引；启动工业有机更新，结合全域土地整治、“腾笼换鸟”整治提升等，为抓项目促发展腾出空间。通过高层次人才洽谈、“十城百企千岗万人”招聘等活动，打造“就业创业最安吉”城市品牌，成立绿色科技服务专班，加强与重点产业相关的高端专家联络，耕深“院士 + 专家 + 高端人才”绿色科技智库团，为科技型企业与“两院”院士、知名高校院所及科研院所牵线搭桥，开展“三服务 · 百名专家进企攻关”指导活动。建立“链长制 + 平台 + 尖刀班”的招商引才机制，82个“尖刀班”瞄准生命健康、电子信息、装备制造、新材料等新兴产业，积极抢占新经济赛道。安吉县发布了全国首个《县域营商环境评价准则》团体标准，并连续5年获评全国营商环境百强县，成功入围投资潜力百强县。

三、优质服务共享，建设共同富裕美好社会

（一）推动人的全生命周期公共服务优质共享

推动公共服务优质共享是让人民群众看得见、摸得着、体会得到

"共同富裕美好生活"的重要路径之一。安吉县着力推动人的全生命周期公共服务优质共享，在幼有所育、学有所教、劳有所得、病有所医、老有所养、住有所居、弱有所扶上不断推动高质量发展，聚焦解决发展不平衡不充分问题和群众急难愁盼问题，围绕建设共同富裕美好社会大场景，坚持以"扩中""提低"为核心，重视经济效用分配，找跑道、定目标，建体系、抓改革，持续增进民生福祉，扎实推动共同富裕美好社会建设，努力推动"两山"转化成果更多更好地惠及全体人民。优质共享的公共服务成为安吉增强百姓获得感的"软性基建"，在浙江省率先实现 13 项公共服务全覆盖，城乡基本养老、基本医疗保险参保率接近 100%，新时代乡村治理"余村经验"全面推广，社会矛盾纠纷调处化解中心实现县乡村三级全覆盖，入选全国首批乡村治理体系建设试点县，实现浙江省"平安县"十六连冠。

（二）打造县域社会治理典范

安吉县在乡村治理体系建设上奋勇争先，实施新型城镇化和乡村振兴"双轮驱动"，加快城乡协调融合发展。统筹推进城市未来社区和乡村新社区建设，高标准开展美丽乡村精品示范村、经营示范村和善治示范村"三村示范"创建，推动余村乡村新社区成功列入浙江省建设共同富裕示范区首批试点。打造"一核多元"的城市治理大组织体系，不断优化大网微格全领域治理体系，系统搭建"村（社区）—网格—微网格（楼道、楼栋）"治理体系，精细网格划分、聚合治理力量、贯通对接渠道，以"组织一盘棋"牵引筑强社区"治理一张网"。探索"在规划中引领，在建设中完善，在管理中加强，在发展中健全"的基层治理新路，发挥村规民约效能，以法律法规为依据制定或修订村规民约，善用舆论和道德力量来强化村规民约执行力，发挥法规、村规、家规在基层乡村治理中的协同作用。将大数据融入社会治理，在数字乡村、智慧乡村建设上勇于探索、敢于实践，围绕打造绿色智慧城市、数字乡村试点示范县，成立两山转化数字研究院，打造数字技术共享平台、数字产业孵化平台及数字生态构建平台，实现一机畅意生活、一图尽览村事、一键联通管理。

（三）创新全域乡村经营模式

推进“多村联创”“抱团发展”，全县分级分类开展乡村经营，以乡村经营牵引全县乡村建设和乡村治理水平全面提升，通过统一规划、统一运营，实现共建共享。安吉县通过以产业、资源、交通、人文等要素为纽带的多个行政村联结共建、抱团协作，打造相近产业共兴、相邻地域抱团、资源共享共创、强村辐射带动等多种模式的片区（组团）式乡村共富联合体，带动村民共同致富。“城里乡下一样美、农民居民一起富”逐渐成为安吉的鲜明标识，农民作为市场主体，参与经济循环，收获经营利润，提升农村价值、农业效益和农民收入，实现城乡资源要素、供求市场的双向融合，促进乡村产业新业态、新模式发展，为共同富裕提供机制保障，为长三角乃至全国提供先行样板，成功入选浙江省“一事一议财政奖补支持打造共富村试点县（市、区）”。

（四）推进强村富民集成改革

安吉县全面实施以集体经济为核心的强村富民乡村集成改革，以乡村产业振兴为基础，以农民就业创业为优先，以农村产权激活为突破，强化各类强村富民乡村改革资源整合，统筹项目、政策、要素合力，破解体制机制障碍，率先在利益分享机制、要素优化配置、生态价值转化等方面实施集成创新，以数字化改革撬动各领域改革，进一步重塑关系规则、释放发展活力、优化收入分配和提升治理效能，加快构建推动共同富裕的体制机制，打好强村富民乡村集成改革组合拳，实现生态保护、经济发展、社会治理等多方面融合发展。

一是开稳开远“农民利益联结共赢”共富班车，建立完善的农民利益联结共赢共富机制，通过实施“两入股三收益”改革，把“小农户”与“大市场”对接好，为农业增效赋能、为农民增收助力，建设民富村强的共同富裕乡村示范单元，输出安吉经验模式。二是推进农村“三地联动”改革，稳定供给。统筹推进农村“三地联动”集成改革，探索农民土地承包权、宅基地使用权、集体收益分配权“带权进城”或自愿退出机制，盘活更多农村闲置资源，加强土地要素保障。三是创新生态资源权益机制，对生态资源进行产权界定、价值量化，通过市场交易平台建设将生态资源转化为经营性物品进行交易，实现资源价值转化，推动各类生态资源经营和新业态发展，不断完善政府主导、企业和社会各界参与、市场化运作、可持续的生态产品价值实现路径，以绿色低碳创新引领高质量发展。

第三节　绿色共富的典型模式

一、打造城乡产村融合“共富工坊”

如何破解农村剩余劳动力就近就业难题，在乡村振兴中深化村集体“自我造血”功能？共富工坊作为强村富民路径的创新探索之一，以村集体作为核心主体之一，在兼顾低收入农户、残疾人等群体的同时，通过盘活闲置资源、组织劳动力生产、提供公共服务等方式实现集体增收。

安吉县立足区域发展和产业实际，围绕共同富裕现代化基本单元建设，聚焦创业青年、留守村民、低收入家庭、残疾人等群体，量身打造共富产业，通过定向招工、电商直播、产业赋能等形式，把就业机会引流到农村一线、把致富岗位送到农户家中，推动工坊“输血”向区域“造血”、全域“活血”转变，持续拓宽村集体、村民增收路径，助力强村富民乡村集成改革，打开共富工坊产村融合新格局。

一是通过党建联盟，聚焦“扩中”“提低”改革，依托“村企共建”优势效应，创新搭建“政府＋企业＋村集体＋农户”共富架构，推动企业党组织、镇（街道）、村（社区）结对共建，突出党建链赋能产业链优势，打造“共富场景”拓展“共富业务”，全域推进“共富工坊”建设，激活农村富余劳动力，促进农村产业发展、农民就业增收，打开村村共富“总开关”。

二是加大政策支持力度，全面推进共富工坊建设。注重从项目引进、资金扶持、选址建设、专业人才培养、就业培训、社会保障等各个环节推进共富工坊建设，提供优惠贷款、政策宣传、“红色代办”、法律援助、志愿服务等，切实帮助共富工坊提升生产效率、破解技术难题、拓宽产品销路，不断增强工坊带富效应，实现“带动就业一万、户均增收一万”的共富目标，成为持续推动城乡社区高质量发展的内生动力。

三是完善“共富工坊”服务体系。建立本地资源、供给需求、政策支持、农村剩余劳动力“四张清单”，针对有合作意向、尚未落地的“共富工坊”主动介入，帮忙协调解决问题，为筹建“共富工坊”提供对接，促使工坊既有人气，也接地气，让富余劳动力变成富裕新动力；发挥企业优势和集体智慧，充分挖掘在项目、资金、人才、科技、信息等方面特长优势，帮助村子理清思路、找准门路、选定项目，带动村企“抱团”同奔共富路，带动村民在家门口走上“共富”坦途。

四是以“共富工坊”为契机，提升村民创富技能。以工坊为平台，开设“专技课堂”，邀请联盟企业一线专业技术人才为工坊农户提供免费技能培训，推动村企人岗精准适配。积极培育工坊技能人才品牌，引导工坊经纪人、农户树立品牌意识，向用工短缺企业直接输送产业工人，构建工坊反哺企业的共赢机制。

二、打造绿色低碳共富的“未来乡村”余村样本

安吉县以余村作为共同富裕现代化基本单元，全力推动共同富裕示范区建设。以全域生活圈、乡村共同体为目标，以余村的创建积极带动天荒坪镇以及周边乡村联动发展，聚焦村民需求和游客体验，打造具有竹乡村韵的绿色生态发展区，以“竹海浮玉、两山窗口、天目漫谷、七彩生活”为主题，人本原乡、生态原乡、活力原乡为定位，建设成为生态经济、休闲度假、健康养生的县域风貌样板区。以生态化、数字化、人本化为建设方向，通过实施数字乡村提速、产业强村提升、农民增收提质、美丽环境提标、整体智治提效等“五大行动”，聚力打造“文化共兴、服务共享、绿色共生、产业共融、多元共治”的“五共”场景，构建绿色低碳生活圈、实现绿色资源三蝶变、展现绿色治理三张图，打造绿色低碳共富的“未来乡村”余村样本，建成“村强、民富、景美、人和”的共同富裕现代化基本单元。余村先后获得了联合国世界最佳旅游乡村、全国生态文化村、国家 4A 级景区、中国美丽休闲乡村等称号。2024 年，余村全年接待游客 122 万人次，实现村集体经济收入 2205 万元，村民人均收入更是达到了 7.4 万元，全村 1000 余名村民的人均分红从 2020 年的 600 元左右涨到了 3000 元左右。

一是以生态化为重点，推动乡村绿色资源“三蝶变”。以“余村共富联合体”党建联盟为依托，统筹推进乡村组团发展。联动周边 3 个乡镇 24 个村共同打造高能级、现代化、国际范的“大余村”，一体化发展，统一规划、统一建设、统一运营“大余村”区域所有存量资源，实现资源、村民、村庄三蝶变；推动绿色产业融合发展，同四川、新疆等地区 9 个村结成对子，共谋发展；对废弃矿坑、拆后空地全面复绿，发展全域旅游和林下经济；实施村庄环境提升工程，建设生态景观，植

入新兴业态，打造余村生态旅游大景区。

二是以数字化为纽带，描绘乡村绿色治理“三张图”。通过数字产业、数字治理、数字生活三张图，构建余村版“元宇宙”，汇集农业生产、储运等核心数据，打造未来乡村智慧服务平台，提升生产效率，推动农业绿色高质量发展。建立余村未来乡村数字空间，动态展示全村建筑、环境全貌，接入智能垃圾回收、“乐游余村”旅游导览等系统，实现农村人居环境全闭环数字化管理，助力发展乡村旅游绿色产业。通过数字化赋能推动智慧交通和医疗健康服务，提高村民生活质量，实现资源优化管理。余村溪泉鱼基地通过5G物联网技术实现鱼菜共生系统的数字化升级，打造未来乡村发展新典范。

三是以人本化为指引，构建乡村绿色低碳生活圈。余村持续改善生态人居环境，构建低碳循环、绿色健康、生态文化3个生活圈，建设余村印象零碳建筑、零碳公园标志性项目，全国首个绿色低碳开关站成功落地。实行农房节能改造，推动余村建筑电气化、低碳化，改造银杏公

余村新貌

园、矿山遗址公园，建成环村绿道、居家养老中心等，提升健康生活水平。大力弘扬生态原乡文化，建设了两山展厅等10余处生态文化阵地，开展宣讲，引导村民和游客参与垃圾分类、植树造林等绿色公益活动。深入实施乡村振兴新青年行动，成立国内首个乡村品牌实验室，创新开展“大自然工位”“余村全球合伙人”计划、数字游民公社等模式，吸引青年力量。

在余村，低碳绿色生活理念深入人心，绿色出行、节能减排、垃圾分类、光盘行动等绿色生活方式蔚然成风，农文旅、研学等生态富民产业欣欣向荣，全体村民共享绿色发展红利。

三、深化“安吉游戏”模式，打造共同富裕优质教育样本

（一）“安吉游戏”学前教育课程模式

“安吉游戏”是一项落实“以游戏为基本活动”理念的学前教育课程模式，2002年发源于浙江安吉。20多年来，安吉幼教人抱着“让游戏点亮孩子生命”的信念，进行了一场“把游戏权利还给孩子”的学习模式，真正做到了“放手让孩子玩”，破解了教育部落实“幼儿园以游戏为基本活动”方针的难题，改变了“假玩”和“死教”的局面，将教育渗透在日常生活和游戏中，促进幼儿身心全面发展。为全面深化幼儿园课程改革，助推以儿童发展为本的保育教育实践。

2014年，《基于“安吉游戏”模式探索与实践》被评为基础教育国家级教学成果奖一等奖。2016年6月，“安吉游戏”正式落户美国麦迪逊市一所城市幼儿园，威斯康星州、麦迪逊市图书馆开始实行“安吉游戏”的课程。2019年，“安吉游戏”被写入国务院关于学前教育事业改革和发展情况的报告。2020年1月，“中国安吉游戏教育模式”入

选世界经济论坛发布的《未来学校：为第四次工业革命定义的教育模式》，并且在16个“能够为未来做准备”的教育创新模式中排名第一。2021年，安吉县成功创建全国学前教育普及普惠县。2022年，“安吉游戏”学前教育模式案例入选浙江省高质量发展建设共同富裕示范区最佳实践第一批名单，成为公共服务优质共享先行示范。经过多年的实践探索，“安吉游戏”已成为国际学前教育的“金名片”，引领着全国学前教育改革发展潮流。

截至2024年底，安吉县等级幼儿园比例达100%，普惠性幼儿园在园幼儿占比达到97%以上，构建了“全覆盖、保基本”的学前教育公共服务体系。2025年2月，安吉县荣获全国学前教育普及普惠县评定。全国已设立“安吉游戏”市级实践园50所、省级实践园220所，设立国家级实验区61个、试点园177个，并得到全球138个国家的高度关注。

（二）聚焦城乡差距，推动教育资源优质均等配置

安吉县立足城乡学前教育发展差距，全面做好顶层设计，将幼儿园建设纳入国民经济和社会发展规划，并将学前教育经费纳入县乡财政预算，确保农村办学投入有保障。创新构建“县、乡镇、村（社区）”一体化管理体系，由县教育局统管、县级部门联管、乡镇（街道）主办、村（社区）协调，形成了一乡镇一中心园、多村教学点的教育布局，推动了城乡教育资源优质均等化。截至2024年底，安吉县各级各类幼儿园（含教学点）115所，其中公办幼儿园在园幼儿占比96.28%，实现了每名幼儿都能在家门口体验到快乐的“安吉游戏”，有力推进了学前教育的公益性和普惠性。

（三）聚焦教育理念，打造自然和谐的教育生态系统

“安吉游戏”坚持“以游戏为基本活动”的理念，在玩具开发上，

将农村常见的自然资源和安吉特有材料相结合，开发新的游戏材料；在教学内容上，让幼儿在游戏中自主探究、合作交流，培养幼儿主动学习、乐于交流的优良品性；在教学对象上，教师赋予幼儿自主权，保障游戏时间，自主构建游戏规则；在教学方法上，教师通过改变教育行为，实现教师与儿童共同学习，相互促进的目的。以把游戏放在教育的核心地位为宗旨，通过就地取材，开发了安吉积木、滚筒等150多种超前设计理念的玩具，营造了主动学习的游戏环境。“安吉游戏”深入研究“游戏理念”，生成了一套自主游戏的课程体系。通过“幼儿自由游戏、教师观察支持”的学习形式，形成了“自由”游戏的教学形态。通过“家园共同体”建设，构建了良好的“安吉游戏”教育生态系统。

（四）聚焦品牌打造，推动教育模式标准推广

安吉县以创建等级幼儿园为抓手，持续提升城乡办园品质。以游戏课程装备、幼儿园建设与管理规范为切口，加快省市行业标准制定和发布。以提升师资队伍水平为核心，加大学前教育人才引进力度，关心关爱非在编教师队伍。以“安吉游戏”国内共享、国际推广为目标，成立安吉游戏研究与推广中心，邀请国内外学前教育专家学者参与“安吉游戏”的研究探讨，加快推进“安吉游戏”品牌化、内涵化，为浙江省乃至全国共同富裕贡献安吉智慧，为“一带一路”及全世界学前教育发展提供中国方案。

目前，已出版《放手游戏发现儿童》教材一套，发布《幼儿园游戏课程装备建设规范》《美丽乡村幼儿园建设与管理规范》县级标准两项。《幼儿园游戏课程装备建设规范》省级标准立项，完成“安吉游戏”图形商标国内注册和新加坡、英国图形加文字商标注册。2021年，教育部—联合国儿童教育基金会在31个省（市、区）、61个实验区、177个实验园推广“安吉游戏”。全球有138个国家在关注“安吉游戏”，其中50个国家的学者和官员前来考察学习，设立了15个海外实

践园。2022 年，教育部基础教育司在工作要点中明确要继续推广“安吉游戏”。

四、提升养老服务体系建设，打造“浙里康养”安吉示范

按照“病有良医、老有颐养”的总体思路，安吉县围绕社会保障、养老服务、健康支撑体系，锚定试点工作、突出数字引领，积极提升养老服务体系建设，提出并建设“一刻钟”安吉特色养老服务模式（即通过建设完善县、乡镇、社区（村）三级居家及机构养老服务网络，实现县内绝大多数地点的老人可以在 15 分钟内找到最近的居家养老服务和机构养老服务设施），打造“浙里康养”安吉示范，初步实现医、养、康、护一条龙服务，推动全县 11.8 万老年人“生活照料舒心、医疗养护省心、优质服务放心”。

一是基本形成了政府主导、社会参与、全民行动的组织制度构架。政策支持方面，在养老服务机构建设方面先后出台了《安吉县人民政府关于加快发展养老服务业的实施意见》《安吉县公办养老机构布局调整实施方案》《关于实施养老机构运营补贴的通知》《安吉县小型养老机构质量提升星级评定试行办法》等政策及考核办法。在社会化参与方面，率先开展养老机构公建民营改革试点工作，已完成公建民营比例达 71.4%。全民行动方面，整合自愿参与养老志愿服务的县内近十家社会团体、养老机构成立安吉县养老服务业协会，注册志愿者近千人。

二是基本建立了机构养老、居家社区养老、康养相结合的多层次服务体系。机构养老方面，已建成各类养老机构 28 家，养老机构床位 4756 张，每千名老年人拥有机构床位 43.6 张。居家养老方面，根据居家服务网络建设的需要，先后出台了《安吉县城乡社区居家养老服务照料中心建设实施方案》《城乡社区居家养老服务照料中心社会化运行

实施方案》《关于开展示范型居家养老服务中心建设的通知》《安吉县养老（居家养老）服务补贴实施细则》等一系列政策；建成乡镇（街道）示范型居家养老服务中心15家，每个乡镇（街道）建设完成1家，实现城乡社区居家养老服务照料中心全覆盖；助餐、配送餐服务点158家；完善照料中心运行考核机制，激励照料中心及养老服务中心正常化运转。康养结合方面，全县28家养老机构共设立护理院1所、康复医院1所，实现养老机构医疗服务全覆盖。于报福镇建设示范型居家养老服务中心，联合报福镇卫生院围绕失能失智老年人照护难问题，做足“联合”文章，增强康养联合体整体服务能力。

三是基本形成了智慧化、数字化、专业化、产业化、规范化的高质量发展路径。智慧化方面，以现有的“安心养”（既安吉县民政局养老机构“一床一码一人”试点项目一期建设项目）平台为基础，依据数字化改革相关要求，加强多跨协同，完善运营补贴的监管手段，提升养老机构便民服务的便民体验，加快推进养老服务数字化改革，推出“长者码”、一分钟快捷入住办理服务，对福利中心的智慧养老院改造，包括网络基础设备、出入门禁设备、视频监控设备、内部局域网络的升级改造。总投资275万元，“安心养”上架“浙里办”。数字化方面，探索养老服务需求评估。将老人的生活环境、家庭背景、服务内容、服务方式等资料都收集汇总，配合“数据赋能”让每一份养老服务需求评估资料与老人的行为能力等级、体检档案、医保档案、慢病资料相互交叉，形成一套具有提示性、预见性、概括性的老年人需求数据库。专业化方面，出台《关于加强养老护理员职业技能培训与评价工作的通知》等相关政策；安吉县福利中心和博组客汇泉养老中心设立养老护理员培训基地开展培训服务；确立安吉县护理协会为护理员考试认定机构，具备颁发养老护理员证书的资质，不断提升养老服务队伍专业化水平。在规范化方面，建设安吉县智慧养老监测系统，对政府购买养老（居家养老）服务实现全程动态监管；完成公办机构布局调整，分片设立收住特困人员的敬老院，通过撤并全县保留 5 家乡镇（街道）敬老院；完成小型养老机构星级评定，实现所有机构因地制宜引导开展服务提升工作。

五、锚定综合救助体系，打造民生保障共富样板

安吉县围绕共同富裕大场景，聚焦“弱有众扶”目标，以政府救助为主，慈善第三次分配为补充，出台《安吉县标准化规范提升“六无六有”综合救助助力低收入群众共同富裕的实施意见》，推出涵盖 12 个方面 29 个模块的救助帮扶项目，每年将新增财力的 2/3 以上用于民生事业，扎实做好全民参保、签约医生、慈善救助等兜底保障，推动更多公共服务资源向困难群体和弱势群体倾斜，确保共同富裕路上“一个不掉队”。

一是制度突破强内力。制定出台三项制度成果，加快打造新型社会救助体系。制定《安吉县标准化规范提升“六无六有”综合救助助力低收入群众共同富裕的实施意见》，建立全民共享、全面共享、共建共享、渐进共享的可持续发展长效帮扶制度；制定《安吉县“弱有众扶—安心享”共富班车工作方案》，锁定目标人群，加快构建因病致贫返贫防范长效机制；制定《关于加快推进慈善事业高质量发展的实施意见》，推动慈善力量与低收入群众救助帮扶的有效衔接。二是多跨协同聚合力。高水平打造县社会救助联合体，建设 15 个乡镇（街道）社会救助联合服务窗口和 217 个村（社区）社会救助联合服务站点，实现县、乡镇、村三级救助服务机构全覆盖。实现横向联通社会救助各职能部门、社会力量，纵向联动镇、村助联体，统筹多方力量智慧联办，整合各类救助资源精准配置。三是多方融合添动力。打造“六无六有”驾驶舱，将分散在各救助部门的救助事项集成为“六无六有”综合救助，实现数据融合；依托浙江省大救助系统，通过智能研判、数智赋

能，实现“社会救助一件事”联办提速增效，促成业务融合；打造“安心享”应用，建立困难群众电子档案，建设救助对象需求库、救助资源项目库，推动需求与资源的精准匹配，促进供需融合。

第四节　绿色共富的经验启示

一、优化生态系统服务功能，增进绿色惠民福祉

强化系统观念，在统筹考虑自然生态各个资源要素，保证经济发展合乎生态系统对于环境资源供给能力的基础上，从全局、全域角度推进生态环境系统治理、协同治理、源头治理，坚守生态功能保障基线、自然资源利用上线、生态安全底线，形成公共利益最大化、生态服务功能最优化的生态治理空间格局、产业结构、生产方式以及生活方式。通过健全公共服务体系，营造良好的城乡生态环境，推进生态惠民、生态利民、生态为民。通过完善农村基础设施，促进生产、生活、生态空间的优化。加强对生态环境、土地、水资源、能源、自然和历史文化遗产的保护，推进人居环境综合治理，让农户切实感受到环境保护和生态治理带来的生态效益。

二、绿水青山入市“变现”，生态保护补偿惠益共享

打造涵盖山水林田湖草各类生态资源，促进生活、生产、生态“三生融合”的生态补偿体系。聚焦生态资源保护、生态环境治理、生态权益交易等领域，通过健全分类与综合兼顾、横向与纵向协调、政府

与市场结合、激励与约束并举的生态保护补偿制度，确保以提升公共服务保障能力为基本取向的美丽环境治理补偿和以推动绿色共富为主要目标的区域协同发展补偿有力有效，财政性补偿资金稳步增长，非财政性补偿资金规模持续扩大，更好地调节生态保护地区和受益地区之间的利益关系，实现“绿水青山”保护者与“金山银山”受益者良性互动，最大幅度增进民生福祉和绿色福利。

2022 中国绿色低碳创新大会·安吉

三、深植“生态有价”理念，探索生态资源价值转化路径

乡村建设需要遵循自然规律与经济社会发展规律相统一，推进自然资本、人造资本、人力资本有机结合、相互支撑、融合发展的理念思路，自然资本能够吸引吸纳人造资本、人力资本投入，同时人造资本和人力资本又能够为自然资本赋能，促进生态环境保护与治理、改善生态环境基础设施、提升生态产品经营管理能力。安吉县立足生态资源优势

和农业政策性金融资源优势，围绕生态资源价值链提升，积极探索生态资源价值转化路径，通过创新生态资源权益机制对生态资源进行产权界定、价值量化；通过市场交易平台建设将生态资源转化为经营性资产进行交易，实现资源价值转化，推动各类生态资源经营和新业态发展。围绕优质特色生态资源，着重生态占补平衡机制，建立、健全以林地、土地、水权等优质生态资源为纽带的市场化交易机制和持续性惠益分享机制，构建生态红利共享格局，通过政策引导、机制协调，体现全民所有自然资源的资产属性，实现富民惠民。

四、推进强村富民集成改革，促进城乡资源要素优化配置

安吉县全面实施以集体经济为核心的强村富民乡村集成改革，以农民就业创业为优先，以农村产权激活为突破，强化各类强村富民乡村改革资源整合，统筹项目、政策、要素合力，破解体制机制障碍，率先在利益分享机制、要素优化配置、生态价值转化等方面实施集成创新。在农业生产经营领域提高农民组织化程度；在农村资产运营领域深化农村产权制度改革，强化资产增值收益分配引导；在乡村公共产品供给领域，加快建设农村信用体系，协调企业、农户、家庭农场、农民专业合作社等主体的利益诉求。安吉县通过数字化改革撬动各领域改革，进一步重塑关系规则、释放发展活力、优化收入分配和提升治理效能，加快构建推动共同富裕的体制机制，实现生态保护、经济发展、社会治理等多方面的融合发展。

五、完善主体利益链，推进农民利益联结共赢共富

踏上高质量发展，建设共同富裕示范区新的征程，面对乡村产业新

业态、新模式的井喷式发展，如何建立和完善农业市场主体和农民利益联结机制，让农民更多分享产业增值收益，成为安吉提升农村价值、农业效益和农民收入，实现新时代美丽乡村可持续发展面临的首要问题。安吉县统筹整合县域美丽资源，在全域乡村经营中逐渐探索激活乡村经济促进共同富裕的新路子，通过体制机制创新破解改革之题，以乡村运营为核心，在全县分级分类开展乡村经营，通过重塑乡村建设机制、投入机制、运营机制、价值实现机制、利益分配机制等，系统推进乡村建设效率优化提升、资源要素优化整合、经营方式优化升级、各方利益优化联结，以乡村经营牵引全县乡村建设和乡村治理水平全面提升，着力推动民富村强。通过探索建立“两入股三收益”农民利益联结机制，形成“资源归集—确权评估—精准招商—商定入股—收益反哺”的闭环式运行模式，通过资源资产入股的方式来增加财产性收入，合理有效地解决单纯引进社会资本经营乡村带来的增长和分配问题，使农民和村集体、农业企业、工商资本主体等共享发展增值收益。

第十章

东方答案：生态文明的安吉话语

“两山”理念是中国式现代化建设和美丽中国建设的重要理论引领，对于整个人类文明新形态的塑造和人类命运共同体的构建具有重要指导意义。安吉县作为“两山”理念的诞生地，不容置疑地担当着践行“两山”理念丰富内涵和进行国际化传播的重要责任。安吉是“两山”理念诞生地、中国美丽乡村发源地、绿色发展先行地，连续3年跻身全国绿色发展百强县，连续5年获评全国县域旅游综合实力百强县第一名，还是首批国家全域旅游示范区、国际乡村生活示范地，2022年余村被联合国世界旅游组织评为“世界最佳旅游乡村”。安吉在践行“两山”理念的过程中，交出了优秀的安吉答卷，也在国际化舞台上发出了中国声音和安吉声音。

第一节 安吉践行“两山”理念的主要做法

一、萌芽探索阶段

1998年，整治太湖的“零点”行动让安吉惊醒，全县开始努力探索一条适合安吉县发展的“绿色之路”。此后，安吉县启动“绿色工程”系列行动，放弃炸山开矿的粗放模式及高污染矿山、水泥厂等支柱性矿产业，关停严重污染企业33家，注重发展生态农业、生态工业、生态旅游。

2001年，《关于“生态立县——生态经济强县”的实施意见》发布，安吉县首次提出全新的“生态立县”发展思路，开始探索以最小的资源环境代价谋求经济、社会最大限度的发展。

2003年，安吉县正式确立了“生态立县”战略，县域生态环境进一步优化，经济生态化、生态经济化局面逐渐呈现。

2003年，浙江省发起“千村示范、万村整治”工程，安吉县提出完成200个村庄整治、20个村庄示范的目标。

2004年，安吉县在全国率先将每年的3月25日定为“生态日”。

二、转型发展阶段

2005年8月15日，时任浙江省委书记的习近平同志在天荒坪镇余村考察时，首次提出“绿水青山就是金山银山”的科学论断，深刻揭示了经济发展和环境保护的关系，进一步坚定了安吉走“生态立县”

发展路子的决心和信心。

2008 年，安吉县在全国率先全面开展以生态文明建设为内涵、以“中国美丽乡村”建设为载体的新农村建设。围绕“村村优美、家家创业、处处和谐、人人幸福”的目标，实施了环境提升、产业提升、服务提升、素质提升“四大工程”，从规划、建设、管理、经营四方面持续推进美丽乡村建设，创新体制机制，激发建设的内在动力。

2008 年 1 月 15 日，安吉县第十四届人民代表大会第二次会议通过了《关于建设“中国美丽乡村”的决议》。2 月，安吉印发《建设中国美丽乡村行动纲要》，邀请浙江大学高标准编制《中国美丽乡村总体规划》。5 月，《安吉县建设“中国美丽乡村”考核指标与验收办法》制定完成，其中就包含了科学、精心设计的美丽乡村建设“36 条指标”。

2008 年初，安吉县委、县政府正式提出建设“中国美丽乡村”的目标，通过编制各类标准、设计“一村一品，一村一业”的发展方案来发展特色经济。

2010 年，安吉县启动竹林碳汇研究，发布了竹林经营碳汇项目的方法学，上线了全国首个县级竹林碳汇收储交易平台。

2010 年，安吉县再一次走在全国前列，率先吹响“乡村经营”号角，出台了《安吉县经营乡村行动计划（2010—2012）》和《安吉县加快发展休闲经济若干政策（试行）》等相关激励政策，搭建起了“县为主导、乡镇为主体、村为基础”的三级经营体系，通过挖掘村庄特色资源，盘活集体闲置资产，大力发展乡村旅游、休闲体验、生产配套、物业经济和文创产业等业态，建成了一批旅游大镇、工业强村、文化名村，打造了一批村庄经营示范典型。

2010 年 8 月，浙江省“千万工程”现场会总结推广了安吉美丽乡村建设的经验和做法，提出全省要把美丽乡村建设作为深化“千万工程”的新目标，标志着“千万工程”进入以美丽乡村建设为重点的新阶段。

2011 年，安吉县注册了“中国美丽乡村”的商标，成为中国乡村经营的重要标志性事件，走出了实施乡村品牌化战略的第一步。

2012 年，安吉县继续全面推进“生态立县”战略，“中国美丽乡村”品牌率先打响，“绿水青山就是金山银山”理念的实践进入初步探索阶段。

2012 年，安吉县提出纵深推进“优雅竹城、风情小镇、美丽乡村”联动的“县域大景区”建设。

2012 年，安吉县编制了涵盖卫生保洁、园林绿化、公共设施管理、生活污水处理设施管理等四大类 28 个子项的《中国美丽乡村长效管理办法》，夯实了美丽乡村“底子”。

2012 年 10 月，安吉县生态馆建成，正式开馆。

2012 年底，安吉县 187 个行政村实现美丽乡村创建全覆盖。

2013 年，安吉县在美丽乡村建设成果的基础上，开展美丽乡村升级版建设，以打造“美丽乡村全国示范”为目标，以精品示范村创建为抓手，实施连片提升工程，力争通过更高水平的示范样本，进一步提升全县美丽乡村整体水平。

2014 年，安吉县委整合广播电视台、新闻宣传中心等资源，组建安吉县融媒体中心，以“融合、创新、跨越、共生”的发展理念为引领，推动县级媒体在加强基层舆论引导、便利群众生活、提升社会治理等方面更好发挥作用。

2015 年，中国首座 Hello Kitty 主题乐园在安吉开放营业。

从 2015 年开始，安吉县财政部门每年整合各类农业专项资金 1000 万元用于现代生态循环农业示范工程建设和产业提升。

2015 年，以安吉县人民政府为第一起草单位的《美丽乡村建设指南》成为推荐性国家标准，为开展美丽乡村建设提供了框架性、方向性的技术指导，使美丽乡村建设有标可依，使乡村资源配置和公共服务有章可循，使美丽乡村建设有据可考。

截至2016年底，安吉县187个行政村全部完成美丽乡村创建，覆盖率达100%，投入11.13亿元，建成精品示范点21个。

三、高质量发展阶段

2017年，安吉县提出了建设“中国最美县域”的发展目标，及建设“中国最美县域”新一轮五年行动计划，把美丽乡村建设上升为美丽县域战略，发布《美丽县域建设指南》地方标准规范，建设体系再完善、标准再提档、水平再提升。并探索开展以乡村经营为重点的美丽乡村建设，策划引导建设方向，通过经营反推建设和管理水平，打造一批美丽乡村经营示范村，向着全域美丽的目标迈进。

2017年，“必须树立和践行绿水青山就是金山银山的理念”写进党的十九大报告；“增强绿水青山就是金山银山的意识”写进新修订的《中国共产党章程》。作为“两山”理念诞生地的安吉县，带头践行“两山”理念，围绕建设中国最美县域总目标，聚力赶超发展，收获了经济与社会发展的“金山银山”。安吉也因此成为坚持实践“两山”理念和中国新农村建设最成功的样板之一。从此，安吉迈向更加广阔的历史舞台。

2017年，安吉县启动笔架山农业高新区建设，规划作为安吉两山转化的农业主平台，发展种源农业、智慧农业、文创农业、会展农业等新型业态。

2018年底，安吉县187个行政村和所有规划保留点全部完成美丽乡村创建，真正实现100%覆盖，建成精品示范村44个。

2018年，安吉县发布了关于“三农”工作的“10+1”政策“套餐”。这套政策“组合拳”涉及人才、资源、金融等各个方面，旨在进一步破解“三农”发展中的要素制约。“10+1”政策中的《关于进一步推进乡村振兴农村人才开发工作的实施意见》，专为“三农”人才队伍的引进和培育而设，从资金、奖补、创业等各个方面为人才助力乡村振兴提供支持。

2018 年，安吉黄杜村向湘川黔三省捐赠 1900 万株茶苗，创新“三保一包”模式：一是保技术，派出 275 人次技术团队驻点指导，研发高寒地区种植技术；二是保销路，与浙茶集团合作包销，打造“携茶”公共品牌；三是保收益，受捐地农户年均增收超 2 万元，34 个贫困村全部脱贫。

2018 年，安吉县与上海房地产公司爱家集团合作打造的农文旅项目“安吉溪龙白茶原”落户安吉白茶核心产区溪龙乡。

2019 年，安吉县全面启动建设新时代浙江（安吉）县域践行绿水青山就是金山银山理念综合改革创新试验区。

2019 年 4 月，安吉县出台全省首个森林康养规划，打造森林康养“一心三区四带，四季全域多元”的产业发展格局，将森林康养产业打造成为县域支柱产业，打造国内外知名的森林康养新高地，为全国森林康养产业提供新示范。

2019 年 6 月，由安吉县委“两新”工委依托产业和市场优势，整合多方资源和力量打造的两山电商基地诞生。提供电商直播、学习培训、业务办理、活动承接等多项服务。采取“集中 + 分散”方式，以“村邮乐购”“美丽 E 家”“丰收购”等村社电商服务平台为支撑，对原有阵地和闲置空间进行改造提升和扩容，布局形成“1 + N”党建阵地网格，满足网商党员日常教育培训、互动交流等需要。

2019 年 10 月，安吉县人民政府发布《安吉县电子商务进农村综合示范工作实施方案（2019—2020 年）》。通过完善农产品上行体系建设、完善农村市场体系建设、完善产业集聚体系建设、完善配套支撑体系建设和完善电商扶贫体系建设等途径，充分发挥农村电子商务在促进全县优质品牌打造、特色产业升级、企业竞争力提升等方面的作用，切实推进全县农业增效和农民增收，努力推动全县新时代浙江（安吉）县域践行“两山”理念综合改革创新试验区建设，加快打造农村电子商务与特色产业融合发展的综合示范“升级版”。

2020 年 6 月 8 日，在湖州市安吉县公共资源交易中心，全国首宗农业“标准地”成功挂牌出让。安吉盈元家庭农场以 33.6 万元的价格，从递铺街道鲁家村股份经济合作社手中，取得一宗面积为 693 平方米的农村集体经营性建设用地的使用权，使用期限为 38 年。

2020 年 7 月，余村入选浙江省第二批未来社区，创建唯一乡村版未来社区试点。安吉余村未来社区项目以“中国余村、未来原乡”为主题，通过探索人本原乡、生态原乡、数字原乡三大创新特色，打造全域生活圈、绿色生活态和云间生活流，不断完善乡村全域生活服务与综合治理机制，提升绿水青山的人居内涵品质。

2020 年 7 月，国家安吉竹产业示范园区在孝丰镇启动建设，重点布局竹材及新材料应用、竹工机械及装备制造、竹健康食品产业等多个新兴竹产业领域，成为安吉发力科技创新、全力培育传统竹产业转型升级的“试验田”。

2020 年 7 月 9 日，以政府数字化转型与融媒体发展为主题的首届中国・安吉两山数字论坛在安吉举行。国内数字经济领域专家学者齐聚浙江安吉，共同探讨数字化转型、融媒体发展、数字经济发展等话题。

2020 年 7 月 17 日，在安吉县召开的 2020 年度长三角县域绿色发展峰会上，上海交通大学与浙江安吉生命健康联合研究中心正式签约落地。

2020 年 8 月 15 日，浙江省委省政府在安吉县举办“绿水青山就是金山银山”理念提出十五周年研讨会、高水平建设新时代美丽浙江推进大会。

2020 年 9 月，安吉县人民政府发布《安吉县乡村治理体系建设试点实施方案》。试点内容为：坚持“支部带村”，凝聚乡村社会治理合力；坚持“发展强村”，增强乡村社会治理动力；坚持“民主管村”，激发乡村社会治理活力；坚持“依法治村”，保持乡村社会治理定力；

坚持“道德润村”，提升乡村社会治理能力；坚持“生态美村”，增添乡村社会治理魅力；坚持“平安护村”，消除乡村社会治理阻力；坚持“清廉正村”，规范乡村社会治理权力。认真践行“两山”理念，建设中国最美县域，按照打造实施乡村振兴先导区的总体部署，结合实际，加强和创新乡村治理“八个村”建设，大力发展美丽经济的同时推广乡村治理“余村经验”，发挥试点示范引领作用，加快推进乡村治理体系和治理能力现代化，全力争创全国乡村治理体系建设试点示范。

2020 年 12 月，由安吉县人民政府与浙江大学共同管理的事业单位——浙江生态文明研究院登记设立。

2020 年 12 月 21 日，安吉县灵峰度假区管委会 2020 - 1 地块 8.96 亩土地被安吉乐圩休闲农业以 1051 万元的价格成功摘得，成为安吉县也是全国首宗成功出让的旅游“标准地”。

2020 年 12 月 28 日，安吉县两山竹林碳汇收储交易中心成立，并发放首批碳汇收储交易金和碳汇生产性贷款，这标志着全国首个县级竹林碳汇收储的数字化交易平台落地运营。对生态资源“明码标价”，生动诠释了“绿水青山就是金山银山”的内涵。

2020 年 12 月 29 日，安吉县深入践行“两山”理念，推进自然资源综合改革试点方案得到国土资源部批准。

2021 年，综合研判生态、产业、文化等各方面因素，“国际化”被写入安吉县第十五次党代会报告，开启了高质量建设国际化绿色山水美好城市的新征程。

2021 年 5 月 20 日，由安吉农副产品综合批发市场牵头打造的电商直播式——“共富工坊”，安吉农批市场共富工坊正式开业投入运行。

2021 年 7 月，安吉县“数字乡村一张图（标准版）”启动建设，覆盖 168 个行政村。“数字乡村一张图（标准版）”以“1 + 3 + N”的建设为思路，建立数字乡村数据仓，以一窗展示、一窗办公和一窗受理为建设核心，融合 N 个特色应用，搭建数字乡村平台。

2021年12月，安吉县成立了县属国有企业——安吉两山生态资源资产经营有限公司，并以“两山合作社”为依托，成立县级竹林碳汇收储交易平台——安吉两山竹林碳汇收储交易中心。鼓励各村将村集体及村民林地使用权交由中心集中经营，并按照相关政策开展碳汇交易，收益用于村集体建设及村民增收。打通竹林碳汇从生产到收储、交易的渠道，实现碳汇“可度量、可抵押、可交易、可变现”。通过制度发力来加快生态价值实现，持续拓宽绿色发展共享路径，增强百姓获得感、幸福感，为生态经济发展激发源源不断的内生动力。

2021年起，安吉县建立起“森林法官”工作机制，由员额法官、法官助理等组成的120名“森林法官”下沉到安吉全县215个行政村（社区），开展纠纷化解、法律问题指导及普法宣传等，为生态环境保护筑起法治屏障。

2022年，安吉县发布了《全域乡村经营的实施意见》，用“国资投建+民企运营+利益联结”的全新机制来经营乡村，把经营理念贯穿乡村规划建设全流程。打造共富为本、创意驱动、市场主导、村民参与的运营模式，通过全域乡村运营，盘活更多村内资源与资产，吸引更多青年人才到村里来创业、就业，为乡村注入新的发展活力。

2022年，安吉县制定了《安吉县艺术乡村建设构想》《安吉县艺术乡村建设工作实施方案》，发布了浙江省首版艺术乡建地图，音乐原乡、书画原乡、戏曲原乡等15个乡镇（街道）各有定位。

从2022年开始，安吉县创新实施“千家乡宿”工程，集中收储闲置农房（宅基地）30年使用权，集中优秀设计运营团队前置介入，集中建设打造展现乡村美学的浙派民居新样板，计划用3年时间新建、改建、提升乡宿1000套以上，项目整体投资超30亿元。

2022年开始，安吉县按照“轴线互联、片区组团、多点示范”的要求，以乡村振兴示范带、示范片、示范村（未来乡村）为载体，以打造片区（几个村联合打造，共享资源）作为重点，最后要达到“六赢”：政府、企业、农民、集体、专家、消费者。

2022年，安吉县财政拨付“水稻湿地生态补偿金”1700多万元，用于遏制“非农化”，培育生态绿色农业发展新动能。

2022年4月30日，一家名为“深蓝计划X”的咖啡店在红庙村内开业，该咖啡店从动工到开业只用了18天。它由红庙村村党委和7位大学生创业者联合策划，店面就建在村内废弃多年的水泥厂内。

2022年7月，余村启动了“全球合伙人计划”，围绕研学教育、乡村旅游、文化创意、农林产业、数字经济等领域，向全球发出“英雄帖”。聚集乡村振兴的有志青年，为其提供资源链接、社群互动等相关服务，让有志青年与乡村发展相互成就。旨在为乡村引进更多样化的前沿业态，助力乡村振兴和共同富裕。并携手上墅乡、天荒坪镇、山川乡3个乡镇的17个行政村，引进人才和资本，统筹发展“余村大景区”。50余个“全球合伙人”项目入驻，上千名大学生来到余村及周边村庄工作生活。

2022年12月，安吉县发布《“两山合作社”建设与运行管理指南》（DB3305/T 227－2022）。

2022年，安吉县率先在机关单位、医院、金融机构、商超、农贸市场、酒店民宿和快递行业等领域开展应用推广绿色场景，大力实施竹制品“六进工程”。

2022年，中国元宇宙场景应用层的领先供应商飞天云动落户安吉，安吉县创新推出“帐篷经济”“咖啡经济”等新业态，高规格举办首届长三角露营大会；灵峰“智慧谷”启动建设，国家竹产业研究院、浙科研究院正式揭牌。

2023年3月，安吉县人民政府发布《安吉县推进电商直播式“共富工坊”建设的实施意见》。从进一步强化主体培育、进一步加快直播电商发展、进一步加强品牌培育、进一步优化公共服务体系、进一步夯实人才根基等几个方面，融合电商人才、货品、服务体系、政策等资源优势，推进多种形式电商服务中心和乡村直播间，以点带面推进电商直播式“共富工坊”形态发展。开展电商直播式“共富工坊”建设，通过打造一批电商镇、电商专业村、电商服务中心（站点）、乡村直播间，推动各类电商主体发挥助推乡村振兴、促进城乡富裕的优势作用，进一步促进农副产品销售，带动农业增效、农民增收。

2023 年 3 月 30 日，《安吉县高水平打造生态文明典范城市先行区三年行动计划（2023—2025 年）》发布。通过生态系统保护修复、发展方式绿色转型、生态红利持续扩大、生活方式绿色变革、治理方式数智赋能、生态文明形态打造六个方面先行，实现“六个典范”。针对打造具有国际影响力的生态文明国际展示窗口进行重点谋划，推动两山故事国际传播，聚焦“两山”理念研究推广，打造具有国际影响力的生态文明国际展示窗口。

2023 年 6 月 28 日，十四届全国人大常委会第三次会议决定将 8 月 15 日设立为全国生态日，国家通过多种形式，开展生态文明宣传教育活动。安吉践行“两山”理念建设全域生态文明进入了新阶段。

2023 年 7 月 2 日，安吉县举行中国式现代化乡村路径新闻发布会，《全面推进高质量发展的安吉乡村能级指数报告》发布，该报告由中国社科院农村发展研究所联合安吉县农业农村局共同研究制定。

2023 年 7 月，安吉县人民政府发布《安吉县人民政府办公室关于支持全域乡村运营的若干政策意见（试行）》，提出构建“运营公司 + 政府 + 村集体 + 村民”的合作模式和利益分配机制，让公司盈利、村集体增收，村民拿租金、挣薪金、分股金，通过政策支持、资金奖补和收益分成，构建政府、市场、社会“三位一体”的利益共同体。

2023 年 8 月，安吉县获批建设全国首个“以竹代塑”应用推广基地，加快竹产业振兴发展，促进竹资源的生态价值转换，真正把生态优势转化为经济优势，推动强村富民和乡村振兴战略的有效实施。加强塑料污染全链条治理，切实提高全民节约环保意识，主动践行绿色低碳的生活方式，助推碳达峰碳中和目标实现。

2023 年 11 月 7 日，安吉领风青云上共富基地正式启用，26 间“共富工坊”直播间同时开放。

2023 年，安吉出台了《关于全域提升乡村能级 全面推进乡村振兴探索中国式乡村现代化安吉路径的实施意见》，并创新提出“531”目标路径，开启了深化新时代“千万工程”的篇章，即以全域提升乡村人居环境、基础设施、公共服务、文化风尚、融合治理“五大能级”，催生乡村产业质量、人才动力、运营效率“三大革命”，奋力探索中国式现代化乡村路径。

人与自然和谐共生的余村

自 2023 年起，安吉全县将“招引十万青年大学生”定为第一战略目标，推出各项利好政策。以“新经济、新产业、新青年”为三大着力点，推动传统产业转型升级。

2023 年，安吉县发布《安吉县高水平打造生态文明典范城市先行区三年行动计划（2023—2025 年）》。

2023 年，安吉县推进农村集体山塘水库水权改革，成功实现 22 座农村集体山塘水库流转交易。

2024 年 1 月 19 日，市场监管总局（国家标准委）与全国妇联在浙江安吉召开《乡村美丽庭院建设指南》国家标准新闻发布会，由安吉县妇联作为第一起草单位的《乡村美丽庭院建设指南》国家标准正式发布。

2024 年 3 月 20 日，全国首单水土保持生态产品价值转化交易在安吉签约，在全国首创水土保持生态产品价值转化改革，把水源涵养、气候调节、水环境净化等水土保持产生的看不见的生态价值变现落地，探索出了生态优势转化为经济效益的又一条路径。

2024 年 5 月，安吉县人民政府发布《安吉县支持青年入乡发展就业创业相关政策》，计划全面打响“乡村创业首选地”品牌，提供就业、创业、住房、企业招聘补贴等 27 项支持政策。

2024 年 7 月 22 日，位于安吉县南部的余村启动 2024 年“全球合伙人”公开招募计划，围绕青年新经济、跨界新农业、体验新文旅三大类型招募愿意在余村落地发展的创业者、机构、企业，共担风险、共建品牌、共享未来。

2024 年 8 月 16 日，以余村零碳乡村建设的成功经验为基础的《零碳乡村评价标准》发布。

2024 年 9 月，经过安吉青创学院学习培训、能力考核，浙江省首批 45 名乡村主理人拿到了安吉县人社局颁发的“乡村运营专项能力证书”。这意味着，“乡村运营”这一新职业获得官方认证，乡村主理人正式持证上岗。

2024 年 10 月，安吉白茶产业融合首批 6 个示范项目集中开工，意味着安吉茶旅融合将有更多新的“打开方式”，一片“叶子”将展现千般姿态。

2024 年，安吉县人民代表大会发布《关于加快推进竹产业振兴发展的决定》；启动全国首批农村能源革命试点县建设。

2025 年 2 月，安吉县人民代表大会发布《关于深化改革加快推进生态产品价值实现的决定》。通过全面开展生态资源调查监测、有序开展生态资源产品确权登记管理和设权赋能、科学开展生态产品价值核算、高标准开展生态产品经营开发、加快生态产品价值实现的场景拓展和品牌建设、坚持生态环境保护和生态产品开发并举、加强生态产品价值实现的收益管理、健全生态补偿赔偿机制、加大生态产品价值实现的财政金融支持力度等举措，加快推进生态产品价值实现，能够有效加强区域间供需精准对接、要素有序流动，缩小区域和城乡收入差距，推动开放融合发展、实现共同富裕先行。

2025 年 5 月 15 日，国际媒体生态文明研训安吉基地揭牌暨非洲英语国家资深媒体人员研修班安吉基地研学启动仪式，在浙江省安吉县天荒坪镇余村举行。来自埃塞俄比亚、加蓬、冈比亚等非洲国家的 10 余个国际主流媒体，共 20 余位媒体人走进安吉。

第二节　安吉践行“两山”理念的主要成效

一、“十一五”时期安吉践行“两山”理念的主要成效

2006 年，安吉成功创建全国首个生态县；安吉白茶获国家地理标志产品保护，被评为全国生态农业示范县建设先进县和林业标准化建设先进县；被授予“中国椅业之乡”“中国竹地板之都”称号；被评为浙江省优秀休闲旅游城市；创建成为国家园林县城和省级文明城市；被评为全国幼儿教育先进县和省级教育强县，连续四年被评为全国全民健身

活动先进县，被授予了全国户外运动基地、全国生态影视基地称号；连续两年被评为浙江省“平安县”，被评为“全国残疾人工作先进县”；获得全国人居环境范例奖、“长三角最具投资价值县市”特别奖等荣誉。

2007 年，利豪、乌毡帽成为中国驰名商标，实现了国家级品牌“零突破”；安吉再次被评为长三角最具投资价值县；被国家林业局和国家环保总局分别命名为全国林业推进新农村建设示范县、新农村与生态县建设互促共建示范区；安吉白茶获得中国名牌农产品称号；被命名为“全国绿色小康县”，被评为“中国最佳生态旅游县”“中国自驾车旅游品牌十大目的地”，中南百草原成为县域第二个国家 4A 级旅游景点；正式开通“县长热线”，被评为 2007 年中国生态小康建设十大政府创新典型。

2008 年，国家林业局与安吉共建新农村总体规划和安吉县生态文明建设纲要通过论证，成功举办中国美丽乡村节；国家卫生县城通过复评，安吉获得省示范文明县城先进县；安吉白茶荣获中国驰名商标，安吉白茶母子商标管理模式被评为浙江省农业十大创业创新典范；安吉被列为浙江省林改示范县，被国家环保部列为全国首批生态文明建设试点县；安吉成功举办首届长三角休闲运动节。

2008 年 5 月 12 日，人民日报头版报道《浙江省安吉县建设“中国美丽乡村”》。

2009 年，成功创建国家可持续发展实验区，并在全国科学技术大会上授牌，竹炭研发项目荣获国家科技进步二等奖；成为全国林业科技示范县和小龙虾产业发展省级重点县，安吉白茶在 33 个国家完成国际商标注册，并蝉联省十大名茶；国家园林县城通过复评，成功创建省首批旅游经济强县，举办首届中国休闲农业与乡村旅游节暨第二届中国美丽乡村节，被农业部、国家旅游局命名为全国首个休闲农业与乡村旅游示范县；成功创建省级文化先进县和省级体育强县，成功举办全国小轮车冠军赛、全国青年象棋锦标赛；成为浙江省首个村级劳动保障服务平台全覆盖县，成功创建全国平安农机示范县，实现平安安吉创建五连冠。

2010 年 10 月 29 日，安吉被授予“国家级美丽乡村标准化创建示范县”和全国唯一一个县域中国人居环境奖；浙江省美丽乡村建设座谈会在安吉召开，安吉美丽乡村建设模式得到浙江省委、省政府的高度重视和充分肯定。

二、“十二五”时期安吉践行“两山”理念的主要成效

2011 年，安吉椅业被列入省级现代产业集群转型升级示范区，成为国家可持续发展实验区；现代农业园区和粮食功能区建设在浙江省领先，安吉白茶获中国名牌农产品称号，率先在全国开展质量追溯体系建设，并在 33 个国家完成国际商标注册，品牌价值达 24 亿元；成为全国林业推进新农村建设示范县和浙江省林改示范县，成为浙江省首批旅游经济强县和旅游综合改革试点县；荣获全国文明县城、国家园林县城和省级森林城市、省级示范文明县城等荣誉称号，中国美丽乡村成为示范；成为全国首批休闲农业与乡村旅游示范县；被评为浙江省首批生态循环农业示范县，成为全国首批生态文明建设试点，荣获中国人居环境奖唯一获得县；中国·安吉生态博物馆成为全国示范，成功创建省级文化先进县。

2012 年，安吉县成为“联合国人居奖”唯一获奖县和全球唯一的竹林碳汇试验示范区，应邀参加全球第十八次气候大会，生态文明建设持续领先；竹产业被确定为省级产业示范基地，获“中国竹凉席之都”称号；安吉白茶获浙江省首个农产品气候品质认证和省区域名牌，被授予省林业产业百亿强县，成为全国首批农民林业专业合作社示范县；旅游综合改革试点扎实开展，获全国十佳城市漫游地称号，灵峰旅游度假

区成为省级旅游度假区；顺利通过国家卫生县城复评，成功创建全国国土资源节约集约利用模范县；成为浙江省首批创业型城市和全国就业工作先进单位；农村数字影院成为全国试点，村邮站建设全面完成，成功举办全国公路自行车赛等活动。

2013 年，安吉县成功创建全国水土保持生态文明县、全国平安建设先进县、浙江省文明县；旅游业发展势头强劲，成功创建国家乡村旅游度假实验区；风情小镇建设步伐加快，美丽乡村地理信息系统建成并运行，安吉美丽乡村建设标准成为省级规范；“数字城管”高效运行，城区全面实行垃圾直运。

2014 年 4 月，永艺股份成功上市，实现安吉县企业上市“零突破”；安吉白茶成功入选全国十大地理标志产品，连续五年跻身全国茶叶品牌价值十强；“电商换市”取得突破，4 家企业入围浙江省首批电子商务服务企业；休闲旅游全面发力，山川乡成功创建全国首个 4A 级乡域大景区；安吉《美丽乡村建设规范》作为省级地方标准发布实施，高家堂村成为全国首批美丽宜居示范村庄，双一村成为国家级生态文化村；创新推行五级河长制，成为全省首批“清三河”达标县，荣获省“大禹杯”，“无违建县”创建浙江省领先；成功创建全国义务教育均衡发展县，荣获省教育发展业绩考核一等奖；全国率先发布中国美丽乡村幸福指数，村级事务准入获浙江省十大“全面小康社会治理创新奖”；成功创建浙江省“双拥”模范县，“平安安吉”创建实现十连冠；农村“三权”改革稳步推进，浙江省率先实现村级股份制改革全覆盖，成为全国首批农村综合改革试点县。

2015 年，安吉县成为浙江省唯一“国家林下经济示范县”，安吉白茶成为全国首个在华东林交所上市的绿茶品牌；湖州市率先开通淘宝网县级馆，电商综合体投入运营，建成电商服务中心 9 家、“电商 E 家”村级服务站 102 个，实现电商销售 40 亿元；完成风情小镇建设项目 44 个；获省“无违建县”创建先进县，市级绿色矿山创建全部达标，入选“国家循环经济示范县”；被评为“美丽中国最美城镇”“中国生态文明奖先进集体”，成为“中国金牌旅游城市”全国唯一获得县，鄣吴镇被评为“中国最美历史文化小镇”，上墅乡被列为首批“国家生态文明建设示范乡镇”试点，高家堂村被评为“中国最美乡村”；龙王山自然保护区升格为安吉小鲵国家级自然保护区；成功承办国际马拉松赛等各类重大体育赛事 9 项；央视高频次聚焦安吉生态文明建设，录制安吉专题片 16 个，创历史新高。全年中央媒体报道达到 400 余篇，首次实现《人民日报》《经济日报》《光明日报》三大纸媒头版头条全覆盖；完成国有林场改革，组建浙江省首家林木股份制合作社。

三、“十三五”时期安吉践行“两山”理念的主要成效

2016 年，安吉成为浙江省首批服务业强县，建成县、乡、村三级电商平台，成为浙江省首批产业集群跨境电商试点示范县，中国电子商务百佳县排名第 15 名；成功创建全国旅游标准化示范县、国家乡村旅游度假实验区和全国首个乡域 4A 级景区；先后被评定为全国农村产业融合发展试点示范县、全国森林旅游示范县、国家毛竹生物产业基地、国家农业综合开发县、浙江省农村一二三产业融合发展试点县，龙王山自然保护区升格为国家级自然保护区；安吉白茶连续七年跻身全国茶叶品牌价值十强，成为全国首个在华东林交所上市的绿茶品牌；科创园、两山创客小镇分别被认定为国家级、省级科技企业孵化器；《美丽乡村建设指南》成为国家标准，实现美丽乡村行政村全覆盖，成为浙江省首批美丽乡村示范县，“四好农村路”建设经验全国推广；成为全国首个联合国人居奖获得县，被列为全国“两山”理念实践试点县，先后荣获全国首批生态文明奖、全国水土保持生态文明县、全国农村生活污水处理示范县、浙江省首批基本无违建县、浙江省首个水生态文明县等荣誉；“安吉游戏”走向世界，公共文化建设迈入浙江省四强，成为浙

江省文化礼堂建设先进县，农村数字影院全国示范，昌硕故居荣获亚太地区文化遗产保护奖，龙山古城遗址成功入选国家级大遗址；成为浙江省首批体育现代化县，被评为全国科普示范县；被评为全国平安建设先进县，“平安安吉”通过“十二连冠”考核，被评为浙江省双拥模范县。

2017 年 7 月，安吉县获评全国第一批“绿水青山就是金山银山”实践创新基地，成功创建灵峰国家级旅游度假区，获评中国十大乡村旅游目的地、国际乡村生活示范地；获评全国首个乡村振兴林业示范县，笔架山农业高新技术产业园区建设加快推进，获批创建省级现代农业园区、省级农业科技园区；获评全国首批茶叶标准化示范县，安吉白茶荣获中国优秀茶叶区域公用品牌；孝丰镇获评全国特色小镇，鄣吴镇获评中国森林文化小镇；全国首个《美丽县域建设指南》地方标准成功发布；成功举办首届全国休闲农业与乡村旅游大会、全国生态文明建设现场会等 8 个全国性会议活动；余村获评“全国文明村镇”；成功夺取“大禹鼎”，创成浙江省首批无违建县；成功夺得浙江省首批“平安金鼎”，获评全国平安建设先进县；成功创建全国首批农村社区治理实验区；龙王山省级自然保护区升格为国家级自然保护区，并更名为浙江安吉小鲵国家级自然保护区。

在 2017 年中央农村工作会议上，习近平总书记讲话中指出，“像浙江安吉等地，美丽经济已成为亮丽的名片，同欧洲的乡村相比毫不逊色”。

2018 年，安吉县成为全国首批创新型县，孝丰竹产业科创园获批浙江省唯一国家林业产业示范园区，全县创成浙江省首批全域旅游示范县，山川乡获批省级旅游度假区，鄣吴镇获评省级旅游风情小镇，余村创成国家 4A 级旅游景区，笔架山农业高新区获批创建国家农业科技园区。溪龙乡入选创建国家级农业强镇，灵峰街道成为首批省级特色农业强镇，“田园鲁家”创成首批国家农村产业融合发展示范园，安吉白茶通过全国农产品地理标志认定，连续9年跻身全国茶叶品牌十强，成功入选全国绿色发展百强县、全国投资潜力百强县，《美丽乡村建设指南》荣获首届浙江标准创新重大贡献奖，获评首批“四好农村路”全国示范县，“余村经验”获第五届浙江省公共管理创新案例十佳创新奖，荣获国家生态文明建设示范县、全国首个气候生态县、国家森林城市等称号，成功再夺“大禹鼎”，获评全国法治县创建先进单位。

2018年，时任联合国副秘书长兼联合国环境规划署执行主任埃里克·索尔海姆在走访余村、双一村等乡村后，对“绿水青山就是金山银山”等中国发展理念表示高度赞赏：“在浙江看到的，就是未来中国的模样，甚至是未来世界的模样”“我们希望把这些经验带给世界各国，并以此来激励各国改善生态环境”。

2018年9月，浙江省“千村示范万村整治”工程荣获联合国环境规划署最高环保荣誉“地球卫士奖”，鲁家村村委会主任裘丽琴作为浙江省农民代表上台领奖，并发表获奖感言。

2019年，安吉县成功获批并全面启动建设新时代浙江（安吉）县域践行“两山”理念综合改革创新试验区，绿色发展指数浙江省第十、湖州市第一，成为浙江省大花园示范县创建唯一优秀县，美丽乡村、美丽县域做法分别入选全国十大改革案例、浙江省改革创新最佳实践特别贡献案例；成功入选绿色发展、投资潜力、营商环境、创新和县域旅游竞争力、旅游综合实力6个全国“百强县”；成功创建全国首批全域旅游示范区、浙江旅游十佳县；安吉白茶成为浙江省首个获得国家三大地理标志认定的茶叶品牌，宋茗茶博园被评为浙江省“最美田园”；获评国家电子商务进农村综合示范县、浙江省数字乡村试点示范县、省级乡村振兴产业发展示范县；“平安安吉”实现“十五连冠”，获浙江省首批一星平安金鼎。

2019年6月1日，联合国助理秘书长、联合国环境署代理执行主任乔伊斯·姆苏亚率团队来安吉考察生态文明建设时说：“在安吉，大家近距离感受‘绿水青山就是金山银山’理念的深刻内涵，亲眼见证政府主导，并与社会力量通力合作开展环境治理，实现经济从粗放式发展向精细化绿色发展的转变，这不仅应对了资源紧缺的问题，也实现了经济发展、人民生活水平提高，为全世界提供了一条可借鉴参考的发展道路”，并称赞“安吉生态文明给全世界提供了一个很好的案例”。

2020 年 3 月 30 日，习近平总书记时隔 15 年再次来到安吉，对安吉工作给予充分肯定，并提出了“再接再厉、顺势而为、乘胜前进”的指示要求。

2020 年，安吉县成为浙江省第一批 20 家大花园示范县创建唯一一家年度评估为优秀的建设单位，再次以第一名的成绩入围全国县域旅游综合实力百强县；由安吉县作为第一起草单位制定的《美丽乡村建设指南》国家标准入选 2020 年中国标准创新贡献奖；安吉以 3 年综合排名全国第 16、浙江省第 6 名的高位创成全国文明城市；安吉县绿色竹产业创新服务综合体位列 2020 年度省级产业创新服务综合体创建名单，再次获评“全国县域数字农业农村发展先进县”；入选“中国乡村振兴百佳示范县市”；列入“无废城市”浙江省首批试点、笔架山农业高新区创成省级现代农业园区，获批全国唯一山水林田湖系统治理创新基地，建成全国新时代乡村电气化试点，安吉竹林鸡、竹笋成为国家地理标志保护产品，入选全国农业绿色发展先行先试支撑体系建设试点；成为 2020 年浙江省唯一“省级森林休闲养生城市”。

四、“十四五”以来安吉践行“两山”理念的主要成效

2021 年，安吉县连续 4 年获省级服务业强县评价第一名；成为全国首批全域旅游示范区，连续 3 年以第一名的成绩入围全国县域旅游综合实力百强县，余村入选世界最佳旅游乡村；农业现代化水平走在浙江省前列，入围全国农业绿色发展先行先试支撑体系建设试点，安吉竹林

鸡、安吉冬笋获国家地理标志农产品登记认证；“最多报一次”等7个应用成为省级“揭榜挂帅”项目，“两山银行”入选浙江省数字政府“一地创新、全省共享”项目，“安吉白茶产业大脑”入选浙江省数字经济“最佳应用”；全国首块农业“标准地”、旅游“标准地”分别挂牌出让；全国文明城市首创首成，创成浙江省首批大花园示范县、新时代美丽城镇建设优秀县、美丽乡村工作优胜县；创成全国生态文明建设示范县、国家节水型社会建设达标县、首批国家森林城市、首个气候生态县，成为全国首个自然资源综合改革试点；全国法治县创建活动优秀单位、浙江省首批法治浙江（法治政府）示范县。

2022年，安吉发布全国首个“无废城市”县域标准、创成全省首批“无废城市”；“余村印象”项目建成并通过国家级碳中和建筑铂金级认证，成为全国首个铂金级乡村碳中和建筑；余村入选浙江省首批未来乡村；获评浙江省第四批清新空气示范区，获评美丽浙江建设工作优秀县、五水共治优秀县“大禹鼎”银鼎、浙江省首批“无废城市”清源杯；获评省数字生活新服务样板县，山川乡创成浙江省现代服务业数字文旅创新发展区；获评浙江省旅游业“微改造、精提升”综合实践奖，连续4年位居全国县域旅游竞争力百强县榜首；安吉白茶成为浙江省首批“品字标浙江农产”团体标准，品牌价值连续13年入选全国区域公用品牌前十强；荣获全国首批创新型县，首捧省科技创新最高荣誉“科技创新鼎”，成功入围中国创新百强县、中国县域科技创新百佳县市；连续4年获评全国营商环境百强县，成功入围投资潜力百强县；成功入选国家首批知识产权强县建设试点；新增省级未来社区试点4个；绿色智慧城市建设获评中国领军智慧县级城市奖；入选浙江省第二批低碳试点县；水土保持工作连续4年位居全市第一，安吉小鲵护卫队是浙江省唯一荣获全国“绿色中国年度人物”称号；成功获评全省首批新时代美丽乡村示范县，新增省级美丽城镇5个、美丽宜居示范村3个、美丽庭院特色村2个，“昌硕故里”入选全省第三批新时代美丽乡村共同富裕示范带，余村创成全省首批城乡风貌样板区，并入选新时代“富春山居图”；新增省级未来乡村试点6个，力夺全国“数字乡村”百强县第二名；创新开展竹林碳汇改革，入选国家林业碳汇试点名单，成为浙江省首个竹林碳汇交易试点县；“安吉游戏”幼教品牌成为浙江省高质量发展建设共同富裕示范区最佳实践，成功入选浙江省首批普惠托育基本公共服务试点县；安吉白茶制作技艺成功入选世界人类非遗，古城国家考古遗址公园成为浙江省唯一入选第四批国家考古遗址公园名单的公园，创成全国科普示范县、全国首批全民运动健身模范县、全省首批体育现代化县；获评全国首批信访工作示范县，“平安安吉”实现“十七连冠”。

2023年，全域土地整治相关案例入选全国生态产品价值实现典型案例。安吉白茶、安吉冬笋、安吉竹林鸡均入选浙江省“土特产”百强名单。“青年入乡发展”工作得到李强总理等党和国家领导人的批示肯定。浙北生命健康小微产业园、两山未来科技城科技人才中心成功入选浙江省创新强基项目库。世界技能大赛全国集训基地成功落户安吉。获批国家级“以竹代塑”应用推广基地，用水权改革入选省级水权确权和交易试点，竹林碳汇改革入选浙江省乡村振兴最佳创新案例。连续5年入选中国县域投资竞争力百强县，成为全国首批营商环境创新县。成功入围全国城乡交通运输一体化试点，获评全国农村物流服务品牌示范县。获评浙江省深化新时代“千万工程”建设宜居宜业和美乡村优胜县。创成湖州市首个“中国天然氧吧”，入选省级生态综合补偿改革试点，夺取湖州市首批“生态鼎”。成功夺取浙江省五水共治“大禹鼎”银鼎，连续两年获评省三星级“无废城市”、垃圾分类优秀县。连续2年获评浙江省高质量发展建设共同富裕优秀示范区。连续4年获评健康浙江建设优秀县。连续2年获评全国信访工作示范县，位居新时代“枫桥经验”指数样本县浙江省第一名，浙江省双拥模范县实现“三连冠”，“平安安吉”实现“十八连冠”，成功摘得首批“二星平安金鼎”。在第十八届世界水资源大会期间，安吉水资源价值转化改革成果亮相全球。白云齐电商直播式“共富工坊”和一路同行电商直播式“共富工坊”荣获短视频大赛铜奖。

安吉的绿水青山

2024 年，安吉县绿色家居产业获浙江省“415X”产业集群专项激励，成功入围联合国工业绿色低碳发展国际合作成果示范区；连续 6 年位居全国县域旅游综合实力百强榜首；全国首单水土保持生态产品价值转换交易成功落户；村集体经营性收入超 100 万元的行政村实现县域全覆盖，成功夺得浙江省乡村振兴领域最高荣誉“神农鼎”；“平安安吉”顺利实现“十九连冠”；余村获得联合国“最佳旅游乡村”称号，“余村经验”成为全国乡村治理典范，《化生态“疤痕”为绿色“聚宝盆”》——安吉网红打卡点“小冰岛”入选第五批浙江省生态环境系统共同富裕最佳实践名单，入选 2024 年国家现代农业产业园创建名单，入选联合国《生物多样性公约》第十六次缔约方大会（COP16）“生物多样性魅力城市”名单。

2024 年，国际天文学联合会批准所属的小行星命名委员会的决定，将北冕天文台在 2002 年 8 月 15 日发现的、永久编号为 215458 的小行星命名为“余村星”。

2025 年 2 月，安吉县夏阳村作为高品质水美乡村典型案例入选浙江省河长制办公室公布的 2024 年度高品质水美乡村典型案例名单及典型案例集。

2025 年 6 月，安吉县成功入选 2025 年以“千万工程”牵引城乡融合发展缩小“三大差距”改革全域综合试点名单。

第三节　安吉践行“两山”理念的国际传播

一、诞生于安吉县的“两山”理念走向世界

生态文明是人类共有的价值观，也是国际传播中重要的主题之一。安吉作为“两山”理念的发源地，以及中国首个生态县，为各国提供了丰富鲜活的素材和案例。今天的安吉，比以往任何时候都更接近国际舞台。从首个联合国人居奖获得县，到中国共产党与世界政党领导人峰会分会场活动、王毅外长同多国外长和国际组织政要会晤等重大外事活动相继在安吉举办，安吉正成为“重要窗口”中的亮丽风景，“绿水青山就是金山银山”理念正不断从这里走向世界。加快打造生态文明国际展示窗口，大力提升“两山”理念的全球叙事能力，让世界在安吉看见美丽中国的样子。

二、用大众的话语讲好中国、湖州和安吉的故事

2022 年 12 月 8 日，联合国《生物多样性公约》第十五次缔约方大会（COP15）第二阶段会议在加拿大蒙特利尔举行。会议以“生态文明：共建地球生命共同体”为主题，旨在推动达成“2020 年后全球生物多样性框架”。湖州市因在生态文明建设中的实践成果被认定为全球唯一生态文明国际合作示范区，并在中国—魁北克合作论坛上正式揭牌。

COP15 认定湖州市为生态文明国际合作示范区（湖州市委改革办提供）

2023 年 3 月 30 日，安吉县人民政府发布《安吉县高水平打造生态文明典范城市先行区三年行动计划（2023—2025 年）》。该计划提出，推动“两山”故事国际传播，聚焦“两山”理念研究推广，打造具有国际影响力的生态文明国际展示窗口。

2024 年 3 月 30 日，安吉（余村）生态文明国际传播中心暨国际传

播平台观察点在安吉县天荒坪镇青来集园区举行了启用仪式。活动现场，共有 6 家媒体、单位与安吉进行了合作签约，这些媒体、单位将在余村设立观察点，实行常态化办公或安排专人跟进。新设的观察点将依托媒体海外传播矩阵，围绕安吉、余村践行“绿水青山就是金山银山”的理念开展国际化传播。此外，多位资深媒体人还收到了聘书，将作为余村观察点的常驻记者，充分发挥各自传播的优势，为安吉生态文明国际传播赋能。

2024 年 11 月 11 日，安吉成立了生态文明国际传播研究中心，进一步促进学界、业界紧密联合，共同推动“两山”理念的国际传播。

作为“两山”理念诞生地，安吉县持续护美绿水青山，做大金山银山，走出了一条生态美、产业兴、百姓富的可持续发展之路，获得联合国人居环境奖、生物多样性魅力城市首个获得县等多个国际荣誉。成立生态文明国际传播研究中心，旨在发挥专家学者、高校研究机构的作用，帮助用好海外传播平台矩阵、媒体观察点等各类资源，持续推出一批爆款作品，实现生态文明故事的全球化表达，持续展示湖州、安吉的国际形象。

在生态文明国际传播研究中心成立活动现场，聘请了国际传播领域的专家作为研究中心顾问，聘请了首批 6 名高校学者作为研究员，并发布了“绿水青山就是金山银山实践湖州故事”的征集令。研究中心致力于聚焦传播体系建设、开展理论研究和内容创作等工作，旨在进一步提升国际传播效能，更好地向世界讲好中国故事、湖州故事、安吉故事。

主要参考文献

［1］哲欣．绿水青山也是金山银山［N］．浙江日报，2005－08－24（1）．

［2］湖州市统计局，国家统计局湖州调查队．湖州统计年鉴·2006—2024［M］．北京：中国统计出版社，2006—2024．

［3］哲欣．从“两座山”看生态环境［N］．浙江日报，2006－03－23（1）．

［4］安吉县2006—2024年《政府工作报告》［R］．安吉，2006—2024．

［5］国务院公报．中共中央 国务院关于推进社会主义新农村建设的若干意见［EB/OL］．（2006－04－20）［2025－06－03］．https：//www.gov.cn/gongbao/content/2006/content_254151.htm．

［6］习近平．之江新语［M］．杭州：浙江人民出版社，2007．

［7］中国共产党第十六届中央委员会第五次全体会议公报［EB/OL］．（2008－08－20）［2025－06－03］．https：//www.gov.cn/test/2008－08/20/content_1075344.htm．

［8］渠敬东．项目制：一种新的国家治理体制［J］．中国社会科学，2012（5）．

［9］习近平的“三农梦”［EB/OL］．（2015－12－27）［2025－05－28］．http：//cn.chinadaily.com.cn/2015－12/27/content_22831498.htm．

［10］习近平．习近平关于社会主义生态文明建设论述摘编［M］．北京：中央文献出版社，2017．

［11］何建明．那山，那水［M］．北京：红旗出版社，2017．

［12］尹怀斌．从“余村现象”看“两山”重要思想及其实践［J］．自然辩证法研究，2017（7）．

［13］中共中央 国务院关于实施乡村振兴战略的意见［EB/OL］．（2018－02－04）［2025－06－03］．https：//www.gov.cn/zhengce/2018－02/04/content_5263807.htm．

［14］中共中央 国务院印发《乡村振兴战略规划（2018－2022年）》［EB/OL］．（2018－09－26）［2025－06－03］．https：//www.gov.cn/gongbao/content/2018/content_

5331958. htm.

[15] 中共中央办公厅 国务院办公厅印发《关于加强和改进乡村治理的指导意见》[EB/OL]. (2019-06-23) [2025-06-03]. https://www. gov. cn/zhengce/2019-06/23/content_5402625. htm.

[16] 农业农村部网站. 多部门关于开展乡村治理体系建设试点示范工作的通知[EB/OL]. (2019-07-02) [2025-06-03]. https://www. gov. cn/xinwen/2019-07/02/content_5405306. htm.

[17] 徐维祥, 李露, 黄明均, 等. 浙江县域"四化同步"与居民幸福协调发展的时空分异特征及其形成机制 [J]. 地理科学, 2019 (10).

[18] 成升魁, 沈镭, 封志明, 等. 中国自然资源研究的发展历程及展望 [J]. 自然资源学报, 2020 (8).

[19] 安吉县人民政府. 安吉县乡村治理体系建设试点实施方案 [EB/OL]. (2020-09-27) [2025-06-03]. http://www. anji. gov. cn/art/2020/9/27/art_1229211999_58676968. html.

[20] 关于全面推进乡村振兴率先实现农业农村现代化的实施意见 [EB/OL]. (2021-06-01) [2025-06-03]. http://www. anji. gov. cn/art/2021/6/1/art_1229562858_1673867. html.

[21] 安吉县人民政府关于印发《安吉县国民经济和社会发展第十四个五年规划和二〇三五年远景目标纲要》的通知 [EB/OL]. (2021-08-28) [2025-06-03]. http://www. anji. gov. cn/hzgov/front/s136/zwgk/ghzj/gmjjhshfzghxx/s4wgh/xjgh/20210828/i3022961. html.

[22] 庞超飞. 打造共同富裕现代化基本单元路径研究——以安吉县余村未来社区项目为例 [J]. 江南论坛, 2021 (12).

[23] 浙江省数字乡村建设"十四五"规划 [EB/OL]. (2021-12-15) [2025-06-03]. https://nynct. zj. gov. cn/art/2021/12/15/art_ 1229142041_ 4843015. html.

[24] 安吉县人民政府关于印发安吉县农业农村现代化"十四五"规划的通知 [EB/OL]. (2022-01-07) [2025-06-03]. http://www. anji. gov. cn/hzgov/front/s603/zwgk/ghzj/sswgh/zxgh/20220107/i3106316. html.

[25] 数字乡村发展行动计划(2022—2025年)[EB/OL]. (2022-01-26) [2025-06-03]. https://www. cac. gov. cn/2022-01/25/c_1644713315749608. htm.

[26] 周颖, 蔡颖萍. 乡村振兴背景下乡村品牌化经营策略探析——以安吉县鲁家村为例 [J]. 湖州师范学院学报, 2022 (1).

[27] 浙江省人民政府办公厅印发《关于开展未来乡村建设的指导意见》[EB/OL]. (2022-02-09) [2025-06-03]. https://zj.zjol.com.cn/red_boat.html?id=101237670.

[28] 何广文,陈晓洁. 金融机构助力绿色发展的可持续路径与启示——基于湖州的个案研究 [J]. 北京联合大学学报:人文社会科学版,2022 (2).

[29] 关于印发《数字乡村建设指南2.0》的通知 [EB/OL]. (2022-05-16) [2025-06-03]. https://www.cac.gov.cn/2024-05/15/c_1717449028454882.htm.

[30] 吴兆维,徐胤,张周婷. 安吉深推绿金改革"碳"索共同富裕新路径 [J]. 浙江林业,2022 (7).

[31] 郭春丽,易信."双碳"目标下的中国经济增长:影响机制、趋势特征及对策建议 [J]. 经济学家,2022 (7).

[32] 徐超,陆晓芬. 余村创新模式做大生态共富"朋友圈" [N]. 湖州日报,2022-9-13 (1).

[33] 李彦军,宋舒雅."两山"转化促进共同富裕的逻辑、机制与途径 [J]. 中南民族大学学报;人文社会科学版,2022 (10).

[34] 朱言,刘斌. 安吉:开启全域乡村经营新视野 [N]. 浙江日报,2022-11-09 (18).

[35] 胡丰盛. 从"建设乡村"到"经营乡村"浙江乡村振兴的实践探索 [EB/OL]. (2022-12-14) [2025-06-03]. https://www.chinanews.com/cj/2022/12-14/9914943.shtml.

[36] 查道胜,陈婷. 安吉:在中国美丽乡村发源地实施"数字乡村一张图" [J]. 地图,2023 (4).

[37] 杨卫东. 切实践行"绿水青山就是金山银山"理念——奋力推进生态宜居城市建设的安吉实践 [J]. 国家治理,2023 (4).

[38] 光明日报调研组. 有地"找说法"矛盾纠纷不闹心——浙江省湖州市安吉县社会治理中心的实践与启示 [N]. 光明日报,2023-06-09 (5).

[39] 浙江省习近平新时代中国特色社会主义思想研究中心. 以乡村经营新视野探索共富新路径 [N]. 浙江日报,2023-06-19.

[40] 王世琪,沈晶晶,严粒粒. 人不负青山 青山定不负人——余村十八年 [N]. 浙江日报,2023-8-14 (1).

[41] 施维,郭少雅,裴逊琦. 在乡村发现安吉 [J]. 农民日报,2023-11-16 (1).

[42] 陈心意．探索推进村庄经营 续写“千万工程”新篇章 [N]．浙江日报，2023-11-21 (15)．

[43] 刘翠玲．传播“两山”理念 践行生态文明 [N]．山西日报，2023-11-21 (9)．

[44] 江南，窦瀚洋．走进安吉，看“绿水青山就是金山银山” [N]．人民日报，2023-12-09 (13)．

[45] 胡小飞，叶轩楠，柴秀秀．衢州乡村运营实践探索思考 [J]．浙江经济，2023 (12)：66-67.

[46] 朱莹莹．安吉余村“全球合伙人”计划：引爆乡村新嬗变 [J]．决策，2024 (1)．

[47] 中共中央 国务院关于学习运用“千村示范、万村整治”工程经验有力有效推进乡村全面振兴的意见 [EB/OL]．(2024-02-03) [2025-06-03]．https：//www.gov.cn/zhengce/202402/content_6929934.htm.

[48] 2024年安吉县国民经济和社会发展统计公报 [EB/OL]．(2025-04-08) [2025-06-03]．http：//www.anji.gov.cn/art/2025/4/8/art_1229518619_4005575.html.

[49] 浙江省委省政府印发《关于坚持和深化新时代“千万工程”打造乡村全面振兴浙江样板2024年工作要点》的通知 [EB/OL]．(2024-04-17) [2025-06-03]．https：//nynct.zj.gov.cn/art/2024/4/17/art_1229557686_2517940.html.

[50] 李勇军，黄柏青．美学经济赋能乡村振兴机理、路径与机制研究——基于浙江省美丽乡村建设的经验分析 [J]．财经理论与实践，2024 (5)．

[51] 王海娟．国家资源下乡与过程管理：乡村治理转型的内在逻辑及其效应 [J]．云南民族大学学报：哲学社会科学版，2024 (5)．

[52] 安吉以竹代塑 点绿成金 [N]．浙江日报，2024-08-29.

[53] 中共中央 国务院印发《乡村全面振兴规划 (2024-2027年)》 [EB/OL]．(2025-01-22) [2025-06-03]．https：//www.gov.cn/zhengce/202501/content_7000493.htm.

[54] 王桔，熊逸．安吉县全域乡村运营机制研究 [J]．农村信息报，2025-03-01 (6)．

[55] 安吉：“以竹代塑”为全球低碳发展贡献中国智慧 [EB/OL]．(2025-03-07) [2025-06-03]．https：//www.zeca.ac.cn/h-nd-470.html.

[56] 吴丹，胡国稳，张笑言．安吉：重构绿水青山的价值 [N]．浙江日报，2025-3-31 (12)．

［57］中共中央 国务院印发《加快建设农业强国规划（2024－2035年）》［EB/OL］.（2025－04－07）［2025－06－03］. https：//www. gov. cn/zhengce/202504/content_7017471. htm.

［58］张璇孟. 城乡融合发展视域下数字游民的生成机理与发展路径——基于浙江安吉“DN余村”的运营实践［J］. 江南论坛，2025（4）.

［59］汤临佳，蔡子燕，郭迎迎. 数据要素赋能乡村共同富裕基本单元构建机理——基于“浙江省未来乡村”余村的案例分析［J］. 电子政务，2025（4）.

［60］亓惠洁. 让乡村成为美好生活向往之地［J］. 今日浙江，2025（6）.

［61］吴静. 安吉县：绘出高质量景美民富新图景［J］. 今日浙江，2025（8）.

后　记

今年是习近平总书记提出“绿水青山就是金山银山”理念20周年。从20年前，余村那声石破天惊的“关停矿山”宣言，到今天绿水青山间铺就的金色发展大道；从“两山”理念如星火般在浙北山村点燃，到其光芒照耀神州乃至成为人类命运共同体的一份东方智慧……这既是一部县域蜕变史诗，更是一部关乎文明未来的深刻启示录。

为纪念“两山”理念提出20周年，总结“两山”理念诞生地浙江省安吉县践行“两山”理念取得的巨大成就和成功经验，湖州师范学院“两山”理念研究院和浙江省安吉县委、县政府认真总结安吉县20年走过的历程，试图通过本书描摹安吉20年的发展图谱。破茧之路上，我们看见经济肌体在生态约束下焕发了新活力，传统产业升级与绿色产业勃兴交织成动人的乐章。余村之光，是“两山”理念的摇篮与试验田，其“四新四全”的经验如明灯，照亮了无数相似困境中的乡村。全域美丽的擘画，从一村一隅扩展至全域山河，规划引领、生态筑基、城乡融合、长效治理的“安吉单元”模式，为美丽中国提供了可触可感的县域样本。两山转化上，顶层设计的智慧、机制创新的锐气、实践路径的扎实、保障体系的周密，共同促成了生态资源向经济资本、民生福祉的华丽转身。资源整合、产业融合、数字赋能、产业跃升的典型模式，为“绿水青山通往金山银山”架设了多元坚实的桥梁。乡村运营的破局实验，以系统思维激活了沉睡的村庄，村企共建、生态引领、品牌建设的路径，让千万乡村在“千万工程”的底色上，焕发出产业兴、人才聚、文化盛的蓬勃生机。数字治理的云端实践，让乡村治理插上了智能翅膀。而这一切的核心动能，在于人才振兴。安吉以“生态优先、绿色发展”为引力场，以“政府主导、市场运作、青年主体”为协同机制，青年才俊成为创造乡村未来的中坚力量。这些探索的底层支撑，是持续深化的制度破壁。安吉以制度创新的密码，不断破解绿色发展中的深层次瓶颈。最终，这一切奋斗汇聚成绿色共富的安吉图景。安吉走过的历程证明：绿水青山守护的不仅是生态资源，更是最普惠的民生福祉；绿色产业激发的不仅是经济动能，更是实现共同富裕最坚实的阶梯。当安吉的东方方案以其独特的政策演进、显著的实践成效、日益广泛的国际影响力，回应全球的生态焦虑与发展困惑时，其意义已远超一个县域的成就本身。

20 载光阴，安吉以大地为纸，以实践为笔，绘制出了“绿水青山就是金山银山”的壮丽篇章。站在“两山”理念提出 20 周年的历史节点回望，安吉的答卷是沉甸甸的。然而，生态文明建设未有穷期，绿色共富的探索永无止境。安吉的实践昭示我们：守护绿水青山，就是守护人类永续发展的根基；转化金山银山，需要永葆创新的锐气与制度的韧性；实现绿色共富，更需凝聚最广泛的力量与最深厚的为民情怀。这条路，安吉走了 20 年，走得坚定而踏实。未来，这条路的延伸，需要像安吉一样，有更多的智慧、勇气与担当，在绿水青山间，继续书写人与自然和谐共生的中国故事，为人类文明的长期可持续发展贡献更为璀璨的东方之光。“两山”理念这束光，始于余村，终将照亮更远的地方。

要衷心感谢那些为“两山”理念的践行奉献心血与汗水的人们。20 年来，“两山”理念诞生自安吉、形成于浙江、深化在中央，最终成为习近平生态文明思想的核心内容，成为习近平治国理政思想的重要组成部分。无数扎根基层的干部、人民群众、科研工作者、环保志愿者，他们用行动诠释着对生态优先、绿色发展的执着追求。

在编写过程中，湖州师范学院“两山”理念研究院的团队和安吉县委宣传部的成员们齐心协力，克服重重困难，大家怀着对生态文明事业的热爱和对记录时代责任的担当，在浩如烟海的资料中梳理脉络，在字里行间凝聚思想。我们也要感谢为本书提供指导与帮助的领导以及专家学者，他们凭借专业的知识，确保了本书内容的科学性、学术性和典型性。感谢为本书提供图片的湖州市委改革办（生态文明办）和安吉县委宣传部、安吉县融媒体中心，从事“两山”理念研究和实践的同仁，共同记录了全国人民践行“两山”理念的历史时刻。感谢中国财政经济出版社的团队，他们高效专业的工作，让本书得以顺利付梓。

“两山”理念践行二十载，只是生态文明建设漫长征程中的一个阶段。未来，中国在绿色发展和美丽中国建设的道路上还将面临更多挑战，也必将创造更多辉煌。希望本书能成为一块基石，为践行“两山”理念、投身生态文明建设的人们提供参考，激励更多人加入守护绿水青山、创造金山银山的行列。也期待在未来的日子里，能有更多精彩的“两山”故事被书写，共同续写美丽中国建设的壮丽史诗。

谨以此书献给所有为中国生态文明建设奋斗的实践者、思考者和见证者。愿读者从中汲取智慧与力量，共同书写更多绿色发展的时代篇章。由于本书的编写时间紧、要求高、任务重，加之作者的水平和经验所限，案例选择可能存在挂一漏万，本书的不足和疏漏之处在所难免，敬请广大读者批评指正！

张建国　刘亚迪　刘玉莉

2025 年 6 月